中国科协学科发展研究系列报告
中国科学技术协会 / 主编

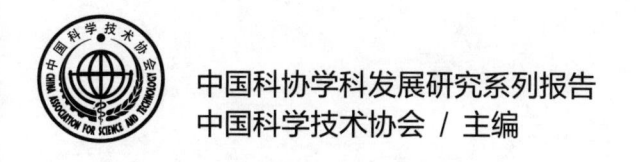

2022—2023
兵器科学技术学科发展报告
现代先进毁伤技术及效应评估

中国兵工学会　编著

中国科学技术出版社
·北京·

图书在版编目（CIP）数据

2022—2023 兵器科学技术学科发展报告 . 现代先进毁伤技术及效应评估 / 中国科学技术协会主编；中国兵工学会编著 . —北京：中国科学技术出版社，2024.6

（中国科协学科发展研究系列报告）

ISBN 978-7-5236-0693-3

Ⅰ. ①2… Ⅱ. ①中… ②中… Ⅲ. ①武器 – 技术发展 – 研究报告 – 中国 –2022–2023 Ⅳ. ① TJ-12

中国国家版本馆 CIP 数据核字（2024）第 090152 号

策　　划	刘兴平　秦德继
责任编辑	赵　佳
封面设计	北京潜龙
正文设计	中文天地
责任校对	邓雪梅
责任印制	徐　飞
出　　版	中国科学技术出版社
发　　行	中国科学技术出版社有限公司
地　　址	北京市海淀区中关村南大街 16 号
邮　　编	100081
发行电话	010-62173865
传　　真	010-62173081
网　　址	http://www.cspbooks.com.cn
开　　本	787mm×1092mm　1/16
字　　数	284 千字
印　　张	12.75
版　　次	2024 年 6 月第 1 版
印　　次	2024 年 6 月第 1 次印刷
印　　刷	河北鑫兆源印刷有限公司
书　　号	ISBN 978-7-5236-0693-3 / TJ・12
定　　价	98.00 元

（凡购买本社图书，如有缺页、倒页、脱页者，本社销售中心负责调换）

2022—2023
兵器科学技术学科发展报告：现代先进毁伤技术及效应评估

首席科学家　肖　川

顾　　问　庞思平　李宏岩　宋　浦　范开军

编写组成员（按姓氏笔画排序）

王　平	王　康	王百川	王虹富	王晓鸣
王晓峰	王琼林	王媛婧	王鹏程	卢广照
田均均	仪建华	白　帆	冯少敏	冯晓军
毕福强	曲文刚	吕　龙	朱　炜	刘　伟
刘　彦	刘冰冰	刘鹤欣	闫俊伯	许元刚
孙　勇	孙成辉	苏健军	李　莹	李一鸣
李瑞英	肖忠良	何　勇	余传奇	张　言
张　俊	张　洋	张　磊	张文瑾	张玉龙
张东江	张栋淋	张晓志	张腾月	张默贺
陆　明	陈　波	陈尧禹	苟兵旺	范夕萍

罗运军	周　强	郑　宇	郑　斌	封雪松
赵凤起	赵金庆	胡宏伟	侯云辉	姜树清
姚　震	姚文进	贾宪振	徐豫新	高红旭
姬　龙	黄　辉	黄风雷	曹文丽	曹意林
梁　轲	葛忠学	蒋海燕	焦清介	曾　丹
靳常青	蒙佳宇	褚恩义	翟　喆	霍鹏飞

学术秘书　孙　岩　殷宏斌

序

习近平总书记强调，科技创新能够催生新产业、新模式、新动能，是发展新质生产力的核心要素。要求广大科技工作者进一步增强科教兴国强国的抱负，担当起科技创新的重任，加强基础研究和应用基础研究，打好关键核心技术攻坚战，培育发展新质生产力的新动能。当前，新一轮科技革命和产业变革深入发展，全球进入一个创新密集时代。加强基础研究，推动学科发展，从源头和底层解决技术问题，率先在关键性、颠覆性技术方面取得突破，对于掌握未来发展新优势，赢得全球新一轮发展的战略主动权具有重大意义。

中国科协充分发挥全国学会的学术权威性和组织优势，于 2006 年创设学科发展研究项目，瞄准世界科技前沿和共同关切，汇聚高质量学术资源和高水平学科领域专家，深入开展学科研究，总结学科发展规律，明晰学科发展方向。截至 2022 年，累计出版学科发展报告 296 卷，有近千位中国科学院和中国工程院院士、2 万多名专家学者参与学科发展研讨，万余位专家执笔撰写学科发展报告。这些报告从重大成果、学术影响、国际合作、人才建设、发展趋势与存在问题等多方面，对学科发展进行总结分析，内容丰富、信息权威，受到国内外科技界的广泛关注，构建了具有重要学术价值、史料价值的成果资料库，为科研管理、教学科研和企业研发提供了重要参考，也得到政府决策部门的高度重视，为推进科技创新做出了积极贡献。

2022 年，中国科协组织中国电子学会、中国材料研究学会、中国城市科学研究会、中国航空学会、中国化学会、中国环境科学学会、中国生物工程学会、中国物理学会、中国粮油学会、中国农学会、中国作物学会、中国女医师协会、中国数学会、中国通信学会、中国宇航学会、中国植物保护学会、中国兵工学会、中国抗癌协会、中国有色金属学会、中国制冷学会等全国学会，围绕相关领域编纂了 20 卷学科发展报告和 1 卷综合报告。这些报告密切结合国家经济发展需求，聚焦基础学科、新兴学科以及交叉学科，紧盯原创性基础研究，系统、权威、前瞻地总结了相关学科的最新进展、重要成果、创新方法和技术发展。同时，深入分析了学科的发展现状和动态趋势，进行了国际比较，并对学科未来的发展前景进行了展望。

报告付梓之际，衷心感谢参与学科发展研究项目的全国学会以及有关科研、教学单位，感谢所有参与项目研究与编写出版的专家学者。真诚地希望有更多的科技工作者关注学科发展研究，为不断提升研究质量、推动成果充分利用建言献策。

前　言

兵器科学技术是一门具有特殊研究对象的技术科学。根据学科分类的科学性与实用性原则，兵器科学技术一直作为我国工业部门分工、科技领域划分以及人才培养专业规格的重要依据。随着武器装备现代化的新要求和军事技术新变革，现代兵器科学技术已经成为多个学科、多种工程技术的交叉融合的综合性学科，正在逐步实现机械化、信息化、智能化融合发展。兵器科学技术进步不但直接支持了国防现代化建设事业，而且也推动了其他领域的发展。

兵器科学技术学科包括装甲兵器、身管兵器、制导兵器、弹药、水中兵器和含能材料等技术学科。自 2008 年以来，中国兵工学会连续组织出版了 6 本《兵器科学技术学科发展报告》，内容涵盖兵器科学技术学科总论、火力系统技术、含能材料技术、装甲兵器技术、制导兵器技术、身管兵器技术；还于 2020 年出版了《兵器科学技术学科发展方向预测及技术路线图》。学会通过联合兵器工业科研院所、国防工业重点高等院校和军队系统专家学者开展学科发展研究不断丰富了兵器学科内涵，完成了兵器学科总体架构的设置与重点领域内涵的研究工作。该系列报告全面地反映了我国兵器科学技术的发展现状、优势和特点，并对国内外兵器科学技术所取得的进步、现状与未来发展进行了科学、全面的论述；分析了我国与国际先进水平之间存在的差距，提出了未来技术发展的建议与重点引领方向，在国内外引起了较大的反响，受到从事兵器及相关学科研究设计、生产使用、教学和管理的科技工作者的欢迎。

现代先进毁伤技术及效应评估遵循"能量与目标耦合作用"的毁伤科学本质，涉及能量富集与创制、能量释放与控制、能量高效利用、能量利用效应评价等科学范畴，涵盖含能化合物合成、火炸药配方与装药能量输出结构设计、能量输出与毁伤元匹配、终点毁伤效应表征与评价等专业领域，主要应用于高能炸药、枪 / 炮发射药、固体火箭发动机、导弹 / 弹药战斗部等武器核心部件研制，决定着武器的射程、威力和安全性能。现代先进毁伤技术及效应评估是材料科学、化学化工、爆炸力学、凝聚态物理等多学科交叉融合的技术体系，其发展方向和工程化应用水平对武器的性能、产能与实战运用具有全局性影响，是事关国防与军事斗争准备的重大战略基础。

《2022—2023兵器科学技术学科发展报告（现代先进毁伤技术及效应评估）》由综合报告和能量富集与创制技术、能量释放与控制技术、能量高效利用技术、能量利用效应评估技术和现代先进毁伤技术及效应评估未来发展方向5个专题报告组成，系统介绍了我国现代先进毁伤技术及效应评估的发展现状，分析了我国与国外先进水平的差距，研判了未来发展趋势，并提出我国相关学科发展和建设的对策。本书由肖川研究员担任首席科学家，庞思平教授、李宏岩研究员、宋浦研究员、范开军研究员担任顾问，北京理工大学、南京理工大学的专家教授参加了编写。编写过程得到了中国兵器工业集团公司、中国兵器科学研究院、西安近代化学研究所、西安现代控制技术研究所等相关研究院所、企业的高度重视和大力支持，在此，谨向为现代先进毁伤技术及效应评估学科发展研究工作的开展和本书的撰写给予关心、支持、建议、帮助的单位和个人致以衷心的感谢！

中国兵工学会

2023年11月

目录 CONTENTS

序

前言

综合报告

现代先进毁伤技术及效应评估发展报告 / 003

    一、引言 / 003

    二、国内最新研究进展 / 007

    三、国外最新研究进展 / 025

    四、本学科国内外研究进展比较 / 043

    五、本学科发展趋势及展望 / 048

    参考文献 / 050

专题报告

能量富集与创制技术 / 055

能量释放与控制技术 / 077

能量高效利用技术 / 108

能量利用效应评估技术 / 124

现代先进毁伤技术及效应评估

    未来发展方向 / 152

ABSTRACTS

Comprehensive Report

Development Report on the Modern Advanced Damage Technologies and Effects Evaluation / 177

Reports on Special Topics

Energy Enrichment and Creation Technology / 186

Energy Release and Control Technology / 188

Energy Efficient Utilization Technology / 188

Energy Utilization Efficiency Evaluation Technology / 189

The Future Development of Modern Advanced Damage Technologies and Effects Evaluation / 190

综合报告

现代先进毁伤技术及效应评估发展报告

一、引言

毁伤是军事打击链路的最终环节，影响战局进程，决定战争胜负。掌握超越竞争对手的先进毁伤科技始终是大国博弈的重要选项，对我军装备建设和军事科技发展意义重大。战场上使用武器毁伤目标是极其复杂的系统工程，是人类科技结晶的综合运用。毁伤的科学本质就是"向目标释放、传递能量的过程"，当作用于目标的能量密度超过一定阈值时，促使目标材料、结构破坏或功能丧失，达到毁伤目标的作战目的。常规武器毁伤目标的能量源于火炸药爆炸释放的化学能，能量十分有限，难以做到"一击即毁"，具有较大的随机性和显著的概率特征，我们称之为"常规毁伤的概略性"。

未来战场空间不断向陆、海、空、天、电等多维领域拓展，目标更加多样化，遍布地下、地面、水中、空中和太空。目标特性也十分复杂，从静止到高速运动，从单一的点目标到庞大的面目标、复杂多变的体系性目标，甚至还处于极其复杂环境中，可从低海拔环境跨越到高原、崇山峻岭、极寒区域等。

现代先进毁伤是针对层出不穷的新目标类型，创制能量跨代跃升的高能量物质，不断提升能量释放效率和安全性，通过对能量释放方式和方向的设计与控制，使武器装备毁伤性能大幅提升，实现各类武器对多种目标的最佳毁伤效果。在新兴前沿科技的推动下，现代先进毁伤技术发展迅速，正在不断拓宽毁伤能量的能谱空间、探索能量利用的理论边界、拓宽常规毁伤的实现路径，毁伤科技创新发展对加速科技向战斗力转化、提升武器装备毁伤能力具有重要意义。

现代先进毁伤技术是根据当前不断出现的新目标损伤特性，利用高能物质能量释放与控制产生的声、光、电、磁、热、力等能量形态，向目标释放、传递能量，使目标结构和功能发生变化，物理、化学变化极其复杂，是兵器科学与技术最具特色的学科之一，涉及能源、动力、燃烧、爆炸、结构、控制、材料、信息等多个学科，引领凝聚态物理、微纳米材料、分子动力学、量子化学、超快动力学等重大前沿科技进步，推动超高压、超低温、超高速、超大规模工程计算等科学装置建设，对宇宙起源探索、材料物态和极端性能研究、工业生产和国防建设等领域超超发展具有重要作用。鉴于现代先进毁伤技术特点及其对武器装备性能提升的决定性作用，美俄等军事大国高度重视毁伤技术发展，长期投入大量人力、物力和财力予以优先支持，在高能物质创制、能量释放与控制、能量高效利用、能量运用效应评价等多技术领域不断取得突破性进展，以确保其军事优势。

鉴于此，本学科的三大研究方向是：

a）目标损伤特性研究。掌握目标材料、结构和功能的毁伤机理，找到目标的最佳毁伤途径。

b）能量富集与控制研究。寻找高密度能量富集的最佳载体，实现能量可控释放；探究多域能量耦合与转化机制，明晰能量运用的威力范围和安全边界。

c）能量高效利用评价。探究多域能量耦合条件下目标材料、结构、功能的响应机制，建立能量释放、转化、作用全过程的表征技术和方法，实现能量利用效率的精确评价。

换言之，本学科的基础科学问题就是"高密度能量储存、驾驭、高效利用与评价"，是融合了力学、工程学、材料科学、化学、爆炸科学、凝聚态物理、计算科学等多个学科的前沿交叉领域，具有典型的跨尺度特征。在微观层面上，利用分子结构进行亚稳态储能，让原本十分活跃的原子精准地固定在分子结构中，平衡化学能量的高势垒与结构稳定性，确保高能且安定；在介观层面上，通过配方设计让多组分材料相互组合，让含能组分与功能组分紧密接触，既畅通爆轰波传播，又兼顾装药力学强度，确保装药密实且组分均匀；在宏观层面上，通过毁伤元威力设计与目标损伤特性分析，让毁伤元与目标材料、结构或功能准确耦合，实现爆炸能量的有效传播和转化，确保毁伤效果的最大化。

（一）火炸药能量的基本特性

1. 能量的内涵和特性

恩格斯深刻指出，物体的机械运动可以转化为热、转化为电、转化为磁；热和电都可以转化为化学分解，化学化合又可以反过来产生热和电……一种形式的一定量的运动，总是有另一形式的确定不移的一定量的运动与之相当，而且用来量度这个运动的量的量度单位，不管是从哪一种运动形式中借用来的都没有关系。

宇宙间一切运动的物体都有能量的存在和转化，人类一切活动都与能量及其使用紧密相关，能量是产生某种效果或变化的能力，即产生某种效果或变化时必然伴随能量的消耗和转换。物质与能量是构成客观世界的基础。

人类使用的能量存在各种不同的形式，是对一切宏观、微观物质运动的描述，对应于不同形式的运动，能量可分为机械能、电能、化学能、辐射能、热能、核能等。

一般来说，能量具有6个特性：一是状态性，即与物质所处的状态有关，状态不同所具有的能量不同；二是可加性，即一个系统所具有的总能量为输入该体系的多种能量之和；三是传递性，即可从一物传到另一物、一地传到另一地；四是转换性，即能量间可以相互转换；五是做功性，即能量作用于物体时，可由一种形式转化为另一种形式，从而改变物体的运动状态；六是贬值性，即不可逆过程可以引起能的质量和品位的降低。

实现能量利用的基本要求是：利用效率尽可能要高，利用速度尽可能要快，具有良好的利用调节性能，满足经济环保等合理的要求。

能量利用的基本原理主要是热力学第一/第二定律。热力学第一定律揭示了能量中"量"的问题，在封闭系统中可以利用能量做功；热力学第二定律指明了能量利用的方向、条件及限度问题，能量的不同利用方式有效率限制。

2. 火炸药的内涵和能量特性

火炸药是一种或多种元素构成的化学物质，具有不同类型的化学键；能够在封闭体系内无需外界物质参与发生强放热的燃烧爆轰反应，所释放的能量以反应产物为介质，可以实现对外做功。

火炸药通过化学反应进行元素重新组合和化学键重排，先将内能转化为热能，以产物为介质实现对外做功；然后将热能转化为动能，或者进行动量传递，实现对目标的毁伤。按照热力学原理，热力学系统对外做功的大小，一方面取决于能量的多少，另一方面取决于做功过程，即能量释放。燃烧与爆轰是火炸药能量释放的主要方式。在经典物理学范围内，能量释放在时间和空间维度体现：与时间相关的主要因素是燃烧或爆炸速率和即时燃烧爆轰的反应面积，与空间相关的主要因素是火炸药的装药结构，是能量在传递、作用时的矢量属性。

（二）毁伤的能量特性

1. 毁伤的内涵与特点

现代战争的舞台已由传统意义上的战场演变为陆、海、空、天、赛博、认知、心理的多维一体化战场，是极端复杂的全域体系性对抗。因此，在战争中广泛运用的各类型装备，都必须具备体系相适应的毁伤能力。

毁伤的本质就是向目标投送和转移能量，追求高密度能量的可控释放，遵循能量－时间－空间（ETV）模型。武器系统通过力学、化学、物理学、声学、光学、电磁学（本研究不包括核、生、化武器）等的能量相互作用，使目标的结构/组织破坏、功能丧失或降低，其中非致命毁伤在一定时段后目标功能可全部或部分恢复。

从物理过程上来看，毁伤主要包括武器系统能量的释放、转化、传播，与目标的耦合、作用、破坏等关键环节（图1）。提高常规武器毁伤威力的主要技术途径有：提高武器总能量，发展更高阶的能量源；提高能量利用率，将更多能量传递转化到目标上；利用

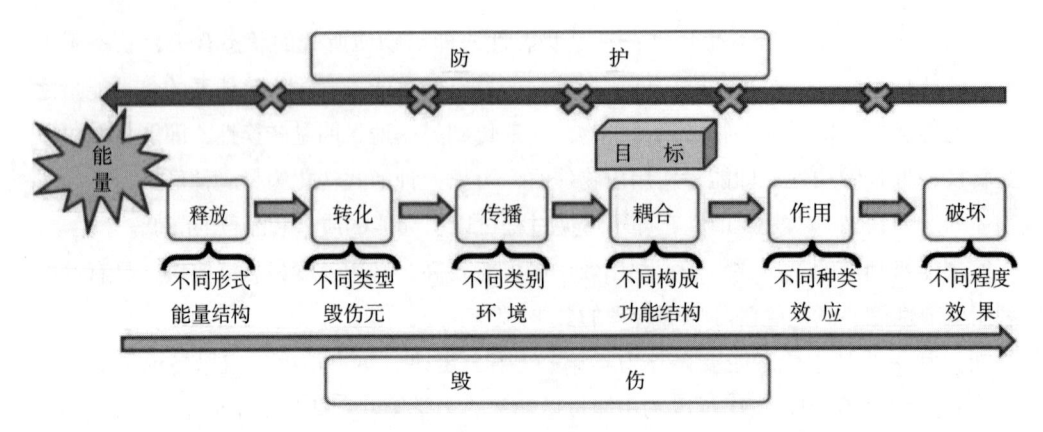

图 1 毁伤流程

新效应，发展新概念武器，实现对目标更加精密的破坏。

2. 毁伤的重大科技问题

（1）重大科学问题：高功率密度能量安全精确利用

揭示高功率密度能量与目标的耦合关系，构建能量安全应用边界理论，获得不同环境和介质中目标响应规律，掌握能量作用新效应，提出毁伤效应及评价的新原理和新方法。

（2）重大技术问题：新质毁伤

通过常规高功率密度能量储存、功率转化、效率释放产生的新作用效应，或通过新机制使目标的结构及功能显著失效，大幅提升对目标破坏效果的新型毁伤技术。

（三）高密度能量的释放特性

1. 高密度能量的基本特性

火炸药一般是单位质量含有高潜在化学能量的物质，通过原子核外的电子转移来释放化学能，通常其释能方式为燃烧或爆炸，能量释放功率密度超过 $1MW/cm^3$。高能物质的主要特点是自身反应放热，同时产生大量气体。放热反应促使构成高能物质的分子结构发生变化，重新进行化学组合，同时产生高温燃气，对周围产生作用。急剧反应时发生爆轰（能量释放速率大于 $10^{-6}s$ 量级），同时伴有冲击波高压产生破坏；在燃烧（能量释放速率为 $10^{-3} \sim 10^{-6}s$ 量级）情况下，则产生大量燃气获得推力。

随着燃烧、爆炸学科的研究深化，所涉及的材料类型越来越广泛，远远超出了推进剂、发射药、单质/混合炸药等经典火炸药材料的认识范畴。因此，本书将基于近年来燃烧、爆炸等剧烈反应所涉及的高能物质研究，通过分析高功率密度的能量释放特征，对高能物质的能量特性进行总结，提出有效利用高功率密度能量的技术途径。

炸药作为重要的高能物质类型，是在一定外界刺激下，能够发生剧烈化学反应甚至爆炸的含能材料或反应体系，主要特点是在一定能量作用下，能够发生快速化学反应，生成大量的热和气体产物。由于爆炸反应的高温（数千开）、高压（数十吉帕）、高速（微秒量级）等过程特点，如何将炸药的化学能有效释放并利用，长期以来既是化学、材料学、物理学、力学等学科的交叉融合热点，也是工程实践的难点，目前主要的技术途径是寻求合成更高能量的高能物质、提高高能物质的装填质量等。从 TNT（梯恩梯，三硝基甲苯）诞生至今，高密度能量材料的发展已经历了 150 年，形成了具有不同能量特征的材料体系，TNT、RDX（黑索今，环三亚甲基三硝胺）、HMX（奥克托今，环四亚甲基四硝胺）、CL–20（六硝基六氮杂异伍兹烷）和 DNTF（3,4-二硝基呋咱基氧化呋咱）等是典型高能量密度材料。

高能物质具有的潜在化学能，需在一定条件下才可能释放出来，这些条件实质上是对高能物质设置的可标度，以保证达到所需能量的释放状态。可以说，能量释放形式确定了系统的能量状态，不同能量释放形式的主要差别表现在沿传播方向的能量传递，特殊条件下可以获得巨大的能量释放功率。

2. 炸药的高功率密度能量输出特性

高能炸药剧烈反应后，自身化学能转化为爆轰产物内能的变化、对外界做功的动能和势能改变等。能量输出参量包括冲击波、热膨胀、机械做功、声/光/电/磁等。

由通量的物理定义可知，任意物理量的通量输出均与时间和空间的特性有关，炸药类高能物质的能量输出特性也与此类似。当炸药密度一定时，其基本参数爆速、爆热、爆容、爆压、爆温和炸药装药的爆炸总能量就已确定。通过能量在时间与空间的分布输出特性，利用特征尺寸、作用时间等因素来改善提高爆炸能量的输出效果，重点考虑功率及其通量输出。

可见，优化高能物质的装填结构和能量激发序列设计是可控释放和高效转换高能物质潜在化学能的有效技术途径。相同质量的炸药爆炸输出功率差别能够达到 1～4 个数量级，能量密度差别可达 1～2 个数量级，能流密度差别为 1～6 个数量级。

本章从国内外最新研究进展、国内外对比分析、发展趋势及对策三个方面对毁伤技术及效应重点专业领域的发展状况进行了介绍。首先，回顾总结和科学评价了我国近五年毁伤技术及效应学科的新技术、新装备、新成果；其次，在研究国外毁伤技术及效应学科最新热点、前沿技术和发展趋势的基础上，重点比较、评析了我国与国外先进水平的发展差距；最后，针对我国毁伤技术及效应学科未来发展的战略需求，提出了重点研究方向及发展对策。

二、国内最新研究进展

（一）总体发展

毁伤技术决定着武器威力，先进毁伤技术发展主要针对目标薄弱环节，深化"能量与目标耦合机制"重大科学问题研究，掌握"能量富集与创制、能量释放与控制、能量高效利用、能量运用效应评价"等基础研究方法，大幅度提升毁伤能量密度和毁伤能量利用水平。通过解决"毁伤能量来源、毁伤能量高效利用、毁伤效能精确表征"等问题，实现毁伤能量来源从碳氢氧氮系含能材料向新质含能材料的转变、毁伤机制从热力作用向热力声光电磁作用耦合叠加的转变、毁伤模式从主要利用战斗部自身能量向综合利用目标和环境能量的转变，大幅度提升常规武器的毁伤能力。

1. 能量富集与创制技术

重点解决毁伤能量来源问题，将其他状态或形式的能量向毁伤能量转化，基于凝聚态物理、量子化学、化学化工和新材料学的新型含能材料技术，研究能量储存和稳定途径，掌握能量激发和转化机制，拓展含能材料的能谱空间。

以含能材料为载体实现能量富集，基于凝聚态物理、量子化学、化学化工和新材料学创制新型含能材料，研究能量储存和稳定途径，掌握能量激发和转化机制，拓展含能材料的能谱空间。目前，二、三、新一代含能材料研究十分活跃，呈现出三大发展趋势：一是二、三代含能材料成体系化发展，相关技术研究不断深化，主要体现在产品微纳米化、表征方法升级、表面修饰改进、钝感技术革新、制造工艺改进、工程应用创新等方面；二是由传统的单一硝基储能单元为主向多种储能单元相结合的方向发展，以氮氮单键/双键为主的全氮化合物能量密度超过 TNT 当量数倍，打破了传统碳氢氧氮系含能化合物能量的"天花板效应"（密度不超过 $2.1g/cm^3$，爆速小于 10000m/s），一旦合成出来将引发高能量功率物质和爆轰物理的重大变革；三是由化学键储能为主向高张力键与化学键储能相结合方向发展。

2. 能量释放与控制技术

重点解决高密度能量利用问题，传统的碳氢氧氮型含能材料已接近硝基的能量极限，通过热力学调控组分 – 产物能态来提升能量水平的空间有限，更多学者将目光放在火炸药爆轰反应区上，以期通过动力学调控来提升能量水平。

基于凝聚相爆轰理论，通过 C-J 理论和 ZND 模型，基本掌握了碳氢氧氮系含能化合物热起爆机理和爆轰波在炸药装药中稳定传播的规律，揭示了氧化剂、还原剂在爆轰波作用下的敏化、活化和爆炸增能机制，形成了多种爆炸能量耦合叠加的理想炸药、非理想炸药配方设计方法；基于非凝聚相爆轰理论，通过气相爆轰 C-J 理论研究，基本掌握了液体燃料、固体燃料气相云雾形成、点火、燃烧转爆轰的机理，发现了碳氢氧氮系含能化合物凝聚相爆轰与燃料气相爆炸作用的叠加效果，形成了能量密度更高的温压炸药和固体云爆药剂配方设计方法。这些重大突破，使我国高能炸药技术得到跨越式进步：一是能量释放与控制技术取得突破性进展，提出了基于不同物理机制的反应区测量方法，包括自由面速度法、电磁粒子速度计法、电导率法、激光干涉测速法等。在以上方法中，以激光干涉法的物理机制最为明确，且时间分辨率最高，通过测量了炸药与窗口的界面粒子速度，获得了 CL-20 炸药的爆轰反应区宽度和 C-J 爆轰压力，成为研究炸药爆轰性能的有效方法。二是能量释放与控制技术出现颠覆性变革。通过多相反应的高密度能量储存、释放及高效率转化的热力学和动力学规律，将高能物质蕴含的物理能、化学能或物理、化学作用耦合于目标结构及功能，从而大幅提升对目标的破坏效果。

3. 能量高效利用技术

重点解决高密度能量利用效率的问题，针对常规爆炸"近场能量过剩、中远场能量不足"的制约瓶颈，突破基于热力学、动力学的多机制耦合毁伤关键技术，掌握能量与目标的耦合作用下材料、结构响应和功能失效特性，利用装药爆轰热力作用强化、多域能量耦合叠加、毁伤效应调控等威力场精准控制的新思路，通过装药精密爆轰波形起爆控制、毁伤元与炸药能量结构匹配、组分体系内外能量耦合的技术途径，实现对高能炸药的有效利用。

未来战场目标的多样化，促使战斗部技术朝着高动能、多功能及低附带毁伤方向发展，毁伤技术体系不断完善，战斗部毁伤威力持续提升。一是能量释放的组合化和一体化发展：采用同轴双元或多元装药，通过不同能量输出结构的内、外层装药组合，提高毁伤能量的多模式和多任务适应性；炸药与活性材料组合，产生的活性破片打击目标时的破孔直径是惰性弹丸或破片的数倍，破坏作用明显增强。二是能量输出结构的多样化和精细化发展：通过精确控制起爆时间，使炸药装药部分燃烧、部分起爆，使输出能量与目标相匹配，实现毁伤能量威力可调可控；发展了先进的定向起爆网络，可选择轴向、偏心方向或者邻位、间位等多种起爆方式来调整爆炸能量输出结构，大幅提高能量利用率。三是能量利用方式向多样化、异形化和灵巧化方向发展，先进增材制造技术为多层、异形、微装药的制造提供了一条全新的途径，为能量释放时序上的高精度控制和空间上的精细化分布提供新方法。

4. 能量运用效能评价技术

重点解决高密度能量运用效能评价问题，突破基于概率论的毁伤效能预示和验证关键技术，研究目标物理毁伤和功能失效的逻辑映射关系，掌握基于多源信息融合和数据分析挖掘的模型迭代递归方法，构建了基于毁伤的目标体系、目标易损特性分析及毁伤标准、典型目标毁伤准则及等效靶设计方法，在威力场及目标毁伤效应评价基础上，综合考虑目标易损特性、威力场分布和环境等因素，对能量利用效率进行评价。

我国的能量运用效能评价技术研究已从静态威力分布规律和单毁伤效应研究转向实战条件下的动态威力分布规律研究和多毁伤效应评估。一是从目标系统构成、结构特点、防护能力等角度，构建了常见军事目标体系，如以坦克、装甲车为主的地面装备，以飞机、导弹为主的空中装备等共 7 类目标；在目标易损特性分析基础上，确定了各类型目标关重和要害构件（分系统、部位）及其毁伤准则、等效靶设计方法等。二是构建了能量利用的威力评估模型：基于理论分析与试验研究，得到了工程计算模型、数值计算仿真模型和基于人工智能大数据的知识图谱模型；利用三维图像显示技术，对威力场进行了三维重构。三是构建了能量利用的毁伤效应模型：基于长期工程实践，形成了适应不同目标和环境的破片模型、冲击波超压模型、侵彻模型、内爆模型、靶后效应模型、热辐射模型等，开发了具有自主知识产权的仿真软件和毁伤效应数据库。四是发展了多种类目标的能量利用效应评价技术，如基于部件级的降阶态评价法、Monte-Carlo方法、Bayesian概率网络法等多种能量利用效应评价方法，掌握了人工智能图像识别、激光高速摄像、脉冲X光闪光摄像、嵌入式水下爆炸冲击波测试、动态云雾浓度测试等多种能量利用效应测试技术。

（二）基于系统工程的先进毁伤总体技术

基于模型的系统工程，纵向贯通含能材料、火炸药、装药工艺、弹药战斗部、毁伤效能评估全技术链条，横向贯穿需求生成、设计、工艺放大、试验验证等全寿命周期的技术攻关，形成了基于能量高效利用的先进毁伤技术体系，支撑常规毁伤技术的自主创新发展。先进毁伤总体技术主要涵盖了毁伤技术总体设计、毁伤能量高效利用理论与方法、毁伤与评估一体化设计等多个方面。近年来，毁伤总体技术在体系构建、多学科协同设计、一体化设计、性能综合评价、效能评估等技术领域取得重大突破。

1. 总体设计方法

着眼战场典型目标和重大威胁，深化能量与目标耦合机制的科学研究，在毁伤能量来源、毁伤能量提升、毁伤能量利用、毁伤机理创新等方面取得重大理论、方法突破，为含能材料、高能炸药、战术固体推进剂、发射药、引信与火工品、战斗部、毁伤评估等领域关键攻关提供基础保障，为搭建先进毁伤技术体系提供技术支撑。

近年来，随着仿真技术、人工智能、计算机辅助设计等工具的深度应用，给常规毁伤技术的分子结构设计、性能分析、模拟试验和试验验证带来了诸多新的变化，研发模式由经验摸索向理论预测转变，由试验试错型向数字化设计转变，逐步建立了各类数据库、知识库、技术规范、测试标准、使用准则、工艺规范，自主形成了较为科学的先进毁伤设计与验证技术体系。

2. 总体集成应用

在理论和技术层面，打通包括"能量聚集与释放、能量耦合与作用、目标响应与失效"的全链条，健全先进毁伤科技体系；在工具和手段层面，打造先进毁伤能量设计、仿真和效能预示三大分析计算平台，实现对相关理论、方法和数据资源的高效集成；在应用层面，形成体系化毁伤技术手段和精确毁伤评估能力。

3. 综合测试验证

建立覆盖复杂战场环境的全域毁伤试验条件，健全高密度能量加载条件和极限状态下试验测试技术、目标毁伤环境模拟和实战化毁伤效应数据采集等基础条件和试验设施。

（三）能量富集与创制技术

物质从周围环境中吸收并积累额外的能量，导致该物质的能量超过环境中平均能量的现象称为能量富集；而通过一定的手段，实现物质能量的富集称为该现象的创制。含能材料的发展本质上就是一种能量的富集与创制。能量富集对国防建设有重要的作用，世界各国尤其是军事强国在国家层面对物质能量富集与创制进行了长期持续的资助研究，至20世纪70年代，逐步发展并形成了以能够独立进行化学反应并输出能量为特征的能量富集知识体系。军用能量富集材料也被称为高能量密度材料，以凸显其单位体积储能高、威力强的特点。随着近代兵器科学技术的发展，高能量密度材料在兵器中的组成、功能和做工形式上出现了差异，逐步被细分为发射药、固体推进剂、炸药和火工烟火药剂，分别以压力推进、反作用力推进和爆炸毁伤等方式应用于武器，并在军事和民间应用的需求驱动下逐步形成了各自的研究与应用领域。能量富集与创制在军事和民用领域的不断发展，促进了国防武器的更新换代及民用爆破的成本下降，进而对国防建设、社会经济起着越发重要的作用。

能量富集材料是储存着大量能量并可在外界刺激下不依赖外界环境就能以爆炸或燃烧等方式快速释放能量的特殊材料，包括各种含能化合物和以含能化合物为主要成分的复合含能材料。其中，作为高能量密度材料主体的含能化合物是指在分子内就可以发生氧化-还原反应或自分解反应等，释放出大量热能和气体的单一的化合物，这是火炸药的主要成分，也是常规武器实现远程打击和毁伤目标的能量来源，其能量密度、安全特性、制造工艺决定了火炸药的性能和水平。高能量密度材料是武器弹药的重要能源原料，性能优异的含能材料是提升现代先进武器装备性能的前提，在国防领域具有十分重要的战略性基础地位。因此，我国一直非常重视该类材料的研究。

1. 化合物能量富集特点

化合物的能量主要来源于原子核外层电子转移释放的能量。按照其能量储存的方式，主要可以分为分子内氧化还原储能材料、键能富集材料、非共价型高能量密度材料和亚稳态能量稳定材料。

（1）分子内氧化还原储能材料

分子内氧化还原储能材料，主要是一类含有爆炸性基团或含有氧化剂和可燃剂、能独立进行化学反应的材料，目前代表性高能分子主要有3类。第一类主要通过分子内氧化还原反应释放能量，其典型代表为TNT，碳硝基化合物能量相对偏低，但安全性能较好。第二类材料在分子内氧化还原的基础上，引入生成焓，进一步地提升了能量，其典型代表为RDX和HMX，其中HMX是目前国内外公认性能优良的高能单质炸药。作为能量水平高、综合性能好的单质炸药被广泛地用于高能炸药的主体药、固体推进剂和发射药中。第三类则把生成焓通过笼型骨架提高到新高度，密度和能量同时提升，其典型代表是CL-20。我国在20世纪90年代中期，成为继美国后第二位合成出CL-20的国家。氮硝基化合物能量、安定性相对较高，综合性能较优。

（2）键能富集材料

键能富集类材料，主要是通过化学键例如N—N、O—N及N═N等储存能量，爆炸时，通过高能键的断裂释放能量。这一类材料主要表现为分子内含有大量的氮原子，目前美国、德国等世界各国越发重视对此类化合物的研究。该类材料的典型代表主要是DNTF、HATO（1,1′-二羟基-5,5′-联四唑二羟胺盐，国外称TKX-50）及ADN（二硝酰胺铵）。键能富集等相关的富氮材料，由于其出色的爆轰性能，引起了世界各国的广泛研究。对这类化合物的合成工作目前也取得了很多瞩目的成果。以HATO为例，美国陆军武器研究发展与工程中心（ARDEC）于2013年启动一项联合钝感弹药技术项目（JIMTP），2014年筛选确认HATO为关键材料，并开展合成及应用研究工作。其采用的合成方法也是两步-环化法，并采用二氧六环代替乙醚，一定程度提高了工艺安全性，目前已制得千克级样品，开展性能研究工作。西安近代化学研究所于2013年以二氯乙二肟为原料，经叠氮化、环化反应于国内首次合成出1,1′-二羟基-5,5′-联四唑，2014年报道了HATO合成路线。随后，甘肃银光化工有限公司、南京理工大学、北京理工大学、中物院化工材料研究所等国内含能材料领域相关科研单位均开展了HATO的合成研究，所采取的合成路线基本相同，主要以提高HATO合成工艺的安全性和收率为主要目的。

分子内氧化还原和键能富集化合物当前发展重点有：①重视氮硝基类化合物发展，其综合性能较好应用范围广泛，制造工艺成熟，原子经济性较好。②重视无氢化合物发展，由于其反应产物中没有水，做功能力大幅增强。③重视耐热/不敏感类含能化合物发展，其能量密度与稳定性、安全性等相对较高，可满足在恶劣环境中工作的各类型特殊燃爆产品应用。

（3）非共价型高能量密度材料

随着现代战争对先进毁伤和弹药安全性要求的不断提高，对含能材料的能量和感度也提出了更高的要求，非共价型含能离子盐和共晶含能材料作为新概念逐渐引入炸药的设计合成之中，成为新型含能材料创制的主要方向之一。

含能离子盐是指由正负有机离子构成的具有爆炸性能的离子型化合物，具有密度高、热稳定性好的特点，近年来得到了广泛的研究。在含能离子盐方面，以德国慕尼黑大学Klapotke T M教授课题组和美国爱达荷大学Shreeve J M教授课题组为代表的两大课题组，在含能离子盐的合成方面做了大量工作，合成了系列含能离子盐，发表了系列代表性工作。我国在含能离子盐的研究总体上与国外并肩。具体来说，在综合性能优良的离子盐研制方面，我国北京理工大学庞思平课题组几乎同时与德国Klapotke T M教授课题组独立开展了硝基四唑氮氧化合物的羟胺盐HAONT的合成与性能研究。

近年的研究实践使人们进一步认识离子盐这种特殊的分子结构型式，其在某些方面比共价型含能材料更具优势：①从能量角度来说，富氮有机离子盐含有大量的分子内的N—N、C—N键，因此具有较正的生成焓，从而使得该类化合物的能量水平得到保证；通过含能阴阳离子本身对含能材料内部氧平衡进行精细调节，有助于炸药分子的能量释放更加彻底。②从感度角度来说，离子型化合物通过阴阳离子的静电作用，增加了化合物内部的作用力，可有效降低材料的感度。③大量含能阴阳离子的组合和搭配，可实现材料的高通量筛选，进而大大增加了获得有应用前景的炸药分子的可能性。④其爆炸和分解的产物主要为环境友好的氮气，在某种程度上满足了环境友好等要求。

我国含能离子盐从2010年前后进入高速发展时期，合成了大量的含能离子盐并开展相关的性能研究。主要发展现状为：①离子盐虽然由正负离子构成，但含能负离子的创制成为研究热点，这可能是由于含能阳离子往往具有较差的氧平衡，成为提高离子盐能量性能的主要限制。②虽然含能离子盐的骨架包含嗪类、呋咱类、芳香类、唑类等，但由于唑类丰富的结构类别和更多的修饰位点，唑类含能离子盐研究更充分，创制的含能材料更多；在唑类家族中，最有应用前景的则是三唑、四唑类，这类骨架能够更好地协调能量和感度。③除了单环唑类富氮含能离子盐，为进一步提高离子盐的能量水平，对该类骨架进行再修饰成为研究的热点。对单环唑类进行氮氧化提高氧平衡、通过C—C或C—N偶联双（多）环提高生成焓、通过两个以上芳香环以共有环边所组成稠环化合物提高密度和稳定性等策略成为创制性能更优的离子盐的研究高地。

目前，含能离子盐的研究主要集中于对阴阳离子进行修饰，引入不同的取代基，然后将修饰后的阴阳离子结合形成新的含能盐。近几年，有关含能离子盐的结构设计、物化性能和爆轰参数的优化及其应用已展开研究。目前，对于含能离子盐的研究，主要还存在以下问题：①大多数高能含能离子盐的感度低，标准生成焓高，但其热稳定性低于200℃，且化合物密度一般低于1.80g/cm^3，其综合性能与RDX相差较大。②目前，这些离子盐的合成大多停留在实验室阶段，爆轰性能都是通过计算所得，并未实际测量；虽然有些合成过程简单，但仍存在成本高、产率低、环境污染严重等问题，还不能批量工业化生产。③加强开展含能离子盐的理论研究工作，探索结构与性能之间的关系，以期筛选出综合性能优异、制备简便的离子盐作为RDX的替代物；特别是以低感度、超高能离子盐型单质炸药为目标，也将成为今后的研究方向。④对有潜力成为RDX替代物的离子盐，进一步测量其实际爆轰性能，综合评价其他性能（如相容性），并对其合成工艺进行优化改进，降低成本和对环境的污染，从而实现工业化生产并应用到实际中。今后含能离子盐的研究重点，一方面，应建立起含能阴阳离子的数据库，利用组合方式，通过量化计算筛选出特定性能的含能盐，同时对其构效关系做出系统研究，设计合成出综合性能更加优良的含能盐，在提高爆轰性能的同时降低敏感度；另一方面，使用价格低廉、毒性较小的原料，简化合成路线，开发高效安全的新合成路线以降低生产成本。随着研究工作的不断深入和计算机辅助技术的不断发展以及结构和性能数据库的不断完善，将会开发出更多高能低感的含能离子盐，在火炸药、火箭推进剂等领域得到更广泛的应用。

共晶含能材料主要是指两种或两种以上中性炸药分子通过分子间非共价键作用（如氢键、π堆积和范德华力等），以确定比例微观结合在同一晶格，形成具有特定结构和性能的多组分晶体，其显著特征在于通过分子间非共价键形式连接两种含能分子，在不破坏分子本身结构的同时，达到从分子尺度调控目标含能分子能量与感度方面的性质。共晶含能材料作为一种新的含能材料固体形态，具有特定微观结构以及不同分子协同互补效应，能够克服原炸药缺陷，并赋予共晶含能材料特殊新性能，甚至产生结构"基因突变"，赋予其"性能突变"，为新型高能低感炸药研发提供一种有效的合成及同步调控其性能的全新策略。

自2011年美国率先报道首例CL-20/TNT共晶以来，俄罗斯、德国、英国、法国等先后开展了共晶炸药研究，我国南京理工大学、北京理工大学、中北大学和中国工程物理研究院化工材料研究所等相关单位均开展了共晶炸药研究。

近十年来，国内共晶炸药研究主要集中在共晶筛选、制备、结构与性能表征等试验探索方面，目前制备出CL-20、BTF（苯并三氧化呋咱）和DNBT（二硝基双三唑）等主要系列两组分均为炸药的共晶近百余种，其中CL-20共晶数量占比达到1/3左右，并有效调节了炸药理化、安全和爆轰等重要性能。

（4）亚稳态能量稳定材料

物质的亚稳态指相对于稳态而言的高能态，如果亚稳态受到二者之间的能量势垒保护，可以在常规状态截获。通过外部作用触发，亚稳态可以越过势垒，从高能态向稳定态转化，完成能量转换释放，实现对目标的毁伤。亚稳态能量材料主要包括全氮化合物、金属氢、高张力键能释放材料和配套的超强氧化剂等。与传统能量富集类化合物相比，亚稳态能量材料的储能、释能机制发生巨变，一旦应用可推动能源动力等性能发生革命性进步。

全氮化合物是由氮原子间不稳定化学键（N—N或N═N键）构成的亚稳态化合物，受外界刺激后诱发分子结构破坏，形成由稳定化学键（N≡N键）构成的氮气而释放出巨大能量。按分子结构组成特点，全氮化合物可分为离子型、共价型、聚合型3类，成为下一阶段含能材料的研究方向和目标。氮气（N_2）作为空气中含量最高的成分，它是目前唯一存在的全氮物质，但氮原子之间为最稳定的三键形式，没有能量。两个多世纪以来，全氮化合物的发展非常缓慢。目前，只有叠氮离子（N_3^-）、N_5^+、五唑阴离子（cyclo-N_5^-）等全氮离子和高压下的聚合氮可批量制备。全氮化合物生成热高，爆炸分解只有氮气，一直是高能量密度材料的候选物，可用作推进剂和炸药等。聚合氮是全氮化合物中，含能量最高，制备条件也最为苛刻的一种。需要100~300K温度和100~240GPa的超高压力才能制备出无定形的聚合氮，而制备晶体结构的聚合氮cg-N则需要2000K左右的超高温和110GPa的超高压。美国陆军研究实验室为了得到更稳定的聚合氮，在83GPa的室温条件下制备出体积比为 2∶1 的 N_2/H_2 聚合氮合金，该合金能够在 0.5GPa 时维持 6 个月以上，化学成分没有任何变化，该合成路线与聚合氮制备相比，压力和温度都大为降低，这为聚合氮的探索和制备提供了一种新思路。

金属氢主要通过凝聚态物理方法，使氢原子间形成金属键而储能。高张力键能释放材料是化合物分子在超高压状态下形成的亚稳态新材料，通过张力键聚集极高的能量。高张力键能释放材料具有超高能量密度，是因为它以低密度的气体为原料，经过大幅度的压缩变成固态，进行了物理储能。同时，在超高压作用下完成聚合化，一方面进一步提高密度，另一方面还生成了具有高张力的化学键，进行了化学储能。这两种储能方式的共同作用，形成了超高能量密度特性。火箭或导弹采用金属氢作为燃料，可进一步缩小尺寸并减少重量，大幅提升运载能力。此外，金属氢可能存在一个金属超流或超导超流量子基态，因此超导或超流态的研究可为量子效应参与的超导机制研究提供重要线索。不仅如此，根据 BCS 超导理论模型，金属氢具有极高的德拜温度和超强的电子 – 声子相互作用，因此金属氢是一种潜在的室温超导材料，而且这种超导相在常压下仍然是可能存在的。金属氢一旦成功制备实现应用，可能会在低功率电子学、零线宽通信等领域引发技术变革，改变战场电子信息传输、电子对抗模式等非杀伤性对抗的模式。金属氢是物质科学重大前沿科学问题，激发了大量的理论和实验研究，以致诺贝尔奖获得者金兹堡把金属氢放在著名的"物理学关键问题"之首，称之为高压科学研究领域的"圣杯"。事实上，探索金属氢是过去 30 年来高压技术研究的主要目标之一，持续推动着高压科学与技术的发展。

2. 发展历程与进展比较

作为科学技术发展阶段的"代"的划分，一般考虑有两个维度：时间的发展与能力的提高。因此，能量富集材料的"划代"主要考虑在时间维度的基础上，以工业化时期以来含能化合物能量发展水平为核心，来规范和指导不同性质与类型的含能材料应用。

第一代能量富集材料以 TNT 为标志，并从此以 TNT 当量为标准来表征能量富集材料的爆炸性能和弹药战斗部的毁伤威力。

第二代能量富集材料以 RDX、HMX 为典型代表，单位体积的化学能约为 TNT 的 1.4～1.6 倍，以其为主要成分的炸药装药密度一般不小于 $1.65g/cm^3$。

第三代能量富集材料以 CL-20、DNTF 等为典型代表，单位体积的化学能为 TNT 的 1.7～1.9 倍，以其为主要成分的炸药装药密度一般不小于 $1.9g/cm^3$。

第四代能量富集材料以化学合成方式制备的离子型全氮化合物、共价型全氮化合物和配套的新型氧化剂等组成。其中，离子型化合物以 N_5^-、N_5^+ 等为典型代表，共价型化合物以链式氮化物如 N18、NL11 等为典型代表，新型氧化剂则以 OFN、ODC 等为典型代表。其能量主要源于 N—N 键能，能量释放方式发生了变化。

新一代含能材料以凝聚态物理方式制备的金属氢、高张力键能释放材料等物理化学含能材料和超强氧化剂材料等为典型代表，预计能量及释放特性将发生质变。

能量富集材料作为近代化学发展的结晶，源于中国古代发明的黑火药，推动武器和战争形态从冷兵器跨入热兵器时代；起步于近代化学的蓬勃发展，1863年威尔勃兰德发明TNT，催生了现代枪炮弹药；1899年德国人亨宁发明了RDX，有力推动了火箭、导弹等武器诞生，在第二次世界大战后逐步得到大规模使用，成为现代制导武器的主用含能材料；1941年，德国科学家在RDX生产中发现了HMX，其爆轰性能比RDX有大幅度提升，得益于第二次世界大战后全球化工科技的快速发展，成为当下武器装备中综合性能最好的含能材料；20世纪70年代后，随着安全弹药发展的急需，人们又建立了钝感能量富集材料的概念，陆续研制出TATB、LLM-105、TNAZ、NTO、FOX-7等耐热/不敏感化合物；1987年，美国合成出具有笼式分子结构的高能量密度化合物CL-20，成为当前可以批量生产的能量密度最高的含能化合物。1998年，美国空军实验室合成出氮五正离子化合物（N_5^+）；2016年，我国南京理工大学合成出氮五负离子化合物（N_5^-）；2017年，美国哈佛大学宣称获得金属氢，预示了能量富集材料正在跳出碳氢氧氮系化合物的新时代，迎来高能物质科学发展的新阶段。

3. 发展展望

为提高毁伤能力，各国科学家在能量富集与创制领域不断追求更高能量与安全的平衡，随着理论化学、合成化学、高能物理、智能制造等领域的进步，高能量密度富集与创制也迅猛发展。CL-20、HATO等三代化合物逐步得到应用，N_5^-等四代化合物可以批量制备，新一代能量富集物质不断涌现，能量富集与创制技术得到快速全面发展。从历史沿革我们可以推断出未来发展方向。

a）能量富集材料的发展与科学发现、技术进步、产业应用密切关联，相互影响、促进，共同遵循"理论-技术-工程"的渐进式发展规律。用平面环状硝胺类化合物替代碳硝基化合物，用笼型、无氢等氮立体的硝基化合物替代平面环状胺硝基化合物，用全氮（富氮）替代氮硝基类，是含能材料提高能量的主要技术路径。还需采取的发展策略有：①加强顶层规划，围绕核心材料，制定发展路线图，分阶段推进实施。②鼓励原始创新，从反应原理上提出原创性的合成路线，不断提高原子经济性、本质安全性和工艺可靠性，降低成本，减少污染，摸索最佳反应路线。③重点支持工艺革新，针对材料工艺特点发展适用的连续化制造工艺及专用设备，提高制造过程的自动化、数字化水平。④组建联合创新团队，跨专业多角度协同解决材料应用中存在的产品品质问题，合作推进键能富集及富氮材料在火炸药及武器装备中的高质量应用。

b）目前，含能离子盐的研究经过近20年的发展，通过不同的策略合成了大量新型含能材料，已基本掌握了离子盐的结构与性能关系，充分掌握了其长处和短板，新型离子盐的合成目前已过高峰期。未来几年，应加强性能评估与应用推广。共晶含能材料研究已取得一些重要进展，但目前仍停留在实验探索和模拟摸索层面，且研究非常零散和随机，当前共晶含能材料设计、制备和应用研究依然存在许多突出问题亟待解决，主要问题如下：

①共晶含能材料设计缺乏科学的理论设计方法体系。②共晶含能材料制备方法单一,产率低,工艺难以放大制备。③共晶含能材料结构表征手段单一,性能评估有限,实际应用困难。鉴于共晶含能材料发展面临的问题,建议在以下方面进行大量基础性和系统性的研究工作:①共晶含能材料理论设计与人工智能相结合。②共晶含能材料制备与高通量、连续化结晶等技术相结合。③共晶含能材料表征评估与先进微量表征技术相结合。

c)离子型、共价型全氮化合物等材料科技引领发展,打破了硝基化合物一统天下的格局。未来,随着凝聚态物理手段日趋完善,以金属氢、高张力键能释放材料等为重点的新一代含能化合物将进一步突破火炸药的能量密度水平,实现高能物质科学技术的新飞跃。①高张力键能释放材料方面,针对 p-CO 高张力键能释放材料的研制和表征需求,需要发展 p-CO 的宏量制备技术,完成材料的基础物理和能量性能表征技术研究,明确其未来的应用方向。针对聚合氮,需要发展聚合氮温和条件制备、稳定化及宏观量制备新技术,降低聚合氮合成条件、提高其稳定性,探索可常压截获的新型聚合氮结构及其宏观量制备途径。②金属氢研究方面,需开展新型富氢化合物超导体的结构设计和物性测量的系统性研究,发展金刚石砧面的精密加工技术,实现超高压强下的电输运测量,并与高温、低温、超快、强磁场等极端实验条件相结合,突破现有富氢超导体制备和超高压原位物性表征的技术。③全氮化合物方面,目前已有的能够稳定存在的氮源中,cyclo-N_5^- 比 N_3^- 高能,比 N_5^+ 稳定,是合成全氮的最佳氮源。以 cyclo-N_5^- 为基础开发共价型或离子型全氮化合物是全氮材料未来 5 年的重要发展方向。高压法合成全氮有很多优势,但亟须解决卸压后产品的稳定问题。

(四)能量释放与控制技术

能量是创建先进武器系统的支撑和基础,提高能量利用率是解决能量问题重要的和最有效的途径。在不同环境下,火炸药能以不同的形式发生化学变化,且其性质及形式可能有很大的差别。按照反应速度及其传播的性质,火炸药化学变化过程具有三种形式,即缓慢化学反应、燃烧及爆轰。理解与掌握火炸药燃烧与爆轰理论,是指导火炸药配方设计及其性能提升的基础和关键。

1. 突破性进展

针对反应区的测量,国内外研究者提出了基于不同物理机制的方法,包括自由面速度法、电磁粒子速度计法、电导率法、激光干涉测速法等。在以上方法中,以激光干涉测速法的物理机制最为明确,且时间分辨率最高。刘丹阳等采用激光干涉测速法,测量了 C1 炸药(CL-20/ 黏合剂 =94/6)与窗口的界面粒子速度;运用先求导、再分段拟合的方法,对界面粒子速度随时间的变化曲线进行了数据处理,确定了炸药爆轰 C-J 点对应的时间位置;根据 C-J 点对应的粒子速度,计算获得了炸药的爆轰反应区宽度和 C-J 爆轰压力。此外,近年发展起来的高分辨率激光干涉测量手段,如光子多普勒测速仪(PDV)和全光纤激光干涉测速技术（DISAR），能观测到炸药的爆轰波结构和爆轰驱动细节，逐步成为研究炸药爆轰性能的有效方法。裴洪波等采用光子多普勒测速仪测得了 TATB 基 JB-9014 炸药的反应区宽度和反应时间，测速的相对不确定度优于 2%。

国内众多学者结合经典爆轰理论和实验数据，开发了众多理论模型来描述炸药爆轰反应过程和爆轰状态。此外，机器学习技术已经应用到爆轰模拟仿真领域。基于机器学习的爆轰模拟方法利用卷积神经网络等技术进行图像处理和预测，从而更加准确地预测爆轰过程的各个阶段。

随着近几十年来碳氢氧氮型单质含能材料的发展，能量的提升空间已受限，且受限于新材料从研发到获得应用长周期的制约（需要经过海量的分子筛选、性能评价、工艺设计等），通过热力学调控提升炸药能量水平逐渐受限，更多学者将目光放在动力学调控方面，以期通过动力学调控来提升炸药能量水平。

2. 颠覆性变革

超强毁伤技术是指毁伤效能大幅度超越现有常规毁伤的新技术，它通过多相反应的高密度能量储存、释放及高效率转化的热力学和动力学规律，将高能物质蕴含的物理能、化学能或物理、化学作用耦合于目标结构及功能，从而大幅提升对目标的破坏效果。超强毁伤技术的出发点基于通过化学模式、物理模式或其他交叉融合模式产生的新作用效应，提升作用于目标的能量密度，或产生颠覆性的破坏效应，使目标结构和功能显著失效。

从技术属性而言，超强毁伤技术是基于材料学、物理、化学、力学、声学、光学、电磁学、生物学等新概念、新原理的创新，既是能够支撑装备创新的新技术，又可以是交叉融合后产生的新技术。从潜在应用效果而言，不仅能够催生超级毁伤武器装备，形成跨代作战能力或对抗样式，甚至可以开辟全新的军事应用领域，在战争形态上制定"游戏规则"，在战争设计上占据先机，在多维空间战场上发挥巨大震慑作用，控制全域战争的胜负。

（五）能量高效利用技术

能量高效利用技术针对常规爆炸近场能量过剩、中远场能量不足的制约瓶颈，利用装药爆轰热力作用强化、多域能量耦合叠加、毁伤效应调控等威力场精准控制的新思路，通过装药精密爆轰波形起爆控制、毁伤元与炸药能量结构匹配、组分体系内外能量耦合的技术途径，实现对高能炸药的有效利用。

a）采用新型炸药技术。炸药作为各类武器火力系统的动力能源和毁伤能源，直接影响并决定性能的发挥。作为高能量密度材料的新型炸药的应用，可显著提高应用系统的能量指标。

b）应用先进威力输出系统。应用轴向以及圆周偏心方向实现邻位、间位多种方式的选择定向起爆网络等先进的能量输出系统能够改变装药爆炸作用后的能量输出结构，大幅提高装药的能量利用率。

c）采用先进装药工艺技术，对于老装备的技术改进具有明显的提升效果。如采用分步压装、等静压、复合匹配装填、挤注塑性黏结炸药（PBX）等新型装药工艺，提高装药的密度及装药结构的均匀性，既可增加限定体积内的装药质量，又能使主装药的爆轰性能有较大的提升，从而大幅提升武器装备的威力性能。

1. 能量释放的组合化和一体化是能量高效利用技术的重点

当前火炸药的发展已经打破了自身体系的封闭性，不再局限于传统的物质和传统的释能方式，借用体系外的物质和能量能够获得更大的功效，协同考虑环境因素能够实现火炸药与环境能量的一体化。

装药结构设计是充分提高炸药的能量利用率以及能量向毁伤元的转化率的有效手段。改变单一整体式装药结构，采用同轴双元或多元装药，内、外层装药采用不同能量输出结构的配方，通过不同配方的组合，可实现炸药装药与毁伤目标的匹配，提高毁伤能量的多模式和多任务适应性。此外，炸药与其他部件组合能够释放更多的化学能，如设计炸药与反应性材料的组合，用在弹丸中产生的孔洞比同样大小的惰性弹丸或破片产生的孔洞大3~4倍，对目标的破坏作用明显增强；毁伤能量威力可调将炸药装药与打击目标一体化考虑，基于燃烧点火和爆轰起爆之间存在时间延期，通过精确控制起爆时间，使炸药装药部分燃烧、部分起爆，控制发生爆轰的炸药装药量，输出与目标相匹配的毁伤威力，可控制附带毁伤。

2. 能量输出结构的多样化和精细化是能量高效利用技术的关键

不同类型的目标有不同的易损性特点，为了适应打击目标多样化、目标特性复杂化的需求，炸药的能量输出结构呈现多样化和精细化的特点。

根据不同毁伤能量要求细分火炸药品种，从而能够针对不同的作用要求对火炸药能量输出过程进行真正有效的控制，提升火炸药装药的能量利用率和作用效果。

3. 增材制造技术促使能量高效利用向多样化、异形化和灵巧化方向发展

增材制造技术由快速成型技术发展而来，可用于制造任意形状的零部件，特别适用于传统工艺难以或无法成型的特殊、复杂结构产品的制造，近年来又发展出融合了智能材料元素的增材制造技术。武器装备精密控制与精确打击的发展趋势必然促使武器推进系统及毁伤单元向多样化、异形化和灵巧化方向发展，增材制造技术为多层、异形、微装药的制造提供了一条全新的途径，在高精度和特定结构爆炸网络、火工品、整体装药、推进剂及活性材料战斗部等含能部件制造上具有极大应用前景。

未来发展将综合考虑制造过程中的物料特殊性、工艺适用性与过程安全性等问题，针对含能材料体系的特点，搭建适宜的含能材料增材制造系统、研究炸药体系及成型工艺参数，最终形成适于含能材料产品增材制造的设备、配方与生产工艺。

（六）能量运用效应评价技术

能量利用效能评估技术是在对热力声光电磁和信息等多种毁伤机制作用机理及目标响应机制研究的基础上，探索提高能量利用效率，掌握不同打击方式下能量与目标的耦合作用规律和目标功能失效特性，提升毁伤能量控制技术水平，提高能量利用效率，发展可摧毁复杂体系目标和未来新型目标的先进毁伤手段，进而拓宽毁伤的实现路径；健全能量利用参数测试及信息获取技术、目标毁伤效果测试、预估和验证的理论、方法与工具体系，是能量利用效能评估的基础和关键，也是支撑先进毁伤手段高效运用和打击效果精准评估的核心技术。

1. 能量利用效应评价的作用及意义

近年来局部战争实践表明，运用精确制导武器"毁瘫节点、破击体系"的战法得到了普遍认可和遵循，"精确打击"已经成为当前战争的主要作战模式，成为决定战争胜负的关键。精确打击不仅体现在精确命中，还体现在精确毁伤，在武器弹药品种以及战场目标多样化的今天，更体现在武器弹药的准确使用。

能量利用效应评价是全面对比分析军事实力、正确进行战略决策的需要；是制定作战火力计划、有效控制战争进程的重要依据；实战化训练和贴近实战的模拟训练离不开能量利用效能评估技术和数据的支撑；是完善和优化武器装备体系，提高武器弹药发展水平和研制效益，实现创新发展的需要；是实现武器弹药合理采购、科学储备，与战场使用有机衔接的需要。

2. 我国发展历程

我国能量利用效能评估技术经历了由萌芽期、模仿阶段和自主发展3个主要阶段：一是抗日战争、解放战争时期，基于提高实现作战目的的需要，基于实战经验出发进行的能量利用评估工作的"萌芽时期"，此时的评估工作处于一种下意识状态；二是20世纪60年代，在苏联带来的一系列有关火力运用理论、教程等基础上，进行的"模仿阶段"，此时的方法体系仅限于对各种类型弹药战斗部能量输出的试验、测试与评价；三是随着改革开放，我国武器装备进入快速发展阶段，武器弹药能量利用评估技术也随之被带动起来，尤其是随着军队体制改革和实战化演训工作的重视和加强，能量利用效能评估技术进一步向着武器弹药装备对目标毁伤效能，以及作战毁伤效能评估方向发展的"自主发展阶段"，基本建立起了主要打击目标毁伤标准、毁伤准则以及为开展武器弹药能量利用效能试验的毁伤等效靶体系。到目前，开展各种武器弹药能量利用效能评估的技术体系、靶标体系、试验方法体系和评估方法体系已经建立；各种新型武器弹药对不同类型目标毁伤效能评估也随着型号研制工作的开展同步展开，正朝着"交装备"并且"交能力"的方向发展。

3. 我国发展现状

我国能量利用效能评估技术的自主发展始于20世纪80年代，随着军队改革和部队实战化能力建设的重视和加强，我国能量利用效能评估技术研究得到飞速发展，并取得了一系列对装备建设和部队实战化能力转化具有重要支撑作用的技术成果。

（1）目标易损特性分析与评估技术

首先，按照战场目标存在的基本属性及特点，结合弹药战斗部类型及其适合打击目标的特点，将战场上可能遇到的所有目标按照地面装备类目标、空中装备类目标、水面水下装备类目标、工程建筑类目标、工业设施类目标、人员类目标和集群（面）类目标分为七大类；在进行目标分类的同时，每类目标还给出最适合打击的弹药战斗部类型。

其次，根据目标在战场发挥的作用及主要功能，以及其功能下降、丧失和恢复时间长短等对其作用发挥的影响程度，按照"摧毁（重度）""压制（中度）"和"损伤（轻度）"3个等级制定功能毁伤标准；通过对目标系统功能、结构分析，构建目标系统功能变化与要害部构件破坏程度的关联关系，构建目标系统毁伤树，进而形成目标系统毁伤标准与其要害部构件结构毁伤程度的关系；以典型目标为研究对象，在对目标系统及要害部构件的材料性能、结构分析和试验研究基础上，确定目标系统及要害部构件在不同毁伤元作用下，其结构达到不同破坏程度对应的毁伤元阈值，形成目标要害部构件毁伤准则；结合上述建立的目标系统毁伤树分析研究，即可形成目标系统毁伤准则，即不同类型毁伤元实现对典型目标不同毁伤等级对应的阈值范围。

同时，在上述分析研究基础上，确定各类型目标要害部构件及对其打击最佳毁伤元（弹药战斗部）类型、打击方式（打击部位、要害部构件），为弹药战斗部设计提供指导。

在典型目标易损特性分析研究，建立毁伤准则的同时，按照外形结构相同，对同类毁伤元作用响应等效（相同或呈现规律性变化）的原则，提出目标系统（或要害部构件）毁伤等效靶设计方法及其毁伤准则（判据），为打击该类型目标弹药战斗部设计性能试验验证靶标建设提供依据。

（2）弹药战斗部威力评估技术

1）工程计算模型构建

利用长期的弹药战斗部技术研究和工程实践经验基础，在对国际普遍流行和广泛使用的各种工程模型综合分析基础上，结合我国弹药战斗部各种典型姿态静动态试验数据，构建杀伤爆破型弹药战斗部、侵彻爆破型弹药战斗部、聚能装药战斗部等类型弹药战斗部威力工程计算模型。

2）数值计算仿真模型

通过大量的理论分析和试验研究，构建常用弹靶材料、火炸药材料基本性能数据库，在学习、消化国际流行数值计算软件、模型基础上，发展具有自主知识产权的国产数值计算系统；以该系统为基础，构建弹药战斗部威力场分析计算模型。

3）知识图谱模型

在理论分析和实践经验总结基础上，构建杀伤爆破型弹药战斗部、侵彻爆破型弹药战斗部等类型弹药战斗部威力评估知识图谱模型；通过长期的各种类型弹药战斗部研发、使用过程中形成的威力参量数据收集，构建各类型弹药战斗部知识图谱数据库；按照各弹药战斗部结构、材料、装填炸药等，开展弹药战斗部威力场评估。

（3）毁伤效应评估技术

毁伤效应反映的是各种典型弹目交会条件下，弹药战斗部对目标作用、目标系统毁伤效果的变化规律。毁伤效应评估是掌握弹药战斗部对目标作用规律的过程。毁伤效应评估技术研究是利用建立的弹药战斗部威力场模型、目标毁伤效果评估模型，结合弹药战斗部使用特点，建立能够进行弹药战斗部各种典型使用（弹目交会）条件下，弹药战斗部对目标系统毁伤效果评估模型和方法的过程。

结合目标易损特性分析方法，进行各种典型弹目交会条件下，杀伤爆破型弹药战斗部、侵彻爆破型弹药战斗部等类型弹药战斗部分别对其最佳适用目标毁伤效应评估方法研究构建。

（4）能量利用效能评估技术

根据武器系统作战使用特点，尤其是投射弹药的方式及弹药落点散布、末端弹道及弹目交会基本规律，基于以上目标易损特性、弹药战斗部威力及对典型目标毁伤效应研究成果，构建武器弹药毁伤效能评估模型。

1）反地面装备目标武器能量利用效能评估技术

采用基于部件级的降阶态易损性评估方法、目标毁伤虚拟模型的一体化目标易损特性描述及建模方法、坦克计算机描述方法，建立了反地面装甲目标的高精度易损性模型；进行破甲、穿甲型战斗部参数化建模和开发威力场可视化仿真技术，提出了声速临界理论、双模毁伤元成型与侵彻理论以及能量法则侵彻理论，开发了战场目标易损特性分析仿真软件；引入关键部件易损性系数，建立了坦克关键部件毁伤准则；利用多指标高维能力空间体积综合分析法、易损性列表法、受损状态分析法来进行反地面装甲目标的毁伤效能评估。

2）反地面坚固目标武器能量利用效能评估技术

采用多点激励计算方法、增量动力分析方法，构建了反地面坚固目标易损特性模型；基于弹靶分离思想和刚性弹体假设，建立和拓展了建筑物结构侵彻弹道快速预测算法；以等效单自由度（SDOF）方法为基础建立了钢筋混凝土构建爆炸累积毁伤的 P-I 曲线评估判据；利用建筑毁伤效能指数和有效脱靶距离来进行反地面坚固目标的毁伤效能评估。

3）反地面集群目标武器能量利用效能评估技术

基于体系贡献率算法、T-S 动态毁伤树和贝叶斯网络模型，建立集群目标毁伤树模型；采用光速平差方法实现破片穿孔和凹坑位置相对爆心的三维位置测量反演，得到了破片飞散特性、破片穿孔面积的快速测量与三维推演；引用分形理论对破片数量、质量分布、空间分布进行预测；引用降阶态易损性分析法，划分集群目标功能毁伤等级；利用将 4 个象限积分变为一个象限积分的方法、神经网络算法、模糊数学、层次分析法计算出毁伤概率来进行反地面集群目标毁伤效能评估。

4）反水面舰艇目标武器能量利用效能评估技术

依据"弹道极限速度相同"和"挠度相同"等效原则、侵彻毁伤相似性和材料等效系数构建了反水面舰艇目标易损特性模型；构建了"性能与RMS协同设计平台"软件；基于弹靶分离思想和刚性弹体假设，建立和拓展了建筑物结构侵彻弹道快速预测算法；利用Monte-Carlo方法和Bayesian概率网络法计算出毁伤概率来进行反水面舰艇毁伤效能评估。

5）反水下目标武器能量利用效能评估技术

基于模糊随机理论、卷积神经网络的潜艇目标识别、高分辨率遥感影像技术，建立了反水下目标的易损性模型；基于辅助函数法求解气泡载荷，提出了气泡载荷分解法；依据相邻N舱破损不沉制原则与损管抗沉有效性原则，确定潜艇能量利用效能评估判据；利用冲击因子的等效法来进行反水下目标毁伤效能评估。

6）反空中目标武器能量利用效能评估技术

采用贝叶斯网络数据融合方法、机翼等效靶法、失效树分析法，建立了反空中目标易损特性模型；采用光速平差方法实现破片穿孔和凹坑位置相对爆心的三维位置测量反演，得到了破片飞散特性、破片穿孔面积的快速测量与三维推演；引用分形理论对破片数量、质量分布、空间分布进行预测；引入部件单元线缆端口响应电压峰值、电磁脉冲评估系数，建立了反空中目标的毁伤判据；利用多传感器多角度空中目标识别技术和动态贝叶斯网络控制目标威胁评估算法来进行反空中目标的毁伤效能评估。

（5）能量运用系统测试技术

1）能量利用测试技术

A. 杀爆型弹药战斗部能量输出与结构耦合测评技术

通过对弹药战斗部装药动静爆形成破片的大小、数量、速度及其空间分布的试验测试，掌握弹药战斗部装药爆炸形成的破片能量的空间分布规律；同时通过布设于不同位置等效靶命中破片、穿透破片数量获得破片对不同防护能力目标的有效毁伤范围。通过对弹药战斗部装药动静爆形成冲击波传播到不同位置及其压力变化情况的试验测试，掌握弹药战斗部装药爆炸形成的冲击波能量的空间分布规律；同时通过布设于不同位置等效靶毁伤程度获得冲击波对不同防护能力目标的有效毁伤范围。

B. 侵爆战斗部能量输出与结构耦合测评技术

侵彻深度一般采用弹载压阻式侵彻测试法、加速度测试法、基于模糊模型的弹丸侵彻深度实时测试法，并结合半无限靶法或有限厚靶法和高速摄影技术，获取着靶速度、极限穿透速度、剩余速度等；从爆炸介质看，内爆炸分为密实介质爆炸和空腔中爆炸。密实介质内爆炸压力，采用土介质压力传感器进行测量；空腔中则需要测试压力和准静压力，冲击波主要采用压力传感器进行测试，虽然与开放空间所用传感器相同，但是内爆炸环境更加恶劣，需要根据测试环境进行抗热、抗冲击防护等措施；冲击加速度主要采用电测法进行测试，根据需要可进行一维或多维测试。获取极短时间内弹体侵彻或目标结构做出响应的冲击加速度信号。

C. 聚能战斗部能量输出与结构耦合测评技术

射流速度分布常用截割法、拉断法，采用高速摄像机、电子示波器、脉冲X光摄影机来测试，还可以应用放射性示踪技术来获取射流速度沿罩中原始位置的分布；爆炸成型弹丸（EFP）初速体现了 EFP 的初始动能，一般采用光电测试、高速摄影等技术，获取不同位置的 EFP 速度和飞行轨迹；一般采用模拟侵彻半无限靶板来计算射流的最大破甲深度，侵彻不同厚度的有限靶板来计算射流的剩余侵彻能力，结合毁伤目标入口、出口侵彻结果图像分析处理，综合判定其对目标的毁伤能力；一般采用靶后破片散布试验，结合破片回收、放置验证板、X光成像摄影的辅助手段来获取靶后破片的数量信息、质量信息、破片云形貌特征，综合判定其对目标的毁伤能力。

D. 温压战斗部能量输出与结构耦合测评技术

热威力参量测试方法主要有光测和电测。光测仪器主要有高速摄影、红外测温仪、比色测温仪等，主要用于爆炸火球表面温度测试，光测的难点在于光测辐射系数的校准，是行业尚未解决的难题；电测仪器主要为瞬态高温传感器、热电偶及热流密度传感器，测得的是爆炸后火球内介质瞬态温度以及被测对象表面热流密度，目前电测法还需在响应时间、测试精度等方面进一步提升。在密闭环境下，温压炸药爆轰、后燃烧过程后产生准静态压力，此压力持续时间长、冲量大，对软目标具有强大的杀伤效果。要准确测量密闭环境下缓慢变化的准静态压力，需要一种对高频、低频都能很好响应的压力传感器，才能满足准静态压力测量精度要求。风动压的测量方法有总压静压法、无缘测试法和拖拽力法。目前，窒息效应主要通过检测气体里氧含量进行分析，使用最多的是专用气体传感器。

E. 云爆战斗部能量输出与结构耦合测评技术

一般采用声-电云雾浓度检测法、双频超声云雾浓度检测法以及超声波脉冲瞬态云雾浓度检测法，利用光学、电场、超声波在不同云雾浓度的衰减特性，确定云雾区内云雾浓度的三维分布、云雾半径扩展速率以及云雾空间分布等；冲击波时空分布及对目标毁伤效应采用与杀爆型弹药战斗部冲击波时空分布相同的试验测试方法；在爆炸火球内部，采用接触式测试方法对爆炸场热流密度进行直接测量，采用多模法来测量火球的热源温度、热阻抗；在爆炸火球外部，采用单波长测温法、双波长比色法、宽波段热像仪法、拉曼光谱法和多波长测温法等非接触测试技术，测试火球大小和温度场分布以及其随时间和空间的演变过程；一般采用效应靶评估方法和等效靶法和图像智能识别技术，结合热成像仪、温度传感器数据，确定毁伤特征参数，如火球温度、火球持续时间、目标靶板变形程度等。

2）能量运用效能测试技术

A. 弹目交会参数精确测试技术

弹目交会参数测试分靶场科研试验（包括靶场定型试验）测试和作战试验、实战化演训测试。其中，科研试验弹目交会参数主要采用雷达、经纬仪，结合高速摄影系统进行，具有较高的测试精度和可靠性；作战试验、实战化演训测试则主要依靠近年来发展的移动式实战化演训毁伤效果测试系统进行。

B. 目标毁伤效果测试技术

目标毁伤效果测试是指对每次打击后目标系统毁伤程度的测试，主要通过被打击后目标系统结构破坏程度的测试体现。科研试验因其具有充分的时间和较强的可操作性，可以采用各种测量手段现场测量获得精确的目标毁伤结果参数；作战试验、实战化演训目标毁伤效果测试一般结合作战试验、实战化演训进行，一般采用针对不同作战场景设计的移动式实战化演训毁伤效果测试系统进行，用于不用人员到场的情况下，快速获取弹药战斗部爆炸位置附近场景及目标外观毁伤效果高清照片、高清图像，通过后续的图像处理确定目标毁伤程度评估效果。

三、国外最新研究进展

（一）能量富集与创制技术

1. 硝胺类炸药能量提高技术

传统硝胺类含能材料的爆速可达 9500m/s 左右，例如，RDX 爆速为 8983m/s，HMX 爆速为 9221m/s，CL-20 爆速为 9455m/s。只有少数含能材料的理论爆速超过 10000m/s，例如，八硝基立方烷的爆速为 10100m/s、4,4-二硝基-3,3-二氮呋喃的爆速为 10000m/s，但二者存在合成时间长、成本高、难以实现规模化放大等问题。为提高硝胺类炸药的能量，国外采取提高炸药氧平衡、设计新型四唑氧化物等技术途径，开发出高能绿色 CL-20-EO 硝胺炸药和爆速高于 10000m/s 的四唑类含能材料。

CL-20-EO 高能绿色硝胺炸药是美国加州理工大学在美国海军研究办公室资助下提出的，是在 3 个碳碳单键（C—C）中添加 1 个氧（图 2），使氧平衡增大到零。CL-20-EO 的能量高于 CL-20，燃烧产物绿色，不产生碳簇等有害物质，说明在 CL-20 等硝胺炸药中引入醚链实现零氧平衡是设计具有优异爆轰性能的下一代绿色高能量密度材料的有效方法。而且，量子力学分子动力学和 ReaxFF 分子动力学是极具潜力的新型绿色高能量密度材料的设计工具，可用于预测评估新材料的爆轰性能参数，指导新材料的合成和表征。

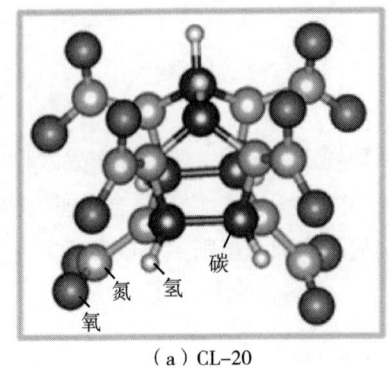

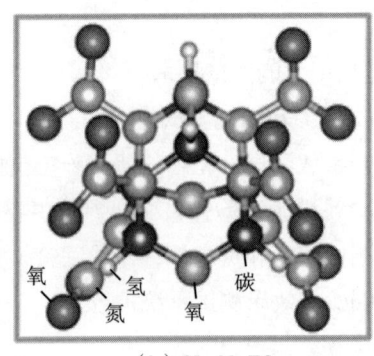

（a）CL-20　　　（b）CL-20-EO

图2　CL-20和CL-20-EO的分子结构

SYX-9（1，5-二氨基四唑-4N-氧化物）是美国普渡大学2022年新合成的四唑类含能材料，氮含量较高，实测密度为1.82g/cm³，理论爆速高达10000m/s，超过RDX、HMX和CL-20，爆压为38.6GPa。但SYX-9非常敏感，撞击感度小于1J、摩擦感度为30N、分解温度为137℃，在一定程度上限制了SYX-9的未来应用。但SYX-9的合成仍是令人兴奋的，一方面是因为其能量较高，另一方面是提供了通过对结构环上C-和N-胺进行改进即可进一步提高能量的可能。

H₄TTP（C₈H₄N₁₈）是一种新型的高氮含能材料，氮含量71.58%，爆速8655m/s，爆压28.0GPa，分解温度259℃，密度约为1.88g/cm³，综合性能优异，2018年由加拿大渥太华大学首次合成，是新型高能低感炸药的理想候选物。

2. 基于机器学习的高能炸药设计与筛选

近十年，数据驱动的机器学习和材料信息学技术已成为材料研究与开发的重要组成部分，并广泛应用于军事领域。通过对海量数据资源进行数据挖掘或机器学习，可以发现以前未知的物理属性和描述符之间的关联，并能建立替代模型，可以更有效地计算出预期效果。由于缺乏足够高质量的数据和实验来验证过程中的危险性，数据驱动方法在含能材料领域的应用相对较少。

世界范围内的火炸药研究人员正在努力实现RDX、HMX等高能含能材料的生产与应用，并积极开发新型高能含能材料。但新型高能含能材料的开发成本相当昂贵，且非常耗时。基于机器学习进行含能材料设计，成为一种加速其设计、开发的良好途径。已有文献报道，机器学习或深度学习技术，可用来预测含能化合物的撞击感度、生成热和爆轰参数等，但基于机器学习进行新型潜在含能材料筛选的文献报道较少。2020年，加拿大麦吉尔大学综合采用材料信息学和机器学习方法，优选出29种新型高能含能材料。大致方法包括四步：第一步，采用材料信息学和机器学习法，以爆热等热化学参数为验证指标，基于262个碳氢氧氮分子的测试数据集，通过从大量描述符中进行逐步迭代，找到了关键描述符，使用很小的数据集，训练出令人满意的替代机器学习模型，用于预测爆热；第二步，从 PubChem 数据库的 1.4 亿个分子中，筛选出 2700 个具有较高理论爆热值的碳氢氧氮化合物（大于 4500kJ/kg）；第三步，进行二次筛选和热化学理论验证，优选出 262 个能量高于 1.5 倍 TNT 当量的含能化合物；第四步，进一步优选出 29 种能量高于 1.8 倍 TNT 当量的含能化合物（表 1）。29 种高能含能材料，均为当前未知的新型含能材料。

基于机器学习优选的 29 种新型高能含能材料，计算能量高于 1.8 倍 TNT 当量，后续研究中需要进行实验验证、物理化学性质表征。此次筛选过程中，主要考虑了高能量，但真正适宜的新型高能含能材料，还要综合考量冲击感度、摩擦感度、化学安全性等。应该说，机器学习和材料信息的综合运用，是进行含能材料设计与优选的第一步，有利于推动潜在新型含能材料的开发与制备。

2018 年，美国 Elton 等人深入研究了用于预测含能材料多种性质的机器学习模型。Elton 研究了一个包含 109 个分子的数据集，其中包含 10 种不同的化学结构。他们使用各种特征化方法（键袋、库仑矩阵、键加和、自定义描述符集以及分子指纹谱）和机器学习算法（岭回归、核岭回归、随机森林、k 近邻、支持向量回归）来预测性质（生成焓、密度、爆速、爆压和爆炸能等）。结果表明，氧平衡、氮碳比、键加和以及官能团数量等特征值是影响计算精度的重要参数。2020 年，美国普渡大学利用三维卷积神经网络对含能材料的爆炸温度、爆速、爆压、生成焓和密度进行了预测。他们利用氧平衡作为参数来筛选候选分子，从 GDB 数据库中识别出了 2 万多个分子。

3. 全氮材料

全氮材料是当前极具潜力的一类新型高能量密度材料，理论研究表明，全氮材料的能量密度约为 11.3kJ/g，远高于 TNT（4.1kJ/g）和 1- 二叠氮基氨甲酰基 -5- 叠氮基四唑（6.8kJ/g，C_2N_{14}，一种含有 14 个氮原子的不稳定化合物）。但全氮材料的合成条件非常苛刻，通常需要将氮气在数十吉帕高压下来制备。国外近 5 年重点进行 N_8、聚合氮等全氮材料的合成工艺设计、工艺优化等。美国华盛顿州立大学和韩国西江大学 2018 年进行了 N_8 合成研究，制备过程中压力从常压升高到 68GPa，并通过共焦显微拉曼光谱系统对产物进行表征。结果表明，叠氮化钠与水合肼反应，在 40GPa 下能转化为 N_8 分子。

2021 年，美国德雷塞尔大学开发出一种用纳秒脉冲等离子体处理液氮制备聚合氮的方法，是在工业液氮（99.999% 氮气）中导入 20kV 振幅脉冲并处理 30min，采用较大孔径（> 5nm）吸附剂，可以较好回收得到无定形聚合氮。结果显示，制得的无定形聚合氮能在标准大气压、–150℃下稳定存在，能量密度约为（13.3±3.5）kJ/g，与常规高压方法制得的聚合氮相当（11.3kJ/g）。而且，燃烧产物仅为臭氧和一氧化二氮，并未检测到其他氮氧化物。上述结果表明，纳秒脉冲等离子体处理液氮方法制备聚合氮，是一种良好的聚合氮制备方法，具有制备条件温和、产物稳定性好的优点。

表 1　机器学习优选的 29 种高能含能材料（能量高于 1.8 倍 TNT 当量）

PubChem 编号	分子式	氧平衡	生成热（kJ/mol）	爆热（kJ/kg）	爆热（预测，kJ/kg）	气态产物（Dm³/kg）	TNT 当量
135474996	$CH_4N_4O_4$	0.00	51.41	7151.01	5337.90	823.53	1.86
53906144	CH_3NO_3	−10.39	−95.66	7169.75	5352.97	872.73	1.98
21621129	$CH_3N_5O_2$	−20.51	354.82	6232.06	4723.47	957.26	1.89
100257582	$C_5H_{13}N_{11}O_{11}$	−21.84	1016.61	7821.56	4968.48	944.91	2.34
90058261	$CH_{11}N_7O_8$	3.21	346.54	8799.19	5342.99	899.60	2.50
117768273	$C_3H_9NO_{11}$	3.40	−310.51	8753.87	5342.99	762.55	2.11
89215521	$C_2H_7NO_8$	4.62	−221.75	8604.64	5342.99	776.88	2.11
132281692	$CH_2N_2O_3$	0.00	57.49	7942.34	5708.30	746.67	1.87
53912969	$CH_4N_2O_3$	−17.39	40.29	7374.32	4669.22	973.91	2.27
117768263	$C_3H_9NO_{11}$	3.40	−314.51	8736.84	5342.99	762.55	2.11
70287660	$CH_6N_8O_2$	−29.63	467.71	5197.79	4699.47	1106.17	1.82
135981456	$CH_4N_4O_4$	0.00	51.41	7151.01	5337.9	823.53	1.86
90471911	$C_5H_{13}N_{11}O_{11}$	−21.84	1016.61	7821.56	4968.48	944.91	2.34
58638113	$CH_3N_3O_3$	−7.62	103.77	7157.18	5461.45	853.33	1.93
135538843	$CH_4N_4O_4$	0.00	51.41	7151.01	5337.90	823.53	1.86
58170408	$CH_4N_2O_3$	−17.39	−84.16	6021.57	4669.22	973.91	1.85
117768295	$C_4H_{11}NO_{11}$	−16.06	−524.62	7200.42	4969.98	899.60	2.05
129689476	$CH_5N_3O_3$	−22.43	21.89	6168.55	4641.80	1046.73	2.04
117768110	$C_2H_5NO_5$	−19.51	−217.42	6541.84	4655.67	910.57	1.88
129691886	$CH_3N_5O_2$	−20.51	344.72	6145.74	4723.47	957.26	1.86
21494569	CH_3NO_3	−10.39	−49.01	7775.65	5352.97	872.73	2.14
129634872	$CH_2N_2O_2$	−21.62	121.75	6703.89	5065.99	908.11	1.92
123320779	$CH_4N_2O_4$	0.00	−116.23	7452.79	5342.99	829.63	1.95
117787017	$CH_3N_3O_3$	−7.62	83.05	6959.85	5461.45	853.33	1.88
57500267	$CH_4N_2O_3$	−17.39	−49.32	6400.24	4669.22	973.91	1.97
134861857	$C_2H_2N_8O_4$	−7.92	720.43	7367.71	5564.05	776.24	1.81
71319450	$CH_2N_2O_3$	0.00	47.65	7832.93	5708.30	746.67	1.85
18402732	$CH_2N_2O_2$	−21.62	117.90	6651.76	5065.99	908.11	1.91
89774793	$CH_4N_6O_2$	−24.24	513.94	6729.31	4780.01	1018.18	2.17

近5年，国外高度重视机器学习技术在颠覆性含能材料研发领域的应用，用于筛选高稳定性聚合氮体系，提高研发效率。2022年，美国和阿联酋研究人员联合研究利用机器学习从头算晶体预测技术，在较低压力下预测发现新的N_6-N_2聚合氮晶体体系。为了证明该聚合氮体系的稳定性，研究人员分别在5GPa和0GPa条件下研究了该聚合氮体系的动态和机械稳定性，并对其拉曼光谱和红外光谱进行了评估，证明即使在零压力下，该N_6-N_2聚合氮体系也是动态和机械稳定的。研究人员推断合成聚合氮的一个关键因素是高能晶格结构，使其有能力获得足够多的内聚能来克服分子结构质变。N_6-N_2聚合氮体系的合成条件更加温和，与立方聚合氮相比，实验合成N_6-N_2聚合氮的前景更加广阔。

美陆军在2024财年"颠覆性含能材料与推进技术研发、试验与评估计划"中提出，要进一步深化机器学习研究，以精确预测颠覆性含能材料性能，指导合成工艺开发与优化。持续通过开发颠覆性含能材料，将火炮和弹药的毁伤效能和射程提高至少5倍，超越当前研发项目的战略目标。

4. 高张力键能释放材料

高张力键能释放材料是近年来国外重点探索的一类新型高能炸药，其能量一般为TNT的数倍以上。例如聚合氮能量是TNT的5倍，RDX、HMX等常规碳氢氧氮类含能材料的3倍以上。例如聚合氮的预测化学能为33kJ/cm^3，是HMX的3倍（11kJ/cm^3）。在一定条件下，聚合氮会发生爆炸或燃烧，分子内的氮—氮单键逆转形成氮气，并释放出大量能量，其预测比冲可达400秒。将聚合氮、聚合一氧化碳等高张力键能释放材料用于火炸药装药，将极大提升武器装备的高效毁伤与远程推进效能。例如，聚合氮等超高能含能材料替代RDX、HMX等普通固体炸药用于破甲、杀伤、爆破弹药时，将极大提升其聚能效应、破片杀伤效应和冲击波效应，弹药威力达到5~10倍TNT当量及以上。

近些年，德国、美国先后在实验室条件下制得聚合氮，但制备条件非常苛刻，要在超高压（不低于110GPa）和超高温（不低于1727℃）条件下才能制备出来，且难以获得足量试样进行性能表征。例如，聚合氮的制备条件是压力不低于110GPa、温度不低于1727℃，当压力降至40~60GPa时，聚合氮会变得不稳定，分解成氮气；聚合一氧化碳需要在60GPa下才能转变为半透明层状晶体，且具有高光敏性、强吸湿性和化学不稳定性等局限。

因此，国外近些年重点开展高张力键能处理的开发与合成工艺优化，在较低压力和温度下获得稳定的高张力键能释放材料，基于气体掺杂的高张力键能释放材料制备技术取得突破性进展。美国陆军研究实验室和华盛顿州立大学的研究人员提出，在高压氮气、一氧化碳气体中掺杂少量其他气体分子（如氢气等），是降低聚合氮、聚合一氧化碳等聚合压力、提高产品稳定性的有效途径。掺杂的少量气体分子能增强氮气、一氧化碳等高压气体的流动性，降低聚合相转变压力并生成内部化学压，增强固态聚合物结构中悬空链段的稳定性，使高张力键能释放材料能够在较低压力下稳定存在。

利用一氧化碳掺杂技术在 45GPa 和 1427℃下制得聚合氮晶体。美国陆军研究实验室在纯度为 99.9% 的氮气中加入一定量的一氧化碳，然后将混合气体加入到金刚石对顶压砧中，在 45GPa 条件下利用激光照射诱导混合气体发生反应，同时将混合气体加热至 1427℃，成功制得一氧化碳掺杂聚合氮晶体。激光加热诱导过程中，为避免一氧化碳和氮气混合气体在低压下（20GPa 以下）发生光化学反应，要先采用低功率激光（小于 10mW）；压力高于 20GPa 时，混合气体转变为无定形固体，不再发生光化学反应，换用高功率激光（10~100W）。最终获得的聚合物晶体的内部结构是三维排列的八元环（图 3），每个八元环中包含 4 个碳原子、3 个氮原子、1 个氧原子，原子与原子间以单键结合。一氧化碳掺杂聚合氮晶体的密度可达 3.98g/cm³，能量与聚合氮相当，制备条件与聚合氮（110GPa 和 1727℃）相比明显改善，压力降低了 2/3，温度降低了 300℃。

图 3 一氧化碳掺杂聚合氮晶体分子结构

氢气掺杂技术将聚合一氧化碳晶体制备压力降低至 30GPa。美国华盛顿州立大学在 30GPa 下制得稳定存在的氢气掺杂聚合一氧化碳晶体（氢气含量为 10%），这一制备压力仅为纯聚合一氧化碳稳定存在压力的 1/2。氢气掺杂聚合一氧化碳晶体的密度可达 3.62g/cm³，实验室合成规模为 1~5mg，这种合成规模允许研究人员对聚合一氧化碳晶体进行进一步的验证和表征，这是前所未有的技术突破。在高压一氧化碳气体中掺杂的氢气，虽不直接参与化学反应，但能大幅降低一氧化碳的聚合压力，显著提高聚合一氧化碳的稳定性，且共聚机理与纯一氧化碳聚合基本一致。例如，在加压过程中，压力升高到 4.7GPa 时，氢气和一氧化碳气体会聚合成黑色高度不饱和聚合物（相态Ⅰ）；压力继续提高到 6~7GPa 时，颜色鲜艳的聚合物变成半透明的立体网络结构（相态Ⅱ）；压力达到 20~30GPa 时，半透明立体网络结构转变为平面层状结构（相态Ⅲ，图 4）。纯一氧化碳聚合时也会发生类似转化，但所需压力相对较高。

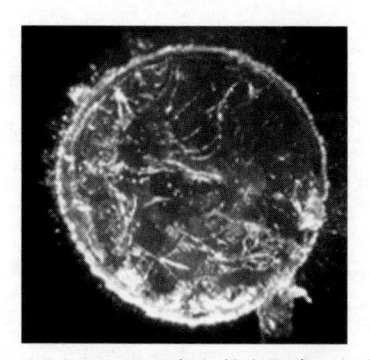

图 4　20～30GPa 下氢气掺杂聚合一氧化碳

虽然美国目前制得的氢气掺杂聚合一氧化碳、一氧化碳掺杂聚合氮等高张力键能释放材料仍难以在室温条件下稳定存在，但其聚合压力显著降低、稳定性大幅改善，这有利于推动在较低压力和较低温度下制备高张力键能释放材料技术的发展，大幅增强高张力键能释放材料的稳定性，加速这种超高能含能材料的开发、放大合成乃至未来应用。

此外，美国陆军计划采用先进受控等离子体反应器，无需高压条件即可制备高张力键能释放材料。等离子体增强的化学气相沉积反应器，可以将气相新材料直接沉积在基底上。美国陆军已经验证了该方法的可行性。在完成相关试验后，可以手动将基底上沉积的材料收集起来，用以进行后续试验与评估。然而，现有的实验室规模制备方法制得的不同批次产品的一致性较差，且沉积率较低。加之反应器尺寸、手动操作过多（反应器的安装和拆卸、沉积物的移除均需手动）等局限，导致高张力键能释放材料的产量较低。要实现高张力键能释放材料的批量制备，必须对等离子体参数进行精确控制，无须再进行高压条件下的多步合成与稳定步骤。为了批量制备高纯度高张力键能释放材料，研究人员必须验证新型等离子体反应器在沉积速率、动力学性能和产量方面的优势，且要提高产品批次间可重复性，最大限度减少手动操作。低温受控等离子体反应器可实现高张力键能释放材料的批量制备，制备规模可以是 0.1g/s，也可以是数千克/天。如果研发成功并通过验证，将极大推动美国陆军系统的发展。该项目分三阶段进行。第一阶段：开发具有高沉积速率的低温等离子体反应器系统的概念设计，精确控制沉积过程的温度和等离子体功率；开发的系统应可调节，可调节性能通常取决于电极设计和气体压力，相关参数范围是 3～5kV/mm；电极和沉积温度必须保持在 0～30℃，沉积速率不低于 50mg/h，且沉积速率越大越好；概念设计要解决产品再现性和用户支持问题，同时提供进一步可扩展的方法。该阶段的主要研究内容是确定阻碍高张力键能释放材料批量制备的关键点，并通过合适的方法予以解决。第二阶段：将第一阶段设计的概念进行应用，并实现大批量制备高张力键能释放材料的能力。具体来说，将第一阶段的概念应用在反应器样机上，并验证所生产材料的均匀性和数量。该反应器应具备在 8 小时内制备 20g 至数百克产品的能力，且制备的产品要满足第一阶段中规定的材料性能要求。反应器要具有现场诊断功能，用以监视沉积条件和等离子体阶段化学性能，提高自动化水平，实现对沉积材料的优化调整，无需操作人员实时监控等离子体状态。第三阶段：该技术将应用于陆军，并继续推进设计的商业化。潜在商业应用包括碳回收和新化学合成法。高张力键能释放材料的大批量制备，将为迄今尚未实现的等离子体辅助化学合成提供新的应用方向。

5. 金属氢

金属氢是一种完美超导体和高储能材料，其能量约为TNT炸药的30～40倍。2017年，哈佛大学研究人员在实验室给氢气施加上百万个大气压后，制得了金属氢。但由于操作失误，他们制造出来的金属氢样品消失了。鉴于金属氢的巨大应用潜力，多年来科学家一直在寻找合成金属氢的方法。当前已知的合成方法是使用金刚石压砧压缩氢原子，直到氢原子变成金属氢。

2019年6月，法国原子能委员会报道，通过试验验证，在425GPa时，氢气能在压力作用下发生一级相变，从绝缘体变为金属氢。研究人员指出，他们已经证实了金属氢的存在，且任何物质的电子在运动中受到足够限制，终将会发生"带隙闭合"（band gap closure）。简而言之，任何绝缘体材料（比如氧气）在足够大的压力下，都能成为导电金属。

法国原子能委员会研究人员解释了试验成功的两个关键，一是开发出压力可达600GPa的新型曲面金刚石对顶压砧（Toroidal Diamond Anvil Cell，T-DAC），二是设计出一种红外水平光谱仪。曲面金刚石对顶压砧的金刚石尖为环形，中间有一个洞，而不是常规扁平形状，能突破常规金刚石对顶压砧400GPa的压力极限，将压力提升到600GPa，且保持良好的测量效果、应力分布、光学透过率和试样量。研究人员发现，压力升高到300GPa及以上时，在可见光区能检测到固态氢的直接电子带隙闭合。将电子带隙与压力关系曲线外推到零，预测在450GPa左右，压缩氢气会从绝缘体转化为金属。

（二）能量释放与控制技术

1. 聚能装药战斗部起爆技术改进

近年来，国外对聚能装药战斗部的改进主要集中在起爆系统、战斗部结构和材料的优化等方面。其中，起爆系统的优化方向是将偏心、单点起爆改为环形起爆，以及运用爆轰波整形器等。2019年，印度终点弹道研究实验室针对无氧铜药形罩材料的单点起爆和环形起爆进行三维数值模拟，以比较不同起爆方式下形成的EFP性能。单点起爆法是从战斗部后端面的中心位置起爆，环形起爆方法是从战斗部后端面上多个呈环形排列的起爆点起爆。仿真发现，单点起爆在装药中形成球形爆轰波，而环形起爆法在装药内部形成的是平面波。由于平面冲击波垂直作用于药形罩材料，有利于提高EFP的速度和侵彻能力。对于无氧铜药形罩和钽药形罩，环形起爆形成的EFP速度比单点起爆法分别增加了约26.6%和13.4%。同时，因为在药形罩头部没有马赫波存在，平面波更能保持EFP的头部完整。

另外，仿真还观察到，无氧铜药形罩材料形成的EFP速度更高，而钽药形罩形成的EFP直径更大。在环形起爆情况下，EFP的长径比也更高，有助于实现对爆炸反应装甲更强的侵彻能力（表2）。

表2　不同起爆方式下形成的EFP性能对比

参数	无氧铜		钽	
	单点起爆	环形起爆	单点起爆	环形起爆
EFP长度（mm）	176	205	105.13	175.49
EFP直径（mm）	92	58.5	100.02	79.20
长径比	1.9	3.5	1.1	2.2
EFP速度（m/s）	1500	1900	970	1100

在聚能装药战斗部设计中，有几个基本参数会影响射流的形状和性能。这些参数可大致分为几何参数和材料参数。几何参数包括药形罩的轮廓、炸药的物理尺寸、壳体约束和起爆技术。研究发现，药形罩几何形状的不同可分别形成前折型、后折型或W折叠型的EFP。前折型产生非常致密和极长的EFP，后折型非常适用于形成气动稳定EFP。聚能装药的长径比是另一个重要因素。随着长径比的增加，EFP的动能也会增加，直到达到一个拐点。若长径较低，装药较短将迫使爆轰波整形器更接近于药型罩表面，缩短了起爆端面与药型罩顶点之间的轴向距离，对药形罩的顺利压垮有许多重大不利影响，特别是在环形起爆条件下。同时，低长径比药形罩形成的聚能射流头部和尾部的应变率差异较大，甚至出现断裂；长径比的降低，即使环形起爆的同轴度稍有误差，也会引起药形罩压块过程的极大不对称性，导致形成的射流不佳。而当装药长径比较大时，这种影响可以忽略不计。

2. 非对称起爆战斗部起爆技术

瑞典萨伯·博福斯于2022年发明一种非对称起爆战斗部设计、制造及起爆方法，可提高破片击中目标时的动能。该战斗部有一个圆筒形内衬，位于破片层和主装药之间，其外表面和/或筒壁上有若干沟槽系统。沟槽系统包含若干沟槽，每条沟槽又由若干连接孔构成，可以是通孔或盲孔，内部填充炸药。不同沟槽系统位于筒壁不同区域，最好对应圆筒形内衬的一个扇区，相互间隔一定角度（最好由3~6个扇区组成）。同一扇区的沟槽或连接孔相互连通，但不与其他扇区沟槽和/或连接孔连通。战斗部作用时，可以有选择地起爆正对目标的扇区。战斗部作用时，通过起爆连接孔内的炸药起爆其附近的主装药，而不是采用常见的中心起爆方式，可以对爆轰波进行整形，形成非对称起爆，在所需方向上产生动能更高的破片，从而使毁伤效果最大化。可选择的炸药类型有TNT、六硝基芪、RDX和HMX。沟槽或连接孔的装药与战斗部主装药可以相同，也可以不同。沟槽和连接孔中的炸药密度至少为其理论最大密度的70%，最好为90%。其装填可通过等静压工艺完成。与现有战斗部设计相比，该发明中的战斗部所采用的带沟槽系统及连接孔的圆筒内衬，可用来精确控制起爆时机，以及精细控制爆轰波波形，从而优化破片打击效果。该沟槽系统设计还有一个优点，就是允许沿战斗部的纵轴线调节连接孔内装药的起爆时间，从而获得附加的破片定向飞散效果。此外，圆筒形内衬上的沟槽系统设计可以让雷管放置更灵活。在一个设计实例中，连接孔是穿透内表面并进入中心空腔的通孔，至少有一部分孔位于沟槽两端。筒壁上沟槽的深度 C 或直径约为 $0.2T \sim 0.8T$（T 为筒壁厚），最好是 $0.3T \sim 0.5T$。在某些实例中，连接孔的深度大于沟槽的深度 C，最好超过后者 1 倍以上。连接孔的横截面积大于沟槽的横截面积，最好超过后者 1 倍以上。

由相互连接的沟槽形成的沟槽系统及其连接的连接孔布置在筒壁上至少两个不同区段中（在圆周上相互呈一定角度）。此外，位于不同区段的沟槽系统不与其他区段的沟槽系统相连。每个沟槽系统可以连接一个雷管。雷管可以位于战斗部壳体内部，也可位于其外部。在一个设计实例中，连接不同连接孔的沟槽系统位于呈一定角度的不同扇区内。每个沟槽系统的连接孔连接一个雷管，可以精确定时方式起爆沟槽内的装药。然后，爆轰波经沟槽传至连接孔，起爆连接孔附近的主装药。

3. 毁伤效应可调技术

由于效应可调弹战斗部可针对不同目标和战场态势输出不同毁伤威力和毁伤效应，可大幅提高作战灵活性，降低后勤负担和附带毁伤，对于未来作战具有重要意义，欧美极为重视毁伤效应可调技术的研究，重点开展炸药装药及结构、起爆模式、毁伤机理等研究，通过深入研究毁伤机理，推动炸药装药结构与起爆模式的高效结合，有效推动了毁伤可调弹药的开发与验证，正在努力实现装备部署。

美国陆军研究实验室武器与材料研究处毁伤分部将毁伤效应可调列为未来毁伤与防护方面的 3 个颠覆性技术之一，并将其作为未来 20~30 年的重点研究方向。美国空军 2018 年启动的"可调效应弹药"（Dialable Effects Munition）项目研发成果，已于 2021 年 7 月由空军研究实验室完成演示工作。2021 年，美国空军研究实验室与海军合作开展了一项名为"毁伤效能可调弹药"联合概念技术演示项目，目标是使飞行员能够在投放弹药前根据战场情况设定弹药毁伤威力。例如，打击野外运输卡车队时，将弹药设定为面杀伤效应，在有可能对平民造成附带毁伤的情况下则缩小弹药的杀伤半径。美国陆军 2020 年启动"杀伤力与效应可调技术"研究，重点设计、确定和评估效应可调战斗部可选择的技术，大幅提高战斗部毁伤效能，在实现同步、混合、多目标毁伤的同时降低附带毁伤，并设计和评估能够在城区作战环境下以可调、可控方式摧毁建筑物目标的能力。

欧洲也在研发毁伤效应可调战斗部技术，德国毁伤半径可调战斗部综合应用了战斗部和引信技术，借助一种紧凑型引信系统，提供 3~5 种可选战斗部输出模式，毁伤威力可在 10%~100% 范围内调节。该技术适用于从装填 1kg 炸药的微型导弹，到装药量达 80kg 炸药的通用炸弹等武器的各种杀爆或侵彻战斗部。瑞典萨伯·博福斯公司 2022 年发明一种非对称起爆战斗部设计、制造及起爆方法，可提高破片击中目标时的动能。与现有战斗部设计相比，新发明中战斗部所采用带沟槽系统及连接孔的圆筒内衬，可用来精确控制起爆时机，精细控制爆轰波波形，从而优化破片打击效果。英国近年研制的"矛"能力3导弹采用效应可调战斗部，在对付装甲目标时可以产生串联聚能破甲效应，对付软防护车辆目标时可以产生爆炸/破片效应，在对付加固建筑物目标时可以产生破障/侵彻效应。

4. 采用增材制造技术控制爆轰方向与能量释放效能

美、欧等在采用常规浇铸、压装等常规制备工艺的同时，正在积极探索将增材制造技术用于制备多品种（不同能量、不同密度）复杂药型结构与能量递变火炸药，实现小药量装药精密安全装填，提高能量水平和能量利用率，使弹药根据任务需求产生不同的毁伤效果，提升毁伤效应可调弹药效能，推动新型常规弹药向高能化、小型化、灵巧化、智能化发展。美国利用增材制造技术实现密度梯变塑性黏结炸药（PBX）装药、微米级单质炸药等的制备，配合起爆控制技术，能根据任务需要产生不同的毁伤效果。美国普渡大学新开发的含能材料双喷嘴喷墨打印技术，是将两种含能材料墨水分别装在两个墨盒中，在打印过程中实现两种墨水的原位混合、沉积。打印前，两种含能材料墨水无需预先混合，不会发生化学反应，可显著提高含能材料制备安全性。2021年，美国洛斯·阿拉莫斯国家实验室研究人员提出一种调整炸药爆轰与感度的方法，即采用增材制造技术在炸药中引入孔洞，通过调整孔洞的位置来控制能量释放。试验结果表明，这种炸药结构可以控制炸药的爆轰方向和爆轰时间。这项工作将使高能炸药更安全、能量传递更精确，进而提高爆炸物使用和处理安全性。若该技术继续发展完善并拓展应用，有望减少常规武器弹药的意外事故，甚至可能催生新型武器设计概念。未来，需要继续优化炸药增材制造工艺参数，探索规模化放大可行性，最终目标是满足常规、新型可控毁伤弹药快速发展的需要。

5. 数值模拟技术指导能量释放与控制

国外在采用数值模拟技术模拟炸药冲击转爆轰、破片冲击起爆性能等方面取得新进展。

2020年，美国佛罗里达大学与洛斯·阿拉莫斯国家实验室联合，推出了模拟PBX炸药冲击转爆轰性能的多尺度模拟方法。多尺度模拟方法微观尺度的细节与介观尺度关联，可以描述微观结构在PBX炸药起爆过程中的重要作用。模拟结果与试验数据具有良好的一致性。基于模拟长度，PBX炸药数值模拟大致可以分为4种尺度：原子尺度，可以模拟冲击Hugoniots和纳米孔隙塌陷动力学；微观尺度，可以模拟微米尺度上发生的任何事件，如冲击波导致单个或少量孔隙塌陷；介观尺度，能考虑微观结构的任何模拟方法，网格分辨率达到微米尺度；宏观尺度，连续尺度，即晶体和黏合剂的均匀混合物。采用多尺度模拟方法，能以数学表达上一致的方式耦合两个或多个尺度。采用多尺度模拟方法模拟PBX炸药的冲击转爆轰过程，主要包括两步：第一步，进行孔隙塌陷模拟，并收集点火时间、总输出功率与冲击压力、孔隙直径的关系；第二步，将功率沉积项添加到能量方程中，并将第一步的信息反馈给介观尺度模拟。在这一步中，通过使用随机填充编码来构建微观结构，该编码可以生成随机分布的多分散晶体结构。研究人员通过使用单独的反应物和产物状态方程，并在反应区中定义了混合规则，模拟结果与试验数据表现出更好的一致性。由于没有 HMX 单晶的相关数据，因此用含 95%HMX 的 PBX9501 炸药代替，其优势在于 PBX9501 炸药比较成熟，相关性能数据比较全面。美国通过多尺度模拟，研究了 PBX9501 炸药中局部热点处的热功率沉积起爆过程。研究所得的二维填充结果，成为功率沉积项的幅度、热点数量、热点初始半径、冲击后压力的函数。结果显示，模拟得到的起爆距离与实验数据相当。后续工作中，研究人员将继续深入多尺度模拟方法，使模拟结果更好地匹配实验数据，并进行敏感性分析，探索参数的不确定性。

洛斯·阿拉莫斯国家实验室研究人员采用大尺度均相反应阵面（SURF）模型模拟了 PBX9501、PBX9502、B 炸药 3 种炸药的破片冲击性能，进行了参数校正，分析了冲击对多维模拟反应的影响，以 B 炸药模型进行了破片起爆的三维模拟，验证了 SURF 模型在模拟塑料黏结炸药、B 炸药等炸药破片撞击性能的可行性与可靠性。SURF 模型是基于热点起爆机理的高能炸药冲击起爆燃烧模型，由美国能源部洛斯·阿拉莫斯国家实验室于 2010 年推出，能模拟炸药冲击作用下热点反应的点火与生长，只需输入少量预设参数，即可精确模拟高能炸药的平面冲击性能和冲击转爆轰过程。该模型能精确模拟短冲击和炸药的死区，这对尺寸有限制的破片冲击反应至关重要。图 5 为利用校正 SURF 模型模拟 PBX9502 炸药的破片撞击与球形撞击结果，左下图为杆式弹（破片）撞击模拟，左上图为

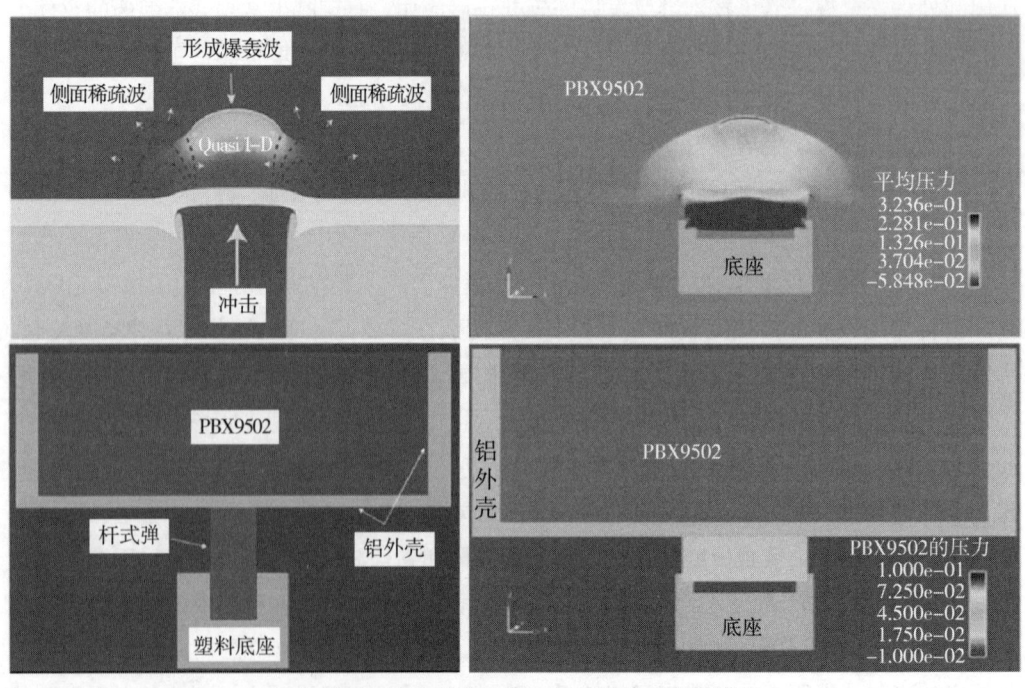

图 5 PBX9502 的破片撞击与球形撞击起爆模拟

爆轰过程，可以看出，在撞击中心区域会形成圆柱形冲击区，并向外扩散稀疏波；右上图为起爆/未起爆的临界点模型，右下图为球形起爆模型。通过上述模型可以对稀疏波参数进行拟合。

荷兰国家应用科学院开发出一种新型炸药冲击转爆轰计算模型，其集成了舰船易损性代码 RESIST 和相关统计工具，可用于估算炸药在受到破片撞击后发生冲击转爆轰的概率。该模型基于经典 CHJ 起爆理论，对 127mm 舰炮弹药进行计算。其中相关参数通过 GREEN 理论推导得出，未使用其主装药 B 炸药的实验值。在此基础上，利用其他理论对模型进行改良，并对炸药的临界能量进行预估。该模型利用炸药的临界能量以及密度等参数，可计算壳体与破片的速度，适用范围包括材料直接受到冲击、材料在隔板后受到冲击、材料在多层隔板后受到冲击。同时，对于临界能不明的炸药，可用水隔板试验或大型隔板试验结果进行估算。

（三）能量高效利用技术

1. 利用声共振混合工艺提高装填密度与毁伤效能

声共振混合技术是美国 2007 年发明的新型搅拌技术，不同于传统机械搅拌，是由低频（60Hz）、高强度声能引发混合容器中物料共振，使物料以最高 100g 的加速度快速流化，物料混合均匀性好，其安全高效的混合效能已在医药、化学等领域获得了验证。声共振混合技术用于炸药，可直接以弹壳为搅拌釜进行原位混匀装填，实现制备–装药一体化，使装药体积缩小 20%，生产效率提高 5 倍，"三废"产生量减少 80%。与传统制备工艺相比，同样重量火炸药装药，可使弹药能量与侵彻能提高 20%，毁伤效能显著提高。减小弹药尺寸与重量，推动小型化弹药的发展。美国已推出专用于火炸药的 4 种声共振混合仪，批处理量分别为 1kg、5kg、36kg 和 420kg，并在世界范围内获得广泛应用。美国麦克阿莱斯特陆军弹药厂建成 200kg 级含能材料声共振混合车间，为美国空军生产 BLU-108 子弹药火箭助推器用推进剂，成本降至 450 美元/件，降幅达 2/3；英国采用声共振混合技术制备 81mm 炮弹装药，并将拓展应用到其他口径制导与精确制导弹药。近 3 年，国外持续开展声共振混合技术的深化研究。2022 年，英国克兰菲尔德大学报道了提高声共振混合技术处理塑料黏结炸药工艺效率的方法，研究了加速度、真空度、混合容器材质对炸药混合效率的影响。研究表明，提高加速度、利用混合过程中的部分真空状态、选用具有较低表面自由能材质的容器均可提高声共振混合效率，通过调整混合材料黏滞力和施加的加速度来调节浆料运动模式，可实现声共振混合工艺效率最大化。同年，澳大利亚国防部下属国防科技集团对行星式混合和声共振混合两种工艺得到的复合固体推进剂性能进行了对比研究，研究人员分别采用标准化行星式混合器混合工艺和声共振混合工艺制备了端羟基聚丁二烯/高氯酸铵/铝粉复合固体推进剂，进行了感度、弹道性能和力学性能的对比研究。结果表明，两种方式制备的固体推进剂的感度没有显著差异，但在 6.89MPa 条件下，声共振混合推进剂样品的燃速略低。二者的最大应力相似，最大应变和杨氏模量有明显差异，在 –54℃ 和 74℃条件下，声共振混合工艺制备推进剂样品的应变分别增加了 66% 和 117%。2022 年 3 月，美国海军水面作战中心印第安岬分部含能材料制造技术中心在其网站发布多项含能材料制备相关项目，其中包含利用声共振混合技术生产含能材料、声共振连续微反应器开发与原型制造、利用声共振混合技术制备钨系延期药。可见声共振混合技术作为新兴高效率的制备混合工艺，在火炸药领域的应用得到了极大的关注，研发势头迅猛。

2. 新型面毁伤技术将逐步替代集束战斗部技术

集束弹药是美军重要的面杀伤武器，在 2003 年伊拉克战争中，美军将 1.3 万余枚集束弹药应用于战场，留下大量未爆子弹药。美军 M483 A1 式反装甲杀伤子母弹、M864 式子母炮弹、内装双用途常规子弹药的 GMLRS 火箭弹、CBU-87 集束炸弹等都属于集束弹药范畴。而这些集束弹药将在美国的有关政策中逐渐退出历史舞台。美国在开展集束弹药替代技术研发过程中，综合利用了多种技术、工艺和手段，有些虽不是新开发的技术，但通过综合利用、技术融合，可使战斗部实现更大的毁伤效能。这种开放式设计理念有望引领毁伤技术新发展。美国洛克希德·马丁公司研制的替代战斗部式制导多管火箭弹可以达到与集束弹药相同的面积杀伤效果，但不会存在未爆弹药。该系统的"另类战斗部"火箭弹是一种大型空爆破片杀伤战斗部，在目标区域上空约 10m 爆炸，以抛撒穿透固体的金属侵彻杆，摧毁敌方士兵、装甲车、指挥所和其他战场目标。美国海军陆战队正在评估的"增强杀爆弹"的新型 155mm 炮弹采用新型温压装药和大密度活性材料，其威力较现役炮弹大幅提升，可有效减少摧毁目标所需消耗的弹药数量。

3. 多效能综合毁伤型战斗部技术得到更多应用

随着战场复杂程度的提高以及降低后勤负担的需求，国外正在不降低打击主体目标能力的前提下，大力发展多效能综合毁伤战斗部技术。美国陆军皮卡汀尼兵工厂公开中口径多用途弹药专利。美国陆军首次试射 XM1147 先进多用途弹药，兼具打击轻型装甲车辆、打击空中目标、打击超出机枪最大有效射程的人员目标；M908 清障弹用于清除障碍。XM1147 先进多用途弹药兼具这 4 种弹药能力，并能杀伤 2km 内的人员以及破坏 200mm 厚的加固混凝土墙，将显著提升坦克部队的作战灵活性；瑞典萨伯动力公司进行了"制导多用途弹药"系统能力演示试验，可从开阔地带或密闭空间发射，能够打击轻型装甲、人员、混凝土结构、掩体等多种目标。以色列为其增程型"斯拜思"250 制导炸弹配备侵彻 / 破片杀伤多用途战斗部。

瑞典萨伯公司推出系列先进毁伤多用途战斗部，主要用于反坦克和防空领域。对于反坦克系统的聚能装药战斗部，装甲侵彻深度是关键参数。最初，10 倍似乎是极限，但萨伯公司为 MBDA 公司增程型"米兰"导弹提供的战斗部达到 12 倍。未来趋势是达到 15 倍，如能实现，将在保持甚至减轻重量的同时增加侵彻深度，最终增加破片，产生可对付不同目标的多用途导弹，减少训练，降低后勤负担和成本。新材料和新炸药无疑是增大临界直径的主要因素，现有导弹战斗部都按照不敏感弹药标准生产，关键元素是钝感炸药，但大多数迫击炮弹等常规弹药还是装填 TNT 或 B 炸药。钝感炸药部分由非爆炸性材料制成，能量密度较低，所以具备不敏感性。PBXW-11 是最常用的钝感炸药之一，成分为 96%HMX 和 4% 非含能材料，可通过优化战斗部设计弥补能量损失，用于萨伯公司大多数战斗部中，包括 MBDA 公司中程导弹。对不敏感性能要求更高的国家和军种，尤其对海军来说，含能材料占比 86%~87%，通过优化设计可弥补 10% 的损失，所以性能只降低 5%~7%。形成破片、增加反坦克能力是将专用弹药转为多用途弹药的技术途径之一。

4. 高超声速武器战斗部仍是研究重点

在全球常规战斗部技术水平差距逐渐缩小的大环境下，以美国为首的军事发达国家正在努力尝试探索新的方向，以进一步与后来者拉开距离，企图始终保持毁伤技术的领先优势。2021 年在高超声速武器战斗部发展方面尤为突出，具体体现在美国空军对 AGM-183A "空射快速反应武器" 助推滑翔体配装的杀爆战斗部进行了首次测试。在测试规程与测试装备、战斗部破片数据采集以及试验测试数据后处理等过程中采用了新方法，能够确保战斗部的毁伤效能得到精确表征。空军没有提供有关战斗部结构或能力方面的细节。然而，值得注意的是，诺斯罗普·格鲁曼公司演示了一种先进的 23kg 级毁伤增强型杀爆战斗部，该战斗部采用扩展式设计，非常适用于未来的高超声速武器。空军研究实验室于 2020 年年底在新墨西哥州霍洛曼空军基地成功展示了用于高速武器的新型战斗部技术，战斗部达到了高速并在预定的确切时刻起爆。火箭橇以高速加速了战斗部，轨道末端的电路将战斗部精确地对准了目标。这种新型战斗部，重量不到传统设计的一半，同时保持了相同的效力。这些战斗部占用的空间要小得多，高速武器可以携带更多的燃料，从而大幅增加射程。战斗部的成功演示为美国空军提供了启用当前和未来高速系统所需的技术。

5. 战斗部及引战配合设计理念和方法的创新将推动战斗部和引信设计的深度融合

国外正在酝酿战斗部及引战配合设计理念的创新，可能对未来引信的功能和性能带来革命性的变化。传统依靠毁伤元动能实现杀伤的武器通常运用炸药和惰性金属破片的某种组合来破坏目标。这些战斗部往往几十年前就已出现，没有纳入最先进的设计元素和设计理念。更为重要的是，这些战斗部最初是针对历史上曾经出现过的各类目标而开发的，不足以应对新出现的甚至是现有威胁。在需要更复杂的爆炸反应以对付特定目标和提高杀伤力时，如果仍然采用传统战斗部设计，如复杂的引信、聚能射流等，则战斗部毁伤效能可以提升的空间有限。最近，在战斗部材料和制造/原型设计方法的新进展已表现出实现现代化、威力更强的战斗部设计的潜力；增材制造炸药和创新破片架构展现出在控制破片大小/形状和对目标的定向杀伤效果方面的潜力；在活性材料在战斗部中的应用方面，当前除改变高爆炸药与活性材料的结合方式，进一步提高活性材料战斗部杀伤力的方法将取决于对高能炸药能量释放和活性材料燃烧之间的动力学和热力学作用关系的深刻理解。比如了解高能炸药爆轰压力和温度与活性材料点火及燃烧传播特性之间的关系，有可能找到提高金属和金属基配方毁伤效能的方法。再如掌握 Al/PTFE 活性材料在机械刺激下激活机制，有助于找到通过起爆方式优化实现毁伤效能最大化的途径。因此，国外战斗部设计理念的创新可能会带来引信、引战配合功能的变革，推动战斗部与引信设计的深度融合。

（四）能量利用效能评估技术

近年来，国外积极推进对新兴毁伤技术的毁伤评估仿真技术与方法的开发，弹药效能联合技术协调小组计划将在未来的《联合弹药效能手册》中增加估算网络效应的网络作战杀伤力与效能（COLE）工具和能够预测高能激光武器效能的定向能武器效能估算和标准化工具。

1. 开发新毁伤评估模型

模拟特定毁伤机理的评估模型对于毁伤评估来说是有重要意义的一项重要内容，各国近年在仿真和计算中开发和应用了多种建模方法和模型，并积极运用其他软件辅助建模，如 CityGML 城市建模程序等。

美国防护工程顾问公司（PEC）为 LS-DYNA 开发了土壤模型和地雷建模方法，其仿真结果与经过仔细控制的精确测试获得的数据精准吻合。研究人员评估了常用的全任意拉格朗日 - 欧拉方法和不太常用的全 SPH 方法，以及混合方法。无论采用以上何种建模方法，预测地雷爆炸荷载的准确性在很大程度上取决于土壤材料模型的逼真度。因此，防护工程顾问团开发了一个专门用于地雷爆炸仿真的砂土模型。该模型只需要两个输入：干砂密度和水分含量。使用先验材料参数设置，与来自两个精确系列测试得到的数据进行比较，预测脉冲的平均误差小于 2.5%。采用该方法研究了实弹试验过程中挖洞、埋雷、回填土对地雷上方土壤的影响。

美国《实弹射击法》要求在真实条件下对新型车辆进行测试，以评估其易损性。对于飞机油箱，需要进行流体动力学冲击（HRAM）测试，表征油箱在受到弹丸冲击时的易损性。流体动力学冲击是高速弹丸穿过封闭结构中流体介质的过程中因能量传导而产生的，其结果通常是灾难性的结构损坏，这也使得此类测试的成本相当高昂。因此，需要用数值计算方法作为测试的补充，并提供更多的测试数据。美国诺斯罗普·格鲁曼公司联合佛罗里达理工学院研究人员采用分块方法，利用对单个分块测试得到的数据推算出整体的失效数据，用渐进毁伤失效来预测油箱的失效。利用商用软件 LS-DYNA，将基于任意拉格朗日 - 欧拉法的流体结构相互作用技术（ALE FSI）与黏合区域建模（Cohesive Zone Modeling）技术相结合，实现对油箱损伤的预测（图 6）。这两种数值计算技术都需要建立有严格最小尺寸要求的精细网格，以确保获得准确的结果。但这些要求对于分析像油箱这样的大型物体是不切实际的。因此，研究人员提出了一种粗网格方法，既可满足黏性区域建模和任意拉格朗日 - 欧拉流体结构相互作用技术要求，又可得到准确的损伤预测结果。

综合报告

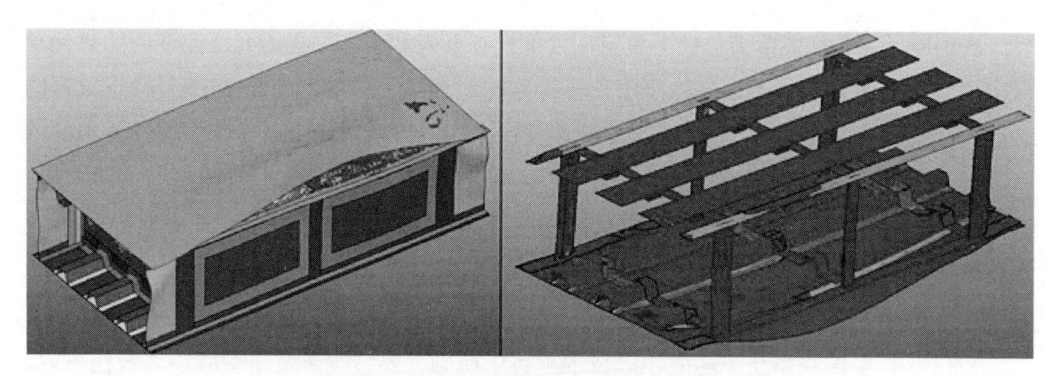

图6 诺斯罗普·格鲁曼油箱失效模型预测结果

慕尼黑技术大学正在基于CityGML城市模型开发爆炸模拟工具（图7）。在过去的30年里，地理信息系统和计算流体动力学模拟已经发展成为规划、决策和风险评估的基本工具。然而，由于各自领域的专业化程度较高，两者都存在弱点。当今的地理信息系统在处理空间信息方面已经高度成熟，但在其模型中大多缺乏时间参量。因此，不能映射动态过程。而计算流体动力学仿真则专用于动态事件的建模和模拟。但其机械模型通常是不可直接使用的，必须为每个想要评估的场景单独创建。随着虚拟3D城市模型的日益普及，它们成为一个有吸引力的数据源。慕尼黑技术大学结合这两个分支开发了一种工具，使具有地理信息系统或计算流体动力学方面专业知识的用户能够根据CityGML城市模型和阿波罗爆炸模拟器执行和评估爆炸模拟。CityGML工具链的3个工具促进了对爆炸事件中提供的数据进行可视化和基于云的协作评估。

图7 CityGML建立的目标区域模型

法国原子与替代能源委员会军事应用分部正在开发和验证用于研究高能炸药的热化学程序SIAME。研究人员通过该程序用计算得到的绝热曲线对给定炸药的JWL状态方程的参数进行校准，并建立状态方程。SIAME代码使用该方法校准后的BKW方程计算出的绝热曲线与用美国CHEETAH程序得到的两种不同高能炸的绝热曲线进行了比较：一种是熔铸炸药（RDX/TNT的质量比为60/40），一种是压铸炸药（HMX/Viton的质量比为96/4）。比较结果表明二者吻合良好。

2. 系列计划深化先进毁伤战斗部研究

2023年，美国空军在弹药战斗部技术项目中明确，要继续研发新型战斗部毁伤机理，使武器弹药在所有交战情况下均能实现毁伤效能最大化。具体计划包括：继续完善小型毁伤效应可调战斗部技术，实现先进毁伤表面软目标、有限毁伤坚硬目标；继续开发性能测试技术，增强对高速、高压载荷条件下机械响应的量化研究，改进高保真模拟与仿真工具，开展适用于增材制造工艺的材料研究；继续开发增材制造技术，制备优化缩比试样进行性能测试；继续演示高速侵彻弹相关技术，提高其摧毁硬目标的高效性和高生存力；继续开发新型战斗部概念，提升高效打击势均力敌对手空中目标能力；继续研发利用分布式爆炸、冲击波和活性颗粒相互作用的累积毁伤机理；继续推动战斗部研究，相关研究成果与先进/综合弹药子系统研究计划相结合；继续发展增材制造拓扑优化研究；继续开展复合材料侵彻战斗部研究。

美海军联合多效应战斗部系统项目，将深入研究适用于"战斧"战术导弹的联合多效应战斗部系统，以多种杀伤效应摧毁坚固与深埋目标，同时提高"战斧"武器系统对付综合防空系统和大规模毁灭性武器的能力。该项目2022年计划：继续推进工程与制造研发阶段工作，完成关键设计评审。工程与制造研发工作的内容是继续进行软/硬件开发、靶标建造、不敏感弹药和危险分级测试、靶场测试、引信和战斗部集成、系统工程化审查和安全审查委员会评审。"联合多效应战斗部系统"子项目2023年基础计划：继续推进工程与制造研发阶段工作及关键设计评审后的测试，包括地面功能性测试，启动飞行测试。

美国海军在2022年小企业创新研究计划中提出，将进行杀伤力增强战斗部研究，包括开发和演示新型战斗部设计，利用新型和现有的含能材料和活性材料，以及新的设计和制造工具，大幅增强战斗部对目标的杀伤力，实现以下目标：①在保持现役弹药（如"鱼叉"、远程反舰导弹）杀伤力不变的情况下，减少战斗部尺寸和重量。②在战斗部外形尺寸不变的情况下，提高战斗部杀伤力，使其能够消灭此前该量级战斗部难以摧毁的目标。

3. 推出新兴电磁脉冲战斗部技术

美国海军和空军正在联合研发"高性能联合电磁非动能打击武器"高功率微波战斗部，能产生电磁脉冲破坏对手的电子系统。截至2022年10月初，美国海军和空军已经完成该战斗部的外场测试，并准备将其集成在较大型常规导弹上。高性能联合电磁非动能打击武器采用的爆炸磁通压缩发电机，是一种可产生电磁脉冲的爆炸装置，用于破坏敌方军用车辆、通信和指挥设备等电子设备,使电力基础设施和一般通信网络在爆炸中心的特定半径内出现暂时或永久性失能。该武器单次打击可使一定区域内的雷达失效、通信中断、探测失灵,相关武器的使用受到严重影响。然而,该武器会对军事目标和民用目标进行无差别毁伤,特别是对缺乏电磁脉冲保护的电力、通信、工业设施以及医疗机构等非军事场所构成重大威胁。考虑到"反电子高功率微波先进导弹"是为常规空射巡航导弹而设计,推测"高性能联合电磁非动能打击武器"可能搭载在增程型联合防区外空地导弹上,从而兼容于多种载机,包括空军 F–16/F–35 战斗机、B–2/B–52 轰炸机以及海军 F/A–18E/F 舰载机。

四、本学科国内外研究进展比较

(一)能量富集与创制技术

美国陆军武器研究发展与工程中心于 2013 年启动一项联合钝感弹药技术项目,2014 年筛选确认 HATO 为关键材料,并开展合成及应用研究工作。其采用的合成方法也是两步 – 环化法,并采用二氧六环代替乙醚,一定程度提高了工艺安全性。目前,已制得千克级样品,开展性能研究工作。

西安近代化学研究所于 2013 年以二氯乙二肟为原料,经叠氮化、环化反应于国内首次合成出 1,1′ – 二羟基 –5,5′ – 联四唑,2014 年报道了 HATO 合成路线。随后,甘肃银光化工有限公司、南京理工大学、北京理工大学、中物院化工材料研究所等国内含能材料领域相关科研单位均开展了 HATO 的合成研究,所采取的合成路线基本相同,主要以提高HATO 合成工艺的安全性和收率为主要目的。

在含能离子盐方面,德国慕尼黑大学 Klapotke T M 教授课题组和美国爱达荷大学Shreeve J M 教授课题组为代表的两大课题组,在含能离子盐的合成方面做了大量工作,合成了系列含能离子盐,发表了系列代表性工作。但两者又有细分,德国方面的离子盐创制更多是需求牵引,面向高能低感 RDX 替代物研制,重点开展三唑、四唑含能离子盐的设计与合成,合成了代表性的 TKX–50。美国课题组则更多是从学术方面追求能量和安全的极限,抢占未来发展高地。除此之外,美国空军科学研究局、BAE 美国霍尔斯顿兵工厂则重点开展有潜力作为 RDX 替代物的高能低感含能离子盐的工程放大、工艺优化与性能研究。

我国在含能离子盐的研究总体上与国外并肩。具体来说,在综合性能优良的离子盐研制方面,我国北京理工大学庞思平课题组几乎同时与德国 Klapotke T M 教授课题组独立开展了硝基四唑氮氧化合物的羟胺盐 HAONT 的合成与性能研究。北京理工大学庞思平课题组近期研制了 TATB 为基的含能离子盐,南京理工大学程广斌课题组开发了桥连内盐,中国工程物理研究院化工材料研究所张庆华课题组开发了多呋咱含能离子盐,本领域不仅合成了系列的离子盐，而且在桥连离子盐、稠环离子盐、高能离子盐等未来高地的抢占中，均和国外团队不相上下。中国工程物理研究院化工材料研究所和兵器 204 研究所在 HATO、MAD-X1、CBNT 有潜力的离子盐性能评估与应用推广方面也同步做了大量工作，掌握了离子盐应用的瓶颈问题。

国外对于聚合一氧化碳的研究从 2005 年开始，随后研究目标转向一氧化碳与诸如氢气、氢气、氮气等其他气体所形成的混合体系的高压聚合化研究。我国通过"十三五"的布局和前期支持，中国科学院物理所团队实现了 p-CO 高张力键能释放材料的极端条件研制和对常压回收样品的激光燃爆，我国成为继美国之后第二个掌握高张力键能释放材料相关核心技术的国家。

固态纯氮聚合结构的合成压力温度条件极其苛刻。2004 年，德国率先合成出 cg-N 聚合结构。随后，美国、法国、德国等陆续制备出 LP-N、HLP-N 和 BP-N 聚合结构。我国在聚合氮制备技术方面发展迅速，吉林大学利用自主研发的高温高压制备技术，成功制备出 cg-N 聚合结构，填补了国内研究空白。西安近代化学研究所和中科院合肥物质研究院相继发表了 BP-N 及流体金属氮的实验报道。

富氢分子体系因可能呈现金属氢的新奇物性也成为高压研究热点。2014 年，马琰铭教授发现硫化氢在 100GPa 压强下发生了金属化，转变为了 80K 的高温超导材料，引领了后续德国马普所 Eremets 研究组针对硫化氢的高压实验研究工作，不仅验证了硫化氢超导体 80K 超导转变温度的理论预言，而且发现了另外一个全新的高温超导态三氢化硫。这一发现与实验室崔田教授团队的理论预言高度吻合。

在全氮材料 cyclo-N_5^- 的合成方面，国外研究历史悠久。1956 年，国外开始切断研究；2002 年，美国 Christe 教授通过电子轰击芳基五唑，在二级质谱中检测到 cyclo-N_5^- 碎片；2016 年，Haas 测得钝化钠还原法 -40℃的溶液中 cyclo-N_5^- 的一级质谱，但始终没有获得常温常压下稳定存在的 cyclo-N_5^- 离子固体化合物样品。

（二）能量释放与控制技术

在爆轰理论研究方面，国内外暂无突破性进展，都是在 C-J 理论、ZND 理论的基础上，结合试验结果对其进行修正，然后对现有炸药的爆轰反应进行研究。

在爆轰性能表征方面，从爆轰反应过程到爆轰性能再到做功能力等，国内外都已拥有许多较为成熟的测试方法，能够对炸药反应过程及各种性能进行准确的表征。但由于国内起步较晚，在一些性能测试方面，国外的测试精度要高于国内。

对于基于流体力学的爆轰模拟方法，近年来国内与国外的研究学者均做了大量的工作，并取得显著的进展。但是，国内研究学者关于爆轰模拟方法多数处于商业软件的直接应用和二次开发，进而针对具体问题开展研究工作；而国外学者更专注于开发新的模拟仿真算法和软件，从原理上提高模拟的精确度，并为新材料的应用提供研究范式。而且，国外学者很好地应用多尺度方法，实现了爆轰现象从微观到介观再到宏观的全过程模拟，从更深的层次上研究了爆轰问题。相对来说，国内在爆轰过程的多尺度模拟方面的研究报道较少。另外，随着人工智能和机器学习技术的发展，国外已经将其应用到爆轰模拟仿真上，而国内在该方面的进展仍然较缓慢，亟须加强人工智能和机器学习技术在爆轰模拟中的应用研究。

在爆轰能量控制研究方面，国内研究重点正逐渐从热力学调控向动力学调控偏移，并开展了一定的研究，但还未能满足对实现能量输出的有效调控以及兼具多功能化的需求，如具有优良冲击波毁伤作用的炸药无法兼顾在金属加速方面的优势。而国外，尤其是军事技术较为发达的美国，已经开展了大量有关含有炸药微结构设计的炸药相关研究工作，并且形成了一些基础配方，并结合典型装备开展了威力验证和集成演示研究。同时，随着国内逐步重视通过动力学调控对能量输出的影响因素，也初步验证了炸药微结构设计对爆炸能量输出的调控作用，但是高能炸药微结构制备研究主要是探索其相关的基础性能，炸药微结构与能量输出的关系研究相对较为薄弱。

（三）能量高效利用技术

近年来，随着计算机技术的飞速发展，仿真技术在先进毁伤技术研究中逐步得到广泛的应用，对于数字化设计、毁伤机理研究、毁伤威力优化、毁伤效能评价等方面研究起到了很重要的指导作用。因此，开展多学科协同仿真技术研究、开发弹药计算机优化设计系统、发展虚拟仿真测试技术成为衡量毁伤技术先进性的标杆。掌握先进的数字化设计和仿真技术，不仅能够节省设计、研发和测试的大量经费，同时也能大幅缩短研发周期，推动毁伤技术创新发展。

美欧等军事强国将模拟仿真技术作为推动先进毁伤技术发展的重要基石，列为政府重点扶持基础项目长期投入支持，主要举措包括：①设立长期研究项目，同时根据技术发展需要进行研究项目调整。②重点依靠政府科研机构、高校开展模拟仿真技术研究，同时积极督促私有企业加大相关研发力度。③加强已有模拟仿真技术的联合使用与数据共享。④加强性能模拟结果与试验结果的对比，多次迭代，提升模拟仿真准确度。⑤加强综合型人员配备与仿真设施建设。

当前，我国毁伤与效应评估仿真技术高度依赖进口软件，绝大多数仿真建模软件、后处理软件、高精度求解器等都采用国外商业软件。尽管国内高校和研究院自主开发了不少仿真软件，但商业化程度、鲁棒性、大规模计算能力与国外产品存在显著差距。

能量释放与高效利用的数值模拟技术应用范围最广，如大家熟知的 ANSYS AUTODYN 程序和 LS-DYNA 程序，是美国开发的较成熟的商用显式有限元分析程序，广泛应用于战斗部设计、防护结构设计、毁伤效应分析、毁伤机理研究等领域，在国际军工行业占据 80% 以上的市场。

但美国国防部和能源部另外开发了 ALE3D 编码，该程序是利用随机拉格朗日 – 欧拉技术在非结构性栅格上模拟流体力学、弹塑性响应的三维有限元编码，可与 Cheetah 程序耦合计算，实现了炸药配方设计与炸药装药爆轰做功的动力学过程一体化仿真，是目前唯一将火炸药能量释放与高效利用耦合计算的仿真技术，ALE3D 编码被列为重点持续发展的模拟软件，持续研发更新了近 30 年，目前对所有国家禁运。

CTH 是美国能源部支持利弗莫尔国家实验室开发的显式欧拉有限体积法求解器，是一种适用于多物质、大变形、强冲击和固体力学的程序，它有许多独特优势，如自适应网格细化，采用二阶精度数值方法减少散布和耗散，以提高计算效率和精度；拥有多种材料模型，可描述多相、弹性、黏弹性、多孔和炸药等材料的动力学行为，可使用三维矩形网格、二维矩形和圆柱形网格、一维直线、圆柱和球形网格，主要用于高密度能量释放及利用过程中的相关问题的求解和模拟仿真，如材料相变、含能材料的燃烧和爆炸行为、火炸药在外界刺激下的响应、高应变率下材料的力学和化学响应等。CTH 列入美国出口管制清单，仅限于美国本土的机构使用，且必须在美国政府的监管之下。

我国的核心算法基本达到国际先进水平，但在基础材料数据积累、大规模并行计算能力、计算稳定性、多种间断共存的高精度和高分辨率计算、多介质流固耦合大变形计算、大规模复杂流场计算等方面与国外差距较大。

（四）能量利用效应评估技术

近年来，我国能量利用效能评估技术水平和能力快速发展，开展从目标易损特性分析与评估、弹药战斗部威力及毁伤效应评估，到能量利用效能评估完整的技术体系研究工作，积累了大量试验数据，构建了基本能够满足各种类型目标易损特性分析与评估、弹药战斗部威力及毁伤效应评估和武器弹药能量利用率评估的模型、规范和数据。但与美、俄等军事强国相比，仍存在很多问题与不足。

1. 目标易损特性评估技术

国内在基于毁伤的目标体系构建基础上，开展了各类型目标结构、功能及其映射关系研究，基于对作战效能贡献度，制定了各类型目标毁伤标准；结合我军未来可能的作战方向，开展了各类型目标典型目标易损特性分析研究，按照弹目匹配原则，开展了重点弹药战斗部对典型目标易损特性分析，制定了包括毁伤元类型和毁伤阈值（毁伤判据）在内的典型目标毁伤准则。

美、俄等国在长期的武器弹药研发、实战数据采集积累和研究工作基础上，于 20 世纪七八十年代就已构建起了体系完整的目标毁伤标准，主要作战目标的毁伤准则广泛应用于武器装备发展、作战试验，以及实战火力筹划、弹药消耗量计算。尤其是美军拥有世界上任意目标的易损性通用模型，并建有相应数据库，已融入武器弹药毁伤效应和能量利用效能评估中。"从实战中来，到实战中去"是美军目标易损特性分析与评估技术研究最典型的特点。

2. 威力及毁伤效应评估技术

国内构建了体系完备、技术先进的常规弹药战斗部威力评估技术体系和方法体系，有效支撑新型弹药战斗部技术研究和型号研制；随着型号研制工作的开展，积累了大量试验数据，进一步促进了弹药战斗部威力评估技术的进步和能力提高；特别是近年来，毁伤效应评估技术得到重视和大力开展，基本构建毁伤效应分析与评估技术体系，毁伤效应试验数据规范正在加速形成，试验数据不断积累。

以美国为代表的军事发达国家，常规战斗部威力及毁伤效应研究系统深入，各种类型弹药战斗部威力场计算模型配套齐全，模型多样，资源集中，数据成体系、信息共享；不仅建立了各型号弹药战斗部威力及毁伤效应数据库、效应手册，更可支撑各种类型弹药战斗部快速设计、精准研发工作。

3. 能量利用效能评估技术

近年来，国内以军种为单位，武器弹药能量利用效能评估技术研究工作大量开展，基本形成了包括基础理论研究、应用技术研究，到工程应用的全方位课题研究工作，构建了适应不同武器弹药作战使用的武器弹药能量利用效能试验、测试与评估方法，具备全面开展武器弹药能量利用效能评估的技术条件；开展了重点武器弹药能量利用效能评估，编制了相应的《武器弹药能量利用效能手册》，目前正结合部队实战化演训开展试验数据收集、模型完善和目标体系完善工作。

美、俄及欧洲等军事强国武器弹药能量利用效能评估工作，最早始于第一次世界大战时期的战损数据收集，第二次世界大战开始进行系统性的收集毁伤效应数据，到20世纪60年代初步形成完整的技术体系，自此开始了武器弹药毁伤效能手册编制，到90年代，基本完成了所装备武器弹药对主要作战目标的毁伤效能评估和手册编制，到目前，随着技术的不断发展和进步，形成了多个升级版本的毁伤效能手册，全面支撑着武器弹药的作战使用。

4. 毁伤试验测试技术

靶标设计方面，国内毁伤等效关系基础研究薄弱，尤其材料级的等效关系缺乏研究，毁伤试验所需靶标主要采用退役废旧装备，难以体现真实外军目标的毁伤特性。

测试技术方面，国内具备典型毁伤元静态威力测量方法，但针对实战工况的毁伤测试器材及测试方法还不够完善，在毁伤参量测量范围、精度、新毁伤参量等方面存在较大不足。

虚拟试验方面，国内正在开展相关技术研究，预计2025年前可形成初具规模的毁伤效应虚拟试验系统。

国外在靶标方面具备较为成熟的靶标设计能力，形成了系列化、组合式靶标设计体系，并通过战场收集的详细毁伤数据进行验证。国外拥有大量精确、高效的测量仪器设备，掌握了各类毁伤数据的测试方法和手段。以美国为代表的西方国家，实现了战斗部毁伤评估"从模型到系统"的提升和跨越，具备毁伤试验的全数字化仿真能力。

5. 作战毁伤效能评估技术

国内毁伤效果等效转换技术刚刚起步，弹药毁伤效能难以精准定量；尚无可用的弹药效能手册支撑作战指挥；战场目标毁伤效果评估刚刚起步，并未应用于实战；攻击方案制定智能化水平有待提升；战场生存力评估在某些装备上已较为成熟，但不同装备发展程度不一；毁伤态势感知技术基本处于空白。

美、俄等国通过实战获得目标的毁伤效果，在战场收集数据掌握靶体毁伤与目标真实毁伤的量效关系，有大量基础数据支撑弹药毁伤效能评估；弹药手册齐全，可完全支撑作战指挥；战场目标毁伤效果评估技术开始应用实战；攻击方案制定的智能化水平较高，可以直接用于弹上；战场生存力评估较为成熟、成体系；毁伤态势感知未见详细报告。

五、本学科发展趋势及展望

（一）发展趋势

1. 能量富集与创制技术发展趋势

一是在碳氢氧氮系含能材料中，发展能量密度和热安定性双优的氮硝基化合物，逐步淘汰能量密度特性和安全性较差的碳硝基和氧硝基化合物，如 TNT、太安（PETN）等；二是在碳氢氧氮系含能材料中，用立体笼型分子结构的氮硝基化合物取代分子结构相对平面的氮硝基化合物，用无氢的氮硝基化合物取代含氢化合物，进一步提高火炸药装药的能量密度特性和做功能力；三是用非碳氢氧氮系含能材料取代传统的碳氢氧氮系含能材料。

2. 能量释放与控制技术发展趋势

一是在现有的碳氢氧氮系含能材料的基础上，发展高活性金属还原剂、强氧化剂、含能黏结剂等辅助材料，实现主体含能材料与氧化剂、金属燃料等配套发展，掌握火炸药配方设计的爆轰敏化、活化等新机理，突破火炸药增能和调控能量的新方法，利用爆炸多级化学链式反应，产生极强的冲击波和热毁伤效应；二是要实现多域能量的耦合叠加，跳出现有相对孤立、单一的化学能量来源，通过研究将目标蕴含的能量、武器现存的其他能量、环境能量等耦合、叠加到毁伤技术中，有效提高武器毁伤的能量密度；三是要实现毁伤能量释放和转化的精准可控。通过将高密度能量与信息控制技术、智能技术、新材料技术等融合创新，掌握爆炸燃烧作用的全域精准控制技术，实现武器威力可调、动力随控。

3. 能量高效利用技术发展趋势

一是要继续强化能量与目标耦合作用，在继续提高常规武器热-力联合作用的同时，加强高密度能量燃烧、爆炸作用产生的声、光、电、磁、热、力等多种能量作用效应的研究工作，从中寻找有效毁伤目标的新机制，催生新质武器诞生；二是要深化作战目标的损伤特性研究，以目标结构破坏和功能损伤为出发点，深入研究损伤机理、能量耦合及作用规律等基础研究，指导武器工程选择能量和运用能量；三是要深化能量与信息融合发展，不断提高武器"能量承载信息、信息驾驭能量"的技术水平，实现常规毁伤智能化发展，让毁伤能量随目标薄弱环节自主智能优化调整和转变，大幅度提高毁伤能量利用效率；四是要实现常规武器的能量管理，让武器能量在飞行弹道和终点弹道实现供需管理及控制，有效提高武器的整体能量利用效率。

4. 能量运用效能评价技术发展趋势

一是发展基于人工智能和信息网络技术的战场环境重构技术，通过信息感知和大数据计算将能量高效利用和目标易损特性综合起来，以实现毁伤场对目标的最大化覆盖；二是在工具和手段层面，发展能量设计、仿真和效能预示三大分析计算平台，集成理论、方法和数据资源，通过多学科协同仿真，实现能量运用的优化设计与精确评价，同时发展虚拟仿真测试系统，取代高昂的靶场试验；三是在应用层面，发展体系化精确毁伤评估能力，建立覆盖复杂环境的全域毁伤试验条件，健全高能量密度加载条件和极限状态下试验测试技术、毁伤效应数据采集等基础条件和试验设施；四是随着使用环境维度的扩展，目标的种类增多、结构日趋复杂、防护能力不断提高，目标毁伤准则从以物理毁伤为主，发展到以功能毁伤为主，物理毁伤为辅，适应信息化作战、智能化战争需求。

（二）展望

未来，信息化战争要求武器系统必须具备高效毁伤能力、远程压制能力、精确打击能力、高速机动能力、快速反应能力、战场生存能力、全天时工作能力等高技术性能，先进毁伤技术是武器装备发展最直接和最有效的推动者，高密度能量创制和高效利用技术每一次革命性突破都将推动武器装备的更新换代，甚至改变战争模式。围绕毁伤"能量与目标耦合"的科学本质，可以预见未来毁伤科技的发展方向必然是以下几点。

1. 新质能量融合和利用技术

突破基于高压物理、量子化学的新质含能材料创制技术，研究能量储存和稳定途径，掌握能量激发和转化机制，拓展含能材料的能谱空间；基于未来战场环境和目标特性，探索毁伤能量融合方法，实现多域能量的高效利用。

2. 毁伤精准控制和表征技术

突破基于热力学、动力学的多机制耦合毁伤关键技术，研究不同形式能量时空分布特性，掌握不同加载方式的能量与目标的耦合作用规律，拓宽毁伤模式的实现路径；基于目标在热力声光电磁等多种毁伤机制联合作用下的材料、结构响应和功能失效特性，探索毁伤能量利用效率的理论边界，提高武器毁伤效果。

3. 毁伤效能预示和验证技术

突破基于概率论的毁伤效能预示和验证关键技术，研究目标物理毁伤和功能失效的逻辑映射关系，掌握基于多源信息融合和数据分析挖掘的模型迭代递归方法，健全毁伤效果预示和判断的理论方法体系；基于武器毁伤能力和目标易损性特征，快速分析目标薄弱环节，支撑提升先进武器装备的应用水平和打击效率，牵引毁伤科技发展。

先进毁伤技术及效应评估的自主创新发展，将推动作战方式变革，催生新质战斗力，使我国掌握尖端科技竞争的主动权；可带动材料科学、高压物理、计算科学等基础学科快速发展，取得的成果可广泛应用于新能源、新材料、高端制造等相关领域，提升科技创新能力和工业制造水平，推动国家科技实力整体跃升。

（三）发展对策

当前，我国先进毁伤技术正在加紧追赶世界先进水平，处于从跟研仿研向自主创新、引领发展的关键发展时期，为加速现代毁伤科技发展，抢占世界科技制高点，实现高水平科技自立自强，建议如下：

加快现代先进毁伤高水平研究平台建设。在国家战略发展规划中纳入现代毁伤高水平科技研究平台，建设先进毁伤国家战略科技力量。

加强先进毁伤技术重大科学装置和设施建设。融合人工智能、大数据、量子等科技，构建跨尺度、超高压、超低温、超快速、多源信息决策等引领世界科技发展的重大科学装置和实验设施建设。

加速聚集和培育高水平人才梯队。创新学科发展、推进交叉融合，建强创新主体，激发创新主体的活力动力。

参考文献

［1］Bruno Willenborg. Simulation of explosions in urban space and result analysis based on CityGML-City Models and a cloud-based 3D-Webclient［D］. Munich: Technical University Munich，2015.

［2］Casey A D，Son S F，Bilionis I，et al. Prediction of energetic material properties from electronic structure using 3D convolutional neural networks［J］. J Chem Inf Model，2020（60）：4457-4473.

［3］Christian Herren.Warhead with asymmetric initiation. US 2022011079A1［P］. 2022-01-13.

［4］Danil Dobrynin，Zhiheng Song，Alexander Fridman. Synthesis of Highly Energetic PolyNitrogen by Nanosecond-Pulsed Plasma in Liquid Nitrogen［J/OL］. Materials，2021，14（4292）：14154292.

［5］David J Stevens，Matt A Barsotti. Modeling of Landmine Loading of Armored Vehicles and Extension to Field Testing Assessment［C］. 2016 Ndia Ground Vehicle Systems Engineering and Technology Symposium，2016.

［6］Elton D C，Boukouvalas Z，Butrico M S，et al. Applying machine learning techniques to predict the properties of energetic materials［J］. Sci Rep，2018（8）：9059.

［7］Eremets M I，Gavriliuk A G，Trojan I A. Single-crystalline polymeric nitrogen［J］. Appl Phys Lett，2007（90）：

171904.

[8] Gerrt Scholtes. An improved shock model for covered explosives taking into account projectile and barrier material variations [J]. ICT, 2019.

[9] Intentional "Imperfections" Los Alamos researchers discover new capability for advanced manufacturing, ldrd-highlights-fy21-q3, 2021.

[10] Lipp M J, Park Klepeis J, Baer B J, et al. Transformation of molecular nitrogen to nonmolecular phases at megabar pressures by direct laser heating [J]. Phys Rev, B 2007 (76): 014113.

[11] Mukesh Kumar, Yashpal Singh. Effect of detonation wave profile on formation of explosively formed projectile (EFP) [R]. 31st international symposium on ballistics hyderabad, 2019.

[12] Peng Kang, Zhongli Liu, Hakima Abou-Rachid, et al. Machine-Learning Assisted Screening of Energetic Materials [J]. J Phys Chem, A 2020.

[13] S Harikrishnan. Liner collapse related issues in the design of low L/D shaped charges [R]. 31st international symposium on ballistics hyderabad, 2019.

[14] Sandra Poeuf, Marc Genetier, Alexandre Lefrançois, et al. Investigation of JWL Equation of State for Detonation Products at Low Pressure With Radio Interferometry [J]. Propellants, Explosives, Pyrotechnics, 2018, 43 (11): 1157-1163.

[15] Teddy Sedalor, David C Fleming.Predicting Hydrodynamic Ram Damage in Bonded Composite Tanks using Progressive Damage Failure [C]. AIAA Scitech 2020 Forum, 2020.

[16] Thomas L Jackson, Ju Zhang, Mark Short. Multiscale Approach to Shock to Detonation Transition in Energetic Materials [J]. Propellants Explos Pyrotech, 2020 (45): 316-329.

[17] Xia Ma, Brad Clements.Using the SURF Model to Simulate Fragment Impact on Energetic Materials [J]. Dynamic Behavior of Materials, 2019 (1): 223-230.

撰稿人： 肖　川　　张默贺　　庞思平　　黄凤雷　　何　勇　　范开军　　李宏岩　　郑　斌
　　　　 周　强　　宋　浦　　高红旭　　毕福强　　蒙佳宇　　徐豫新　　姚文进　　范夕萍
　　　　 苟兵旺　　陈　波　　张腾月　　王媛婧　　付　璐

专题报告

能量富集与创制技术

一、引言

物质从周围环境中积累额外的能量，导致该物质的能量超过环境中平均能量水平的现象称为能量富集；而通过一定的手段，实现物质能量的富集称为该现象的创制。含能材料的发展本质上来说就是一种能量的富集与创制。

能量富集和创制对国防建设有重要的作用，世界各国对物质能量富集与创制进行了长期持续的研究，至20世纪70年代，逐步发展并形成了以能够独立进行化学反应并输出能量为特征的能量富集知识体系，并被世界军械领域接受和公认。军用能量富集材料也被称为高能量密度材料，以凸显其单位体积储能高、威力强的特点。随着近代兵器科学技术的发展，高能量密度材料在兵器中的组成、功能和做功形式出现了差异，逐步被细分为发射药、固体推进剂、炸药和火工烟火药剂，分别以压力推进、反作用力推进和爆炸毁伤等方式应用于武器，并在军事和民间应用的需求驱动下逐步形成各自的研究与应用领域。能量富集与创制在军事和民用领域不断发展，促进了国防武器的更新换代及民用爆破的成本下降，进而对国防建设、社会经济起着越发重要的作用。

二、我国发展现状

党的二十大从全面建设社会主义现代化国家、全面推进中华民族伟大复兴的全局出发，对国防和军队建设做出战略部署，将武器装备现代化作为国防和军队现代化的一项重要内容。能量富集材料作为陆、海、空、火箭等诸军种各类武器装备的动力之源和威力之源，在国防领域具有十分重要的战略性基础地位。因此，我国一直非常重视该类材料的研究。

（一）高能量密度富集

中国四大发明之一的黑火药是现代能量富集材料的前身，一硫（助燃剂）二硝（氧化剂）三木炭（还原剂）的配方，通过氧化还原反应产生释放能量、气体等，具备材料能量富集的主要特征。但黑火药的物理混合方式导致了氧化剂和燃料组合后密度不高、释能速度低的缺陷，处于较低的能量水平。近代化学的发展使得现代能量富集材料发生根本转变，把硝（硝基，含氧基团）和碳（碳氢骨架，还原性单元）整合在单分子内，氧化剂单元和燃料单元在分子层面上组合，激发后发生分子内氧化还原反应，能量水平大幅提高，实现了分子水平的能量富集。这种单分子的能量富集材料被称为高能量密度化合物，也可以简单称为高能分子。以高能分子为主体，通过复配调节力学性能、安全性能等，可以得到满足不同使用要求的含能材料。高能量密度化合物是现代军用炸药、推进剂和火工品等的高能组分，对含能材料的能量水平有决定性影响，不但是武器系统实现发射、推进、毁伤等任务的能量来源，也是武器装备实现"打得远、打得狠"等目标的物质基础。

同时，还可以通过构建高能化学键的方式，实现能量的储存，再通过化学键的断裂释放能量，该类能量富集方式可以称为键能富集。近年来，还发展了非共价型高能量密度材料。这些新型的高能量密度材料的发展，促进了材料更高能量的富集。

1. 分子内氧化还原储能及代表性材料

分子内氧化还原储能类材料，主要是一类含有爆炸性基团或含有氧化剂和可燃剂、能独立进行化学反应的材料。目前代表性高能分子主要有以下三代：第一代材料主要通过分子内氧化还原反应释放能量，其典型代表为 TNT；第二代材料在分子内氧化还原的基础上，还引入了更高的生成焓，进一步地提升了能量，其典型代表为 RDX 和 HMX，其中 HMX 是目前国内外公认性能优良的高能单质炸药；第三代则把生成焓通过笼型骨架提高到了新的高度，密度和能量同时提升，其典型代表是 CL-20。其中，我国在 20 世纪 90 年代中期，成为继美国后第二个合成出第三代高能分子 CL-20 的国家，并经过几十年的稳步发展，在 CL-20 的工业化制造及应用中处于领先的地位。

（1）HMX

HMX 是 1，3，5，7- 四硝基 -1，3，5，7- 四氮杂环辛烷，也称环四亚甲基四硝胺，分子式 $C_4H_8N_8O_8$，相对分子质量 296.16，氧平衡为 -21.61%。

HMX 曾被称为皇冠炸药，是继 RDX 之后又一个被广泛使用的高能炸药，其密度、爆速、爆压和热安定性均优于 RDX。

（2）CL-20

作为分子内氧化还原储能类材料代表的 CL-20，其具备标志性的笼型结构。笼型结构代表了含能骨架的高度，相对于链状和环状结构，笼型结构具有较高的密度，笼型的张力也可以在分解时释放额外的能量。

CL-20 是一个由两个五元环及一个六元环组成的笼型硝胺，6 个桥氮原子上各带有 1 个硝基，它的学名是 2，4，6，8，10，12- 六硝基 -2，4，6，8，10，12- 六氮杂四环十二烷，其分子式为 $C_6H_6N_{12}O_{12}$，相对分子质量为 438.28，其英文缩写为 HNIW，美国代号为 CL-20，中国代号为 C-12，后来 CL-20 逐渐成为通用代号。

（3）NTO

NTO 化学名称为 3- 硝基 -1，2，4- 三唑 -5- 酮，白色晶体，溶于水且与水中微量金属离子发生反应使其容易显黄色，密度为 $1.93g/cm^3$；因其实测爆炸性能与 RDX 接近，而其感度低，与 TATB（1，3，5- 三氨基 -2，4，6- 三硝基苯）接近，兼具 TNT 遇火只燃烧不爆炸的特点使其成为高能量密度、低感度单质炸药的理想选择。NTO 制备简单，原料价廉易得，毒性小，与其他材料相容性较好，在国内外受到广泛关注。国外对 NTO 研究早，已广泛应用于弹药，国内研究较晚，还未装备应用于武器系统中。

2. 键能富集及代表性富氮材料

键能富集类材料，主要是通过化学键例如 N—N、O—N 及 N≡N 等储存能量，爆炸时，通过高能键的断裂释放能量。该类材料的典型代表主要是 DNTF、HATO 及 ADN。这一类材料主要表现为分子内含有大量的氮原子，目前美国、德国等世界各国越发重视对此类化合物的研究。

（1）DNTF

DNTF 是一种集硝基呋咱和氧化呋咱于一体的呋咱化合物，具有标准生成焓高、能量密度高、氮含量高和优异的安定性等优点，已成为目前高能量密度材料发展的重点。呋咱环本身是一个爆炸性基团，其碳原子的两个电子、氮原子的两个电子和氧原子的两个孤对电子形成一个具有共轭大 π 键的平面结构。DNTF 的 3 个呋咱环均为平面结构，3 个五元环各形成一个稳定的共轭体系，分别处于不同的平面中，在空间形成椅式结构，这样的结构使得分子堆积紧密，晶体结构稳定，从而使 DNTF 具有较高的密度。

（2）HATO

HATO 是一种有别于传统硝基化合物的离子型富氮含能材料，其具有易合成、能量高、机械感度低和毒性低的优点，成为一种潜在的高能不敏感含能材料。HATO 不含传统的硝基、叠氮基和硝酸酯基等致爆基团，高能的 N—N 键和 C—N 键的键能释放产生巨大能量，爆速较高并产生大量氮气。HATO 晶体中二羟基联四唑阴离子（$C_2O_2N_8^{2-}$）是很强的氢键（HB）受体，羟胺阳离子（NH_3OH^+）既是很强的 HB 受体，又是很强的 HB 供体，晶体中分子间强的氢键作用导致阴阳离子呈层状排列，但不同层之间的氢键作用很弱，当发生撞击时，层与层之间很容易发生滑移进行缓冲，使 HATO 撞击感度降低，有利于提高其稳定性。

（3）ADN

ADN 是一种二硝酰胺盐，分子中同时含氧化剂和燃料成分，含氧量高，分子中不含碳和氯，是一种能量高且不含卤素的新型氧化剂。由于具有能量密度高、产气量大、燃气清洁、氧含量和氮含量高等优点，在推进剂、高能炸药以及水中兵器装药中均有良好的应用前景。ADN 用于混合炸药中有望提高其爆热、爆容和爆压，使混合炸药的冲击波能与气泡能显著提高。在推进剂中使用，可作为氧化剂替代 AP，能大幅度提高推进剂的能量，降低特征信号，减少环境污染。

3. 非共价型高能量密度材料

随着现代战争对高效毁伤和弹药安全性要求的不断提高，对含能材料能量和感度也提出了更高的要求，非共价型含能离子盐和共晶含能材料作为新概念逐渐引入炸药的设计合成之中，成为新型含能材料创制的主要方向之一。

含能离子盐是指由正负有机离子构成的具有爆炸性能的离子型化合物，具有密度高、热稳定性好的特点，近年来得到了广泛的研究。近年的研究实践使人们进一步认识离子盐这种特殊的分子结构型式，其在某些方面比共价型含能材料更具优势：①从能量角度来说，富氮有机离子盐含有大量的分子内的 N—N、C—N 键，因此具有较正的生成焓，从而使该类化合物的能量水平得到保证；通过含能阴阳离子本身对含能材料内部氧平衡进行精细调节，有助于炸药分子的能量释放更加彻底。②从感度角度来说，离子型化合物通过阴阳离子的静电作用，增加了化合物内部的作用力，可有效降低材料的感度。③大量含能阴阳离子的组合和搭配，可实现材料的高通量筛选，进而大大增加了获得有应用前景的炸药分子的可能性。④其爆炸和分解的产物主要为环境友好的氮气，在某种程度上满足了环境友好等要求。

我国含能离子盐从 2010 年前后开始进入高速发展时期，合成了大量的含能离子盐并开展相关的性能研究。主要发展现状为：①离子盐虽然由正负离子构成，但含能负离子的创制成为研究热点，这可能是由于含能阳离子往往具有较差的氧平衡，这成为提高离子盐能量性能的主要限制。②虽然含能离子盐的骨架包含嗪类、呋咱类、芳香类、唑类等，但由于唑类丰富的结构类别和更多的修饰位点，唑类含能离子盐研究更充分，创制的含能材料更多。在唑类家族中，最有应用前景的则是三唑、四唑类，这类骨架能够更好地协调能量和感度。③除了单环唑类富氮含能离子盐，为进一步提高离子盐的能量水平，对该类骨架进行再修饰成为研究的热点。对单环唑类进行氮氧化提高氧平衡、通过 C—C 或 C—N 偶联双（多）环提高生成焓、通过两个以上芳香环以共有环边所组成稠环化合物提高密度和稳定性等策略成为创制性能更优的离子盐的研究的高地。

共晶含能材料主要是指两种或两种以上中性炸药分子通过分子间非共价键作用（如氢键、π 堆积和范德华力等），以确定比例微观结合在同一晶格，形成具有特定结构和性能的多组分晶体，其显著特征在于通过分子间非共价键形式连接两种含能分子，在不破坏分子本身结构的同时，达到从分子尺度调控目标含能分子能量与感度方面的性质。共晶含能材料作为一种新的含能材料固体形态，具有特定微观结构以及不同分子协同互补效应，能够克服原炸药缺陷，并赋予共晶含能材料特殊新性能，甚至产生结构"基因突变"，赋予其"性能突变"，为新型高能低感炸药研发提供一种有效的合成及同步调控其性能的全新策略。

近十年来，国内共晶炸药研究主要集中在共晶筛选、制备、结构与性能表征等试验探索方面，目前制备出 CL-20、BTF 和 DNBT 等主要系列两组分均为炸药的共晶近百余种，其中 CL-20 共晶数量占比达到 1/3 左右，并有效调节了炸药理化、安全和爆轰等重要性能。目前，共晶含能材料研究集中在设计和制备两个方面。设计重点开展基于静电势正负电荷相互吸引作用的定性设计方法及基于构效关系参数的宏观设计方法研究。溶剂挥发法是共晶制备的主要方法，其他方法包括冷却结晶法、反应结晶法、喷雾干燥法、悬浮液法、声共振法和熔融法等新方法的研究与应用。

（二）亚稳态能量稳定

物质的亚稳态指相对于稳态而言的高能态，如果亚稳态受到二者之间的能量势垒保护，可以在常规状态截获。通过外部作用触发，亚稳态可以越过势垒，从高能态向稳定态转化，完成能量转换释放，实现对目标的毁伤。亚稳态能量稳定材料可类比于 2014 年美国提出的颠覆性含能材料概念，是指能量比常规炸药（通常为 10^3 J/g）高出至少一个数量级的新型高能物质，能量水平达到 $10^4 \sim 10^5$ J/g，甚至 10^5 J/g 以上，主要包括高张力键能释放材料、金属氢、全氮化合物等。

1. 高张力键能材料

压力作为独立于组分、温度的物理变量，可以非常有效地缩短原子分子间距，不仅能极大提高材料的晶体密度，还能够改变原有的原子分子间相互作用，使材料发生系列结构相变，形成高压聚合态新相。该相为高能态亚稳相，化学键为高张力键，称为高张键能释放材料，如聚合氮和聚合一氧化碳。

聚合氮是超高压条件下解离分子氮得到的新型全氮物质，由于 N—N 单键和 N≡N 三键之间存在巨大的能量差，以 N—N 单键形式键合的聚合氮在分解时可以释放大量的能量。其释放产物为无污染的氮气，因此聚合氮是环境友好型的新型高含能材料。

一氧化碳气体和氮气类似，具有相同的电子数，常温常压条件下一氧化碳中的碳和氧之间通过 C≡O 三键相结合。然而在高压作用下，一氧化碳气体形成以 C—O 单键键合为主的聚合一氧化碳（p-CO），是典型的具有高张力键的含能材料。

高张力键能释放材料具有超高能量密度，是因为它以低密度的气体为原料，经过大幅度的压缩变成固态，进行了物理储能。同时，在超高压作用下完成聚合化，一方面进一步提高密度，另一方面还生成了具有高张力的化学键，进行了化学储能。这两种储能方式的共同作用，形成了其具有的超高能量密度特性。

在聚合一氧化碳方面，在 7.1GPa 的压力条件下可合成一氧化碳聚合物 p-CO。对比常规含能材料如 RDX 和 TATB 的能量密度为 1~3kJ/g，p-CO 能量密度可达 8kJ/g。利用激光对其进行辐照，可实现样品的引爆，证明其具有高能特性。将其他气体掺杂入一氧化碳形成混合气体体系，可影响聚合一氧化碳的形成条件。CO-He 混合气体在 5.2GPa 下可形成 p-CO；在 6~7GPa 压力条件下，采用 CO_2 激光加热可使 p-CO 转变为白色固体；氢气掺杂一氧化碳有可能提高常压回收 p-CO 的稳定性，而且氢气掺杂 p-CO 样品的密度高达 2.3~3.6g/cm^3；在 20GPa 时，一氧化碳和氮气聚合可形成一种无定型的聚合物，CO：N_2=7：3 的混合气体在 46GPa、1700K 的高压高温下聚合形成一个新相。

我国自"十三五"开始推动高张力键能释放材料的制备和性能研究，利用高压技术成功合成了聚合一氧化碳高张力键能释放材料，并实现了常压回收和激光引爆实验。继而开展聚合一氧化碳的制备技术及一氧化碳混合气体体系的高压相变研究工作。

在聚合氮的制备方面，高温高压实验技术可合成出 cg-N 聚合结构，随后，陆续制备出 LP-N、HLP-N 和 BP-N 聚合结构。我国在"十二五"期间成功制备出 cg-N 聚合结构。利用化学预压方法，我国成功制备出了系列高氮材料，包括 N_5 环聚合结构、N_6 环聚合结构、扶手椅聚合氮链以及二维层状聚合结构的新型高氮聚合材料。近期，吉林大学成功制备出可常压截获的 CON 聚合材料。

2. 金属氢

氢是宇宙中含量最丰富、质量最轻的元素，其相关研究一直是学界的热点。常压条件下，氢以气体分子氢气的形态存在，在大约 14K 的低温条件下固化为分子相的固体氢，是一种宽带隙绝缘体。根据理论预测，在极端高压作用下，氢分子会发生解离，形成原子相金属氢。金属氢是目前已知含能最高的常规材料，是目前理论预测最高、威力最强的化学爆炸物。金属氢能量密度约为 218kJ/g，比 TNT（4.65kJ/g）高约 50 倍，如加上云爆效果，其威力可达 TNT 的 80 倍以上，伴随着金属氢的诞生必将会产生一次武器革命。金属氢作为火箭或导弹的燃料，将使得尺寸和重量大为减小，极大地增加其运载能力、速度和射程；金属氢可能存在一个金属超流或超导超流量子基态，因此超导或超流态的研究对于量子效应参与的超导机制研究提供重要线索。不仅如此，根据 BCS 超导理论模型，金属氢具有极高的德拜温度和超强的电子–声子相互作用，因此金属氢是一种潜在的室温超导材料，而且这种超导相在常压下仍然是可能存在的。金属氢一旦成功制备实现应用，可能会在低功率电子学、零线宽通信等领域引发技术变革，改变战场电子信息传输、电子对抗模式等非杀伤性对抗的模式。

金属氢是物质科学重大前沿科学问题，激发了大量的理论和实验研究，以致诺贝尔奖获得者金兹堡把金属氢放在著名的"物理学关键问题"之首，被称为高压科学研究领域的"圣杯"。事实上，探索金属氢是过去 30 年来高压技术研究的主要目标之一，持续推动着高压科学与技术的发展。遗憾的是，固态金属氢的制备需要约 500GPa 的极端高压条件，尽管目前极端高压实验技术已经取得了突破性进展，研究人员仍然没有实现这一压力极限，也无法获得原子相金属氢的确切证据。

为了突破金属氢合成所需的极端高压技术限制，科学家一直在寻找其他合成金属氢的有效路径和方法，其一是结合高温高压条件，在较低压力下合成流体金属氢，目前我国科研人员结合高压和脉冲激光加热方式，在低至 150GPa 和 3000K 的温压条件下成功观测到金属氢的金属光泽信号；其二是利用元素掺杂产生的化学预压效应，在富氢材料中合成金属氢晶格，这种方法不仅能够大大降低合成金属氢的压力，而且制备的类金属氢材料往往具有较高的超导转变温度，经过近十年的快速研究发展，目前在实验室中已经成功获得共价型、笼型、二维层状等多构型、多配比的富氢材料，例如 SH_3、CaH_6、CeH_9、YH_9、LaH_{10}、HfH_{10} 等，某些材料制备压力也大大降低至约百万大气压（100GPa）。

3. 全氮材料

氮气作为空气中含量最高的成分，它是目前唯一存在的全氮物质，但氮原子之间为最稳定的三键形式，没有能量。两个多世纪以来，全氮化合物的发展非常缓慢。目前，只有叠氮离子（N_3^-）、N_5^+、五唑阴离子（cyclo-N_5^-）等全氮离子和高压下的聚合氮可批量制备。全氮化合物分为氮原子簇化合物（共价型全氮化合物）、离子型全氮化合物和聚合氮三部分。

氮原子簇化合物是指氮原子通过共价键结合的小分子化合物。对这类化合物的研究集中于理论计算，主要有 N_4、N_6、N_8、N_{10}、N_{60} 等（图1）。对 N_4 报道最多的是四氮烯，但由于感度过高，很难扩展其应用。N_4 的另一种结构——N_4 立方烷，还处于理论预测阶段。N_4 立方烷具有四面体结构，理论计算的生成热为 798kJ/mol，密度为 $3g/cm^3$，爆速为 15700m/s，爆压为 125GPa，比冲为 430s，表现出优异的综合性能。目前报道的 N_6 有六元环状和线性两种结构。环状 N_6 的稳定性不如线性 N_6 结构。和 N_4 立方烷类似，N_8 立方烷也具有非常高的能量。理论计算 N_8 立方烷的密度为 $2.65g/cm^3$，爆速为 14570m/s，爆压为 137GPa，比冲为 531s。随着 C_{60} 的发现，研究者开始对 N_{60} 展开研究。但研究发现，N_{60} 即使在亚稳态情况下也难以存在，合成难度大，目前还未见相关合成方面的报道。氮原子簇化合物理论计算的能量很高，爆速基本都高于 10000m/s，但同时化学合成困难、稳定性差也是制约其发展的重要原因。

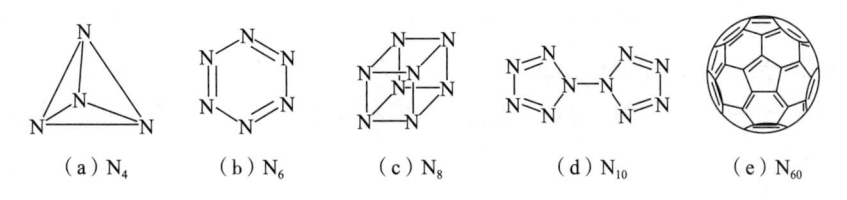

(a) N_4　　(b) N_6　　(c) N_8　　(d) N_{10}　　(e) N_{60}

图1　几种典型的氮原子簇化合物

离子型全氮化合物至今未被合成，但近年全氮阴/阳离子的合成进展显著，特别是 cyclo-N_5^- 的成功合成，为将来离子型全氮化合物的合成奠定了物质与技术基础。2017

年，南京理工大学的章冲和许元刚等首次在甘氨酸亚铁[Fe（Gly）$_2$]与间氯过氧苯甲酸（m-CPBA）系统中裂解芳基五唑而获得了cyclo-N_5^-。为了选择性识别、捕获和分离cyclo-N_5^-，cyclo-N_5^-与金属（尤其是过渡金属）离子的配位作用被广泛研究，通过实验发现，锰、铁、钴、铜、锌、钡、银等金属均能把溶液中的N_5^-识别、捕获出来。通过对比十多种配合物的组成、配位速度以及抗杂离子干扰能力，发现Co^{2+}识别、捕获能力最佳。Co^{2+}高效识别、捕获cyclo-N_5^-的方法，把溶液中的离子纯化为配合物固体，为N_5^-含能材料的合成奠定了基础。对合成的15种配合物进行了稳定作用形式研究，发现N_5^-的配位键与理论预测的最稳定的$\eta^2-\sigma$键不同，而是能量稍高的$\eta^1-\sigma$键；N_5^-可以通过仅配位键、配位键+氢键或仅水的氢键作用稳定。

为了实现更高能量，解决非金属含能阳离子与cyclo-N_5^-的组装问题，发展非金属盐的合成，南京理工大学发明了以五唑钠为原料的置换方法，获得了3个无水非金属盐，但需要多次重结晶去除氯化钠；然后发现五唑钡与含能阳离子的硫酸盐可以高效复分解生成所需要的五唑盐。但Ba^{2+}识别和捕获cyclo-N_5^-的选择性差，五唑钡纯度低，会影响产物纯度。在这两种方法的基础上，通过生成难溶的氯化银沉淀作为驱动力，把cyclo-N_5^-和需要的阳离子组合到一起，为应用研究奠定了基础。

合成的典型cyclo-N_5^-基高能材料的能量性能与现有含能材料相比展现出生成热和爆速上的优势（表1），具有推进剂、主炸药、起爆药等应用前景。

表1 典型N_5^-基高能材料的能量性能

	T_d（℃）	ρ（g/cm^3）	ΔH_f[（kJ/mol）/（kJ/g）]	D（m/s）	P（GPa）	IS（J）	FS（N）	N（%）
LiN$_5$	133	1.75	264.5/3.44	11362	40.9	3	20	90.98
NH$_4$N$_5$	106.3	1.486	269.1/3.06	8759	24.3	8	130	95.42
N$_2$H$_5$N$_5$	99.6	1.583	429.6/4.17	9862	32.9	7.4	120	95.11
NH$_3$OHN$_5$	105.5	1.601	327.6/3.15	9473	32.6	5.5	50	80.75
HMX	287	1.905	74.8/0.25	9144	39.2	7.4	120	37.84
CL-20	215	2.035	365.4/0.83	9455	46.7	4	48	38.36
ONC	220	1.979	602.8/1.30	10100	50.0	—	—	24.14

聚合氮研究方面，中国科学院合肥物质科学研究院2018年合成了金属氮，氮气在2500K、125GPa压力以上被压缩成了金属态。但高压法需要解决卸压后如何保持金属氮结构稳定的问题。

（三）高密度能量物化

高能量密度化合物的物化性能直接决定了其使用方向，如具有高比冲性能的含能材料一般作为推进剂主要组分，对外界刺激敏感并可以激发主炸药爆炸的含能材料作为起爆药，而表现出良好的安定性和爆轰性能的含能材料用作猛炸药。含能材料的密度、稳定性等性能，直接影响了武器系统的安全性、可靠性及毁伤性能。因此，对高能量密度化合物的物化性能深入研究，促进其在武器系统的应用，以满足实战的应用需求。

1. 分子内氧化还原储能类材料物化性能

（1）HMX

HMX 为白色晶体，存在 α、β、γ、δ 4 种晶型。其中 β 晶型为稳定晶型，且密度最大，机械感度最低，一般所列性能参数均系指该晶型，其中在炸药工业上生产和使用的也是 β 晶型。晶体密度 1.90g/cm³，分解温度为 279℃，爆速为 9221m/s，爆压为 39.2GPa，摩擦感度为 120N，撞击感度 7.5J。HMX 作为典型的高能硝胺炸药，其热分解行为具有一般硝胺类炸药的共性。总体来看，HMX 的热分解属于在固－液体系中同时进行的非均相反应。由 HMX 的差示扫描量热（DSC）分析表明，HMX 在 200℃左右存在 1 个微弱的吸热峰，为 β → δ 相变峰；280℃左右也存在 1 个微弱的吸热峰，为熔融吸热峰；270～320℃内，HMX 进入分解放热阶段，存在 1 个较大的分解放热峰，表明 HMX 在此温度下剧烈分解。

（2）CL-20

CL-20 是白色结晶，易溶于丙酮、乙酸乙酯，不溶于脂肪烃、氯代烃及水。CL-20 是多晶型物，常温常压下已发现有 4 种晶型（α、β、γ 及 ε），其中 ε 晶型的结晶密度可达 2.04～2.05g/cm³，爆速可达 9500～9600m/s，爆压可达 42～43GPa，标准生成焓约 900kJ/kg（HMX 为 250kJ/kg），最具有实用价值。以圆筒实验测得的能量输出，ε-CL-20 比 HMX 可高约 14%。CL-20 的能量水平全面超过 HMX，是当前可规模应用的能量水平最高的高能材料。CL-20 的稳定性适中，由 DSC 法（升温速度 10℃/min，氮气氛）测得的 CL-20 的热分解峰温为 244～250℃。CL-20 的撞击感度及摩擦感度与粒度及颗粒外形有关，可认为与 HMX 处于同一水平，静电火花感度与 PETN 或 HMX 不相上下。

2. 键能富集类材料物化性能

（1）DNTF

DNTF 分子式 $C_6N_8O_8$，相对分子质量 312.11g/mol，熔点 109～111℃，密度 1.937g/cm³，撞击感度 94%（10kg 落锤，25cm 落高），摩擦感度 12%（90°摆角），理论爆速 9250m/s，理论爆热 6054kJ/kg，威力 168.4%TNT 当量。DNTF 的 DSC 分析表明，DNTF 在 110℃熔化，在 225～350℃范围内放热，并且有升华现象，分解峰温为 275℃左右。DNTF 易溶于丙酮、乙酸、环己酮、乙酸乙酯、二氯乙烷、甲醇、乙醇等有机溶剂，微溶于环己烷、正乙烷、石油醚等溶剂，不溶于水。

（2）HATO

HATO 分子式 $C_2H_8N_{10}O_4$，相对分子质量 236g/mol，密度 1.88g/cm³，撞击感度 8%（10kg 落锤，25cm 落高），摩擦感度 16%（3.92MPa，90°摆角），理论爆速 9698m/s，理

论爆热 6025kJ/kg。HATO 的 DSC 分析表明，分解峰温为 221℃。HATO 溶于二甲基亚砜（DMSO）、水和二甲基甲酰胺（DMF），不溶于甲醇、乙醇、氯仿和四氢呋喃等。

（3）ADN

ADN 分子式 $H_4N_4O_4$，相对分子质量 124.06g/mol，密度 1.82g/cm³，熔点 91.5～93.5℃，撞击感度 72%（10kg 落锤，25cm 落高），摩擦感度 76%（3.92MPa，90°摆角），理论爆速 8100m/s（1.78g/cm³），理论爆热 3337kJ/kg。ADN 的 DSC 分析表明，分解峰温为 182℃。ADN 易溶于水、丙酮、甲醇、乙醇、乙腈等，微溶于乙酸乙酯，不溶于二氯甲烷、苯、正己烷。

3. 非共价型高能量密度材料物化性能

（1）含能离子盐

目前，含能离子盐的代表性材料主要是 ADN，作为氧化剂可应用在推进剂中。除此之外，有应用前景的高能低感材料主要包括三唑和四唑含能离子盐，如四唑羟胺盐 HATO，其晶体密度为 1.88g/cm³，实测爆速和感度均优于 RDX；硝基四唑氮氧化合物的羟胺盐 HAONT 的合成与性能研究，其计算爆速 9447m/s；氨基桥连四唑羰基脲盐 CBTA、C，C- 互联硝胺三唑羰基脲盐 CBNT 等爆轰性能优异且感度较低的富氮含能离子盐，它们作为 RDX 替代物研究方面展示了良好的应用前景，其性能对比见表 2。

表 2 几种有应用前景的含能离子盐性能对比

	分解温度（℃）	密度（g/cm³）	撞击感度（J）	摩擦感度（N）	爆速（m/s）	爆压（GPa）
HATO	221	1.88	20	120	9698	42.4
HAONT	157	1.85	4	60	9499	39.0
CBTA	189	1.75	——	——	9487	33.6
CBNT	162	1.95	38	——	9399	36.0
RDX	210	1.81	7.5	120	8983	35.2
HMX	279	1.90	7	112	9221	39.6

（2）含能共晶

目前所获得两组分均为炸药的共晶中，除了 TNB/2,4-MDNI 的晶体密度大于两组分（TNB：1.737g/cm³，2,4-MDNI：1.660g/cm³，TNB/2,4-MDNI：1.749g/cm³），其余共晶的晶体密度都介于两纯组分之间，总体趋向于密度较高组分。在所获共晶含能材料中，仅有 CL-20/HMX 共晶和 CL-20/MTNP 共晶获得实测爆速。CL-20/HMX 共晶（CL-20/HMX 共晶：Viton=95：5）在 1.8g/cm³ 压制密度下实测爆速 8268m/s，而 CL-20/MTNP 共晶在含 3.5% Estane 含量条件下压制成 1.86g/cm³ 药柱，实测爆速 8756m/s。进一步实测评估其性能，发现 CL-20/MTNP 共晶能量略优于 HMX，机械感度接近 TNT，是目前唯一具有高能低感特性的共晶。

三、国内外发展对比分析

（一）高能量密度富集

1. 分子内氧化还原储能

（1）HMX

作为能量水平高、综合性能好的单质炸药，HMX被广泛地用于高能炸药的主体药、固体推进剂和发射药中。目前，HMX在国内的应用水平略落后于美国，制造能力远小于美国，需求远大于供应。因此，开发安全高效的HMX数字化生产技术，提高其产能和降低其生产成本是迫切需求。

现在工业上生产HMX大多采用乌洛托品的硝解法，即醋酐法或贝克曼法。研究表明，乌洛托品的硝解反应分两步，首先是乌洛托品生成DPT，中间体DPT经过硝解生成HMX。早期的合成工艺是DPT中间体需要分离纯化，这种生产工艺的收率较低，只有28%。后续的工业生产中采用一步法，不经过DPT的分离过程，一次制备出HMX，最高得率可达70%（间歇法）或60%（连续法）。在一步法中加入聚甲醛、三氟化硼等催化剂，收率可达到72%~82%。醋酐法的典型物料比（质量比）是乌洛托品/HNO_3/NH_4NO_3/Ac_2OH/HAc = 1/（5~5.5）/（3.7~4.5）/（11~12）/（16~23）。工艺过程一般包括投料（一段硝化和二段硝化）、水解、过滤、洗涤，从而得到α型粗品，硝化温度一般为44℃（±2℃）。粗品经过纯化、转晶、重结晶得到β型精品HMX。经过市场调研，瑞士毕亚兹的HMX生产技术较为成熟，采用分步间歇式生产模式，单线可实现HMX和RDX的切换生产，HMX（或200t/a的RDX）单线产能为95t/a，HMX工业摩尔转化率可达到60%以上。

我国的研究人员葛忠学等采用DADN为原料，在新型的硝化试剂N_2O_5–HNO_3溶液中合成了HMX。主要包括了两步操作，首先是用P_2O_5和无水硝酸制备N_2O_5，随后将N_2O_5与HNO_3制备成相应的溶液，加入DADN，制得HMX。实验结果表明，通过条件的优化，HMX的产率可以达到96%。

目前，HMX的工业生产以醋酐法为主要的生产技术，且生产的产能和效率都存在短板，从降低其工业生产成本考虑，在醋酐法的生产工艺技术上进行工艺条件优化，采用单线小产能多线并建的生产模式是短期内突破HMX制备瓶颈的有效办法。

（2）CL-20

CL-20是一个具有复杂立体分子结构的笼型化合物，相对于传统的RDX、HMX等含能材料，其合成工艺要复杂得多。1987年，Nielsen首先成功合成CL-20时，每千克CL-20的成本达到3.5万美元。此后，优化CL-20制造工艺的工作在各国展开。

由HBIW出发，有多条路线可以合成CL-20。目前，CL-20的硝化前体已经超过15种，但实现千克级以上制造的，国内外只有3种，分别为TADB路线、TADF路线、TAIW路线，均由 HBIW 通过氢解反应制得。

1）TADB 路线

1995 年，Bellamy 发表了由 HBIW 经氢解乙酰化制备四乙酰基二苄基六氮杂异伍兹烷（TADB）、四乙酰基一乙基一苄基六氮杂异伍兹烷和四乙酰基二乙基六氮杂异伍兹烷的研究报告。文章指出，适当提高反应温度、延长反应时间或增加催化剂 Pd(OH)$_2$/C 用量均可提高产物得率。Bellamy 称直接硝解 TADB 可以高产率制得 CL-20，但没有给出具体硝解介质和相关工艺条件。

由于 TADB 仅需一次氢解即可得到，很多国家最初合成 CL-20 均采用此路线，伊朗、俄罗斯等国目前还在进行相关研究。我国北京理工大学于永忠教授于 1993 年合成出 TADB，经亚硝化、硝化，1994 年 6 月合成出 CL-20，与后来报道的 Nielsen 及法国等所用方法不谋而合。世界各国对 TADB 的亚硝化、硝化工艺进行了系统研究，北京理工大学也开展了大量的工作。但美、法等国在工程化实验中发现，此路线适合实验室研究而不适于工程化。

2）TADF 路线

1997 年，Thiokol 公司发表了 CL-20 中间体四乙酰基二甲酰基六氮杂异伍兹（TADF）等化合物合成的详细工艺条件。该工艺在 TADB 合成中以溴苯为溴源并使用助溶剂 DMF。DMF 为 Lewis 碱，可中和反应介质中或反应过程中生成的酸，使介质保持较低酸性，减少反应底物的分解，并且大幅度增加 HBIW 在氢解介质中的溶解度，加速了氢解乙酰化的反应速度，减少 HBIW 在反应介质中的存在时间，阻滞破坏现象发生。Thiokol 公司的研究可使 TADB 的得率达到 80% 以上。TADB 的进一步氢解可以在 HCOOH、HCOOH/H$_2$O、HCOOH/CH$_3$OH 3 种介质中进行，并分别得到相应的氢解产物 TADF、四乙酰基一甲酰基六氮杂异伍兹烷（TAFW）和六乙酰基六氮杂异伍兹烷（HAIW）。TADF 在硝硫混酸中硝解，可以高产率制得目标产物 CL-20。美国采用 TADF 制备的 CL-20 可达十数吨之多。由于甲酰基较乙酰基难以脱除，TADF 硝化得到的 CL-20 产品中含有 2%～3% 的五硝基一甲酰基六氮杂异伍兹烷等杂质，影响了 CL-20 的爆轰和安全性能。因此，2002 年以后美国放弃了此路线，但尚有一些国家，如伊朗还在进行这条路线的研究工作。

3）TAIW 路线

此路线为我国首创。1994 年，北京理工大学赵信岐教授在醋酸介质中氢解 TADB 制得四乙酰基六氮杂异伍兹烷（TAIW），并经 TAIW 合成出 CL-20。2002 年，美国放弃 TADF 路线后即采用此路线。经多年实践，此路线过程安全、产品纯度高。目前，世界上多数国家均采用 TAIW 路线进行 CL-20 的制备。

2. 键能富集材料

键能富集等相关的富氮材料，由于其出色的爆轰性能，引起了世界各国的广泛研究。对这类化合物的合成工作目前也取得了很多瞩目的成果。

（1）DNTF

2005年，俄罗斯科学院有机化学所Aleksei B.Sheremetev和Elena A.Ivanova报道了以3-氨基-4-甲基呋咱为起始原料经由锂化、硅烷化、氧化生成DNTF，该路线选择性差，生成多种副产物；反应条件苛刻，不易操作；总收率仅为12%。

2010年，韩国仁荷大学高能材料研究中心Choong Hwan Lim等报道了以丙二腈为原料的四步法制备路线，该路线反应步骤长，总收率为17%；氧化反应使用60%双氧水和三氟乙酸酐的反应体系，条件苛刻。

2011年，美国洛斯·阿拉莫斯国家实验室Philip W.Leonard等也报道了以丙二腈的四步法制备路线，与Choong Hwan Lim等不同的是氧化反应过程采用了浓硫酸、无水钨酸钠和90%的双氧水的反应体系，总收率为22%；该方法的缺点为：反应路线较长，总收率太低；氧化体系更为苛刻，且存在安全风险。

2011年，我国西安近代化学研究所公开报道了DNTF的合成方法。该方法以丙二腈和盐酸羟胺为原料，经亚硝化、分子内环化、重氮化、分子间缩合和氧化四步反应制备DNTF。

（2）HATO

国外开展HATO合成研究的主要团队是德国慕尼黑大学的Thomas M. Klapoetke课题组，他们在2012年公开报道了HATO的合成研究工作。

1) 氧化法HATO合成方法

以联四唑（BT）为原料，利用过硫酸氢钾复合盐（OXONE）的氧化性，在四唑环上引入羟基。但是，由于四唑环上有N1和N2两个反应位点，导致该氧化反应生成了两种氧化产物：1,1'-二羟基-5,5'-联四唑（1,1'-DHBT）和2,2'-二羟基-5,5'-联四唑（2,2'-DHBT）。其中，1,1'-DHBT的收率仅为11%，再利用1,1'-DHBT分子中羟基的酸性氢和羟胺发生中和反应制造出HATO，总收率为9%，该方法由于异构体的生成，收率极低。

2) DCG法HATO合成方法

以二氯乙二肟（DCG）为原料，在强极性溶剂DMF溶液中和叠氮化钠发生叠氮化反应。分离出二叠氮基乙二肟（DAzGO）后，将其置于含氯化氢的乙醚溶液中，发生环化反应，实现叠氮基肟向羟基四唑的转化。该过程几乎定量生成1,1'-DHBT，再通过中和反应合成出HATO。该方法各步反应的收率均较高，HATO的总收率可达到50%以上。

3) 两步-环化法HATO合成方法

Thomas M. Klapoetke等人以二氯乙二肟（DCG）为原料，将叠氮化、环化和中和反应进行串联，分离出二羟基联四唑的钠盐或二甲胺盐，再通过和盐酸羟胺的复分解反应合成出HATO。该方法不分离二叠氮基乙二肟，安全性提高，而且收率也由50%提高到85%。

美国陆军武器研究发展与工程中心于2013年启动一项联合钝感弹药技术项目，2014

年筛选确认HATO为关键材料，并开展合成及应用研究工作。其采用的合成方法也是两步－环化法，并采用二氧六环代替乙醚，一定程度提高了工艺安全性。目前，已制得千克级样品，开展性能研究工作。

我国西安近代化学研究所于2013年以二氯乙二肟为原料，经叠氮化、环化反应于国内首次合成出1,1′-二羟基-5,5′-联四唑，2014年报道了HATO合成路线。随后，甘肃银光化工有限公司、南京理工大学、北京理工大学、中国工程物理研究院化工材料研究所等国内含能材料领域相关科研单位均开展了HATO的合成研究，所采取的合成路线基本相同，主要以提高HATO合成工艺的安全性和收率为主要目的。

2014年，西南科技大学和中国工程物理研究院化工材料研究所联合报道了HATO 50克量级制备放大工艺研究，对德国慕尼黑大学的合成路线进行了优化，将文献中二羟基联四唑制备HATO的两步反应缩短为一步，并考察了料比、时间和温度对HATO收率的影响，确定了适宜的工艺条件，收率61.0%。

同年，南京理工大学和甘肃银光化工有限公司联合报道了HATO的合成研究。在德国慕尼黑大学的合成路线基础上进行优化，以二氯乙二肟为原料，通过两步反应先制备出二羟基联四唑二甲胺盐，再与盐酸羟胺反应合成出HATO，对二甲基甲酰胺用量和反应时间对收率的影响进行了研究，获得了较佳的工艺，合成规模为克量级，收率为73.2%。

2014年和2015年，甘肃银光化工有限公司连续报道了HATO的合成工艺研究。以二氯乙二肟为原料，经叠氮化、环化、中和反应合成出HATO，研究了温度、时间等因素对二羟基联四唑收率的影响，确定了成环的较佳反应条件，合成规模为克量级，收率46.2%。

2015年，南京理工大学报道了HATO合成方法改进研究，以二氯乙二肟为原料，以丙酮和水作为混合溶剂进行叠氮化反应，用乙醚萃取二叠氮基乙二肟，萃取液通入氯化氢进行环化反应，并用乙酸乙酯为溶剂进行中和反应合成出HATO，合成规模为克量级，总收率为82.7%。

（3）ADN

1971年，苏联泽林斯基有机化学研究所首次合成出ADN，并对其做了大量的研究工作，证实了ADN有很大的发展潜能，是替代AP的新型氧化剂。20世纪90年代初，美国制备出ADN，随后德国、瑞典、日本等国家也相继制备出ADN。

1）丙烯腈法

苏联Tarlakovsky等人以丙烯腈为起始原料，经多步硝化制成中间体产物二硝基胺丙腈，再与碱反应生成二硝酰胺钾盐（KDN），加入铵盐与KDN进行离子交换生成ADN。此法为苏联最早合成KDN和ADN的经典方法。此法每步反应无需高温、高压等实验条件，反应产物易分离，较适合实验室合成。但步骤多、操作烦琐，产率也不高。

2）氨基磺酸钾法

瑞典Langler等人发表了一种适合大规模生产ADN的方法，用氨基磺酸钾在极普通的硝化剂硝/硫混酸的作用下生成二硝酰胺酸，再与氨水中和生成 ADN。

此法不使用有机溶剂，合成工艺简单，生产成本较低，具有工业化前景。2005 年，瑞典防务研究局采用氨基磺酸钾法成功合成出 ADN 之后，在欧洲含能材料公司实现了工艺放大。

3）KDN 复分解法

2010 年，欧洲含能材料公司对 ADN 合成工艺进行了优化，改进了硝化之后的处理工艺，并设计出一种 ADN 合成新方法。该方法中硝化后的物料不需要稀释，溶液仍保持强酸性，只需加入脒基脲盐或其水解前体二聚氨基氰，二硝酰胺阴离子和脒基脲阳离子即可反应生成 N 脒基脲二硝酰胺盐（FOX-12），再经离子交换生成 ADN。

4）FOX-12 复分解法

2015 年，瑞典防务研究局再次对上述方法进行了优化，该方法中硝化后的物料加入脒基脲盐生成 FOX-12，其直接与硫酸铵进行离子交换生成 ADN，既能避免中间体 KDN 的生成，保证 ADN 的纯度，又减少步骤，提高效率。

5）异氰酸酯法

美国 Bottaro 等人以脂肪族异氰酸酯为起始原料，在乙腈溶剂中与等当量比的 NO_2BF_4/HNO_3 直接硝化生成脂肪族的二硝基胺化合物，再与碱和盐反应生成 ADN，采用的起始原料为三甲基硅乙基异氰酸酯。

6）尿素法

日本波多野日出男等人发明了以廉价尿素为起始原料，经一步硝化为硝基脲，再进一步用强硝化剂 NO_2BF_4 硝化并加氨生成 ADN。此法采用了极普通的化工原料尿素，来源丰富，且在反应中还能回收，但反应仍需用到价格昂贵的 NO_2BF_4。最终 ADN 的收率也不高，只有硝基脲的 15%。

7）氨基甲酸乙酯法

美国 Schmitt 等人报道了用氨基甲酸乙酯与有机酸酐、硝酸反应生成二硝基甲酸乙酯胺中间产物，再将该中间产物用氨进行中和生成 ADN。此法是对 Bottaro 等提出方法的改进，目的是提高产率，该合成方法在中间产物的制备中涉及的原料较多，操作较烦琐。在生成 ADN 的反应中要控制 NO^+、NO 和 NO_2 的含量在总含氮化合物的 10% 以内，以降低生成副产物的量，减少给分离和提纯带来的困难。

8）小分子法

此法主要用于工业合成，采用的大多是工业气体，具体方法为：用 N_2O_4 直接氟化成氟化硝酰，用二氧化硅与氢氟酸反应生成四氟化硅，然后将四氟化硅与氟化硝酰反应生成六氟硅酸二硝酰，最后是用六氟硅酸二硝酰加氨制成 ADN。该步反应虽然有副产物，但只有 ADN 溶于异丙醇。经异丙醇提纯，浓缩制得 ADN。

9）酸酰胺类法

美国 Bottaro 等人分别在两篇专利中介绍了两种合成 ADN 的方法：一种是采用硝酰胺

与 NO_2BF_4 反应生成二硝酰胺酸，再与氨水中和制得 ADN；另一种是由碳酰胺盐与硝化剂 NO_2BF_4 反应生成二硝酰胺酸，再经氨中和生成 ADN。上述的两条途径中，除反应原料不同，反应过程基本一致，即酸酰胺类化合物在强硝化剂的作用下，生成二硝酰胺酸。但二硝酰胺酸不稳定，容易分解成 HNO_3、NO 和 NO_2 等，掌握不好时机容易造成 ADN 得率低。

迄今为止，国内所采用的 ADN 合成路线大概有 4 种。

1）氨基丙腈法

以 β- 氨基丙腈和氯甲酸丙酯为原料，首先在强碱性介质中发生取代反应得到 N- 正丙酯基 -β- 氨基丙腈，然后再纯硝酸进行硝化，接着再利用硝酰四氟化硼进行二次硝化获得 N，N- 二硝基 -β- 氨基丙腈，最后再在低温下乙醚介质中通入氨气成盐得到 ADN。

2）丙烯腈法

以丙烯腈和氨水为原料合成二丙腈胺，然后在纯硝酸中进行硝化得到 N- 硝基 -β，β'- 二丙腈胺，接着成盐得到 N- 硝基 -β- 氨基丙腈钾，再接着低温下利用硝酰四氟化硼进行二次硝化，最后通入氨气成盐得到 ADN。

3）氨基甲酸乙酯法

以氨基甲酸乙酯为起始原料，经硝化、氨解获得 N- 硝基氨基甲酸乙酯的铵盐，进一步得到 N，N- 二硝基氨基甲酸乙酯中间体，然后其氨解获得 ADN。

4）氨基磺酸钾法

以氨基磺酸钾为原料，硝硫混酸作为硝化剂，低温硝化得到二硝酰胺酸，最后通入氨水中和成盐得到 ADN。

3. 非共价高能量密度材料

（1）含能离子盐

在含能离子盐方面，德国慕尼黑大学 Klapotke T. M. 教授课题组和美国爱达荷大学 Shreeve J. M. 教授课题组为代表的两大课题组，在含能离子盐的合成方面做了大量工作，合成了系列含能离子盐，发表了系列代表性工作。但两者又有细分，德国方面的离子盐创制更多是需求牵引，面向高能低感 RDX 替代物研制，重点开展三唑、四唑含能离子盐的设计与合成，合成了代表性的 TKX-50。美国课题组则更多是从学术方面追求能量和安全的极限，抢占未来发展高地。除此之外，美国空军科学研究局、BAE 美国霍尔斯顿兵工厂则重点开展有潜力作为 RDX 替代物的高能低感含能离子盐的工程放大、工艺优化与性能研究。

我国在含能离子盐的研究总体上与国外比肩。具体来说，在综合性能优良的离子盐研制方面，我国北京理工大学庞思平课题组几乎同时与德国 Klapotke T. M. 教授课题组独立开展了硝基四唑氮氧化合物的羟胺盐 HAONT 的合成与性能研究。庞思平课题组近期研制了 TATB 为基的含能离子盐，南京理工大学程广斌课题组开发了桥连内盐，中国工程物理研究院化工材料研究所张庆华课题组在开发了多呋咱含能离子盐，本领域不仅合成了系列的离子盐，而且在桥连离子盐、稠环离子盐、高能离子盐等未来高地的抢占中，均和国外团队不相上下。中国工程物理研究院化工材料研究所和兵器 204 研究所在 HATO、MAD-X1、CBNT 有潜力的离子盐性能评估与应用推广方面也同步做了大量工作，掌握了离子盐应用的瓶颈问题。

（2）含能共晶

共晶含能材料方面，自 2011 年美国率先报道首例 CL-20/TNT 共晶以来，俄罗斯、德国、英国、法国等相继开展了共晶炸药研究，其中美国在共晶炸药方面研究较为活跃。国外主要采用溶剂挥发、喷雾干燥和声共振等共结晶方法，目前制备获得 CL-20、BTF、TXTNB 和氮杂环等四大系列约 20 余种新型共晶炸药。国内，南京理工大学、北京理工大学、中北大学和中国工程物理研究院化工材料研究所等相关单位均开展了共晶炸药研究，其中中国工程物理研究院化工材料研究所李洪珍团队成功制备出 BTF、CL-20 和 TNB 等系列具有自主知识产权的双组分均为炸药的新型共晶炸药 35 种，约占国内外同行共晶数量的半数，且该团队具有自主知识产权的 CL-20/MTNP 共晶是目前唯一满足高能低感要求的三代共晶炸药，具有潜在广阔应用前景。

（二）亚稳态材料

1. 高张力键能释放材料

国外对于聚合一氧化碳的研究从 2005 年开始，美国科学家率先利用金刚石压砧（DAC）技术，完成了一氧化碳聚合物 p-CO 的合成和引爆实验。随后，德国和英国科学家利用第一性原理计算寻找 p-CO 在压力下的稳定结构，从能量稳定性方面得出 p-CO 形成的结构，并分析了它的熵、声子谱和电子结构。国际上进一步将研究目标拓展到一氧化碳与其他气体的混合气体体系中。德国科学家以比例为 25∶75 的 CO-He 混合气体为原料，采用金刚石压砧技术在 5.2GPa 下制备出 p-CO，并且发现在 6～7GPa 压力条件下，采用二氧化碳激光加热可使 p-CO 转变为白色固体。美国科学家发现氢气掺杂一氧化碳有可能提高常压回收 p-CO 的稳定性。氢气掺杂的 p-CO 为半透明红褐色固体，光谱分析发现样品含有羧基和醛基，这些实验结果表明氢气参与了 p-CO 晶格的形成。不同压力条件下合成出氢气掺杂 p-CO 样品的密度高达 2.3～3.6g/cm^3。美国科学家对 90∶10 和 95∶5 两种比例的氮气-一氧化碳混合气体进行了高压实验，发现在 16GPa、473nm 激光的照射下混合气体发生相变。随后，对多种比例的混合气体进行高压高温实验，发现 20GPa 时一氧化碳和氮气聚合形成一种无定型的聚合物，CO∶N$_2$=7∶3 的混合气体在 46GPa、1700K 的高压高温下聚合形成一个新相。从可见报道总体来看，目前国际上已合成微克级 p-CO，并将研究目标进一步拓展到一氧化碳与其他气体的混合气体体系中，探索改善 p-CO 合成条件和性质优化的途径。我国通过"十三五"的布局和前期支持，中国科学院物理所团队实现了 p-CO 高张力键能释放材料的极端条件研制和对常压回收样品的激光燃爆，我国成为继美国之后第二个掌握高张力键能释放材料相关核心技术的国家。

在聚合氮的制备方面，2004年，德国利用金刚石对顶砧高温高压实验技术率先合成出cg-N聚合结构。随后，美国、法国、德国等国家陆续制备出LP-N、HLP-N和BP-N聚合结构。我国在聚合氮制备技术方面发展迅速，"十二五"期间，吉林大学利用自主研发的高温高压制备技术，成功制备出cg-N聚合结构，填补了国内研究空白。

高氮材料是推动聚合氮应用的一条重要途径。法国、美国、德国科学家利用对顶砧激光加热技术，制备出了系列高氮材料。近几年，我国也成功制备出系列高氮材料，包括N_5环聚合结构、N_6环聚合结构、扶手椅聚合氮链以及二维层状聚合结构的新型高氮聚合材料。在CON聚合材料制备方面，美国科学家在45GPa和1700K温压条件下制备出束缚态的$P4_3$-CON_2聚合材料。国内，吉林大学成功制备出可常压截获的CON聚合材料。在宏量制备方面，德国成功制备出γ-P_3N_5富氮结构，并淬火至室温条件。我国204所和中国科学院合肥物质院相继报道了BP-N及流体金属氮的实验成果。

2. 金属氢

富氢分子体系因可能呈现金属氢的新奇物性也成为高压研究热点。2014年，实验室马琰铭教授课题组在世界上首次理论提出：自然界里广泛存在的硫化氢在100GPa压强下发生了金属化，转变为80K的高温超导材料，引领了后续德国马普所Eremets研究组针对硫化氢的高压实验研究工作，不仅验证了硫化氢超导体80K超导转变温度的理论预言，而且发现了另外一个全新的高温超导态三氢化硫。这一发现与实验室崔田教授团队的理论预言高度吻合。三氢化硫的发现是富氢材料高温超导体研究的一个标志性事件，创造了当时203K超导转变温度的新纪录，"重新点燃了室温超导体的百年梦想"，是"从头算超导电性的里程碑"，为探索常规高温超导体乃至室温超导体等重大科学问题提供了新思路和重要的例证，在世界范围内掀起了高压下富氢高温超导体的研究热潮。

3. 全氮材料

1999年，美国南加州大学K. O. Christe教授合成了"V"形的N_5^+离子，并陆续报道了几种N_5^+的盐类化合物，但始终没有合成离子型全氮化合物。

在cyclo-N_5^-的合成方面，国外研究历史悠久。1956年，国外开始切断研究；2002年，美国Christe教授通过电子轰击芳基五唑，在二级质谱中检测到cyclo-N_5^-碎片；2016年，Haas测得钝化钠还原法在-40℃的溶液中cyclo-N_5^-的一级质谱，但始终没有获得常温常压下稳定存在的cyclo-N_5^-离子固体化合物样品。通过文献报道来看，国内以南京理工大学为代表的单位对cyclo-N_5^-的研究领先于国外。

四、我国发展趋势与对策

能量富集材料作为陆、海、空、火箭等诸军种各类武器装备的动力之源和威力之源，在国防领域具有十分重要的战略性基础地位。因此，能量富集与创制技术的发展对我国现代军事工业的发展起着举足轻重的作用。通过对前期工作的汇总归纳，总结了以下的发展趋势和发展策略。

（一）分子内氧化还原储能

HMX 是 21 世纪受到重视的爆炸化合物，长期以来，国内外研制了合成 HMX 的各种方法，其中醋酐法是现今唯一实现工业化的方法，而对于醋酐法的改进工艺和非醋酐法工艺尚不十分成熟，因此需要在之前的各种合成方法中，继续探索一种工业制备 HMX 的最优路线，降低成本，减少污染。在新开发的 HMX 制备方法中，采用连续微化反应器生产技术实现 DPT 的高产能高效率制备，以乌洛托品为基的 DADN 法实现更低成本的 HMX 有望成为新一代的工业生产模式。此外，HMX 作为单质炸药，其安全性也成为限制其应用的一方面，采用溶解－非溶剂流射重结晶技术有望实现钝感 HMX 制备，该种后处理方法同 HMX 生产线组成连续生产链，为解决 HMX 的晶型转化及晶貌粒度控制提供了可行方法。

各国围绕 CL-20 的合成与制造开展了大量工作，实现了 CL-20 的工程化制造，逐步降低了 CL-20 的制造成本，相关研究也促进了笼型化合物研究，但与传统含能化合物 RDX、HMX 等相比，CL-20 的制造成本仍然偏高。综合目前 CL-20 传统合成工艺和新合成工艺的研究情况，得到以下结论：①传统的 CL-20 工艺比较成熟，但是合成路线原子经济性低，反应路线较长，所以发展重点在于结合相关实验优化工艺，开展新型工艺开发，对现有工程化工艺进行数字化改造。②新 CL-20 合成方法中存在新型异伍兹烷前体合成及其硝化产率都很低、副反应多、异伍兹烷笼型立体结构易破裂等问题，应坚持探索原子经济性高的 CL-20 合成工艺路线。③研究环境友好型清洁硝化新工艺是 CL-20 可持续发展道路的必然趋势，筛选适用于 CL-20 制备的绿色硝化体系，探究耐酸催化剂的制备并研究其多次循环利用，最终指导高纯度，高产率制备 CL-20。④发展先进的结晶过程控制技术，结合含能化合物晶体工程的先进理论和方法，为 CL-20 晶体的理性设计和精准结晶提供指导。⑤开发 CL-20 基高能低感共晶材料，从 CL-20 晶体结构的角度出发，结合 CL-20 的分子结构和物化性能特点，将人工智能与晶体数据库结合，在结晶热力学和动力学的基础上，辅助以计算机计算，建立一套客体分子与 CL-20 形成共晶的基本准则；利用统计学相关理论，借助主－客体含能材料的合成策略。

DNTF、HATO、ADN 等键能富集及代表性富氮材料在武器装备中具有巨大的应用前景，一旦装备部队，有望实现武器系统毁伤威力、投送能力的大幅提升。为了实现武器应用，需要一方面解决规模化制造问题，另一方面解决产品品质控制问题。

从技术上来说，主要的发展趋势有：①工艺技术不断向低成本、本质安全、连续化方向发展。②制造技术不断向无人化、自动化、数字化方向发展。③产品品质向多粒度规格、球形化、防吸湿、钝感化方向发展。

所采取的主要发展策略有：①加强顶层规划，围绕核心材料，制定发展路线图，分阶段推进实施。②鼓励原始创新，从反应原理上提出原创性的合成路线，不断提高原子经济性、本质安全性和工艺可靠性。③重点支持工艺革新，针对材料工艺特点发展适用的连续化制造工艺及专用设备，提高制造过程的自动化、数字化水平。④组建联合创新团队，跨专业、多角度、协同解决材料应用中存在的产品品质问题，合作推进键能富集及富氮材料在火炸药及武器装备中的高质量应用。

（二）非共价型高能量密度材料

含能离子盐的研究经过近20年的发展，通过不同的策略合成了大量新型含能材料，目前已基本掌握了离子盐的结构与性能关系，充分掌握了其长处和短处，新型离子盐的合成目前已过高峰期。未来几年，应加强性能评估与应用基础研究。首先，现阶段应加强筛选出高能低感综合性能优良的离子盐，开展合成工艺放大与应用基础研究。其次，离子盐爆轰性能大多通过计算获得，从为数不多已实测的结果来看，基于现有计算方法获得能量数据普遍偏高，应结合离子结构的特点对现有计算方法进行修正，应用实测结果进行校准迭代，提高计算结果的准确度。最后，离子盐的热分解温度普遍不高，做功能力也低于预期，但其产物满足推进剂的特点，重点加强在推进剂领域的应用基础研究。

共晶技术在含能材料领域的研究尚处于探索阶段，还停留在实验探索和模拟摸索层面，且研究非常零散和随机，共晶含能材料设计、制备和应用研究依然存在许多突出问题亟待解决，主要问题如下：共晶含能材料设计缺乏科学的理论设计方法体系；共晶含能材料制备方法单一，产率低，工艺难以放大制备；共晶含能材料结构表征手段单一，性能评估有限，实际应用困难。鉴于共晶含能材料发展面临的问题，建议在以下方面进行大量基础性和系统性的研究工作：共晶含能材料理论设计与人工智能相结合；共晶含能材料制备与高通量、连续化结晶等技术相结合；共晶含能材料表征评估与先进微量表征技术相结合。

（三）亚稳态材料

高张力键能释放材料方面，针对p-CO高张力键能释放材料的研制和表征需求，需要发展p-CO的制备新技术，完成材料的基础物理和能量性能表征技术研究，明确其未来的应用方向。针对聚合氮，需要发展聚合氮温和条件制备、稳定化及制备新技术，降低聚合氮合成条件、提高其稳定性，探索可常压截获的新型聚合氮结构及其宏观量制备途径。

金属氢研究方面，需开展新型富氢化合物超导体的结构设计和物性测量的系统性研究，发展金刚石砧面的精密加工技术，实现超高压强下的电输运测量，并与高温、低温、超快、强磁场等极端实验条件相结合，突破现有富氢超导体制备和超高压原位物性表征的技术。

全氮化合物方面，目前已有的能够稳定存在的氮源中，cyclo-N_5^- 比 N_3^- 高能，比 N_5^+ 稳定，是合成全氮的最佳氮源。以 cyclo-N_5^- 为基础开发共价型或离子型全氮化合物是全氮材料未来 5 年的重要发展方向。高压法合成全氮有很多优势，但亟须解决卸压后产品的稳定问题。

参考文献

[1] 贾会平，欧育湘，陈博仁. 六硝基六氮杂异伍兹烷的研究进展（1）六硝基六氮杂异伍兹烷的合成［J］. 含能材料，1997，5（4）：145-152.

[2] 欧育湘. 炸药学［M］. 北京：北京理工大学出版社，2006.

[3] 杨宗伟，李洪珍，刘渝，等. 共晶含能材料的研究进展及发展展望［J］. 中国材料进展，2022，41（2）：81-91.

[4] Choi C S, Boutin H P. A study of the crystal structure of β-cy-clotetramethylene tetranitramine by neutron diffraction［J］. Acta Crystallographica，1970，26（9）：1235-1240.

[5] Choong-Shik Yoo. High energy density extended solids［J］. AIP Conference Proceedings，2009，1195（1）：11-17.

[6] Choong-Shik Yoo, Minseob Kim, Jinkyuk Lim, et al. Copolymerization of CO and N_2 to extended CON_2 framework solid at high pressures［J］. The Journal of Physical Chemistry C，2018，122（24）：13054-13060.

[7] Chunye Zhu, Qian Li, Yuanyuan Zhou, et al. Exploring High-Pressure Structures of N_2CO［J］. J Phys Chem C，2014，118（47）：27252-27257.

[8] D Laniel, G Geneste, G weck, et al. Hexagonal layered polymeric nitrogen phase synthesized near 250GPa［J］. Phys Rev Lett，2019（122）：066001.

[9] Dane Tomasino, Minseob Kin, Jesse Smith, et al. Pressure-induced symmetry-lowering transition in dense nitrogen to layered polymeric nitrogen (LP-N) with colossal raman intensity［J］. Phys Rev Lett，2004（113）：205502.

[10] Dominique Laniel, Bjoern Winkler, Timofey Fedotenko, et al. High-Pressure Polymeric Nitrogen Allotrope with the Black Phosphorus Structure［J］. Phys Rev Lett，2020，124（21）：216001.

[11] Fischer N, Fischer D, Klapotke T M, et al. Pushing the limits of energetic materials - the synthesis and characterization of dihydroxylammonium 5，5'-bistetrazole-1，1'-diolate［J］. The Royal Society of Chemistry，2012（38）.

[12] H Gao, Q Zhang and J M Shreeve. Fused Heterocycle-Based Energetic Materials（2012-2019）［J］. Journal of Materials Chemistry A，2020，8（8）.

[13] Kai L, Hubert H, Jürgen S, et al. High-Pressure Synthesis of γ-P_3N_5 at 11GPa and 1500℃ in a Multianvil Assembly: A Binary Phosphorus（V）Nitride with a Three-Dimensional Network Structure from PN_4 Tetrahedra and Tetragonal PN_5 Pyramids［J］. Angewandte Chemie International Edition，2001，40（14）：2643-2645.

[14] Klapotke T M. Chemistry of high-energy materials［M］. Berlin：Walter de Gruyter GmbH & Co KG，2022.

[15] M I Eremets, A G Gavriliuk, I A Trojan, et al. Boehler, Single bonded cubic form of nitrogen［J］. Nature Mater，2004（3）：558-563.

[16] Magnus J Lipp, William J Evans, Bruce J Baer, et al. High-energy-density extended CO solid［J］. Nature

Materials, 2005 (4): 211-215.

[17] Mikhail I Eremets, Alexander G Gavriliuk, Ivan A Trojan, et al. Single-bonded cubic form of nitrogen [J]. Nature materials, 2004 (3): 558-563.

[18] Nielsen A T, Chafin A P, Christian S L, et al. Synthesis of poly-azapolycyclic caged polynitramines [J]. Tetrahedron, 1998, 54 (39): 11793-11812.

[19] Yang Z W, Wang H J, Zhang J C, et al. Rapid Cocrystallization by Exploiting Differential Solubility: An Efficient and Scalable Process toward Easily Fabricating Energetic Cocrystals [J]. Crystal Growth & Design, 2020, 20 (4): 2129-2134.

[20] Young-Jay Ryu, Choong-Shik Yoo, Minseob Kim, et al. Hydrogen-doped polymeric carbon monoxide at high pressure [J]. J Phys Chem C, 2017, 121 (18): 10078-10086.

撰稿人： 庞思平　靳常青　吕　龙　葛忠学　曾　丹　黄　辉　刘冰冰　孙成辉
　　　　 张文瑾　陆　明　毕富强　田均均　张　俊　冯少敏　姚　震　姜树清
　　　　 王鹏程　许元刚

能量释放与控制技术

一、引言

　　火炸药作为特种能源，在工程实践中因作用功能、能量释放方式的不同，可划分为高能炸药、推进剂和发射药等，对人类社会的发展起到了划时代的推动作用。火炸药作为特殊的化学能源，其燃烧或爆轰的化学反应能在隔绝大气的条件下迅速释放出能量和工质（气体）做功，反应过程具有可控性，是创建先进武器系统的能量基础。

　　火炸药在热力学上是一种相对稳定的化学体系。在通常温度条件下，火炸药内部总是存在化学反应，由于反应速度极其缓慢不易被人们觉察。在不同环境下，火炸药能以不同的形式发生化学变化，且其性质及形式可能有很大的差别。按照发生化学变化的速度及其传播的性质，火炸药化学变化过程具有3种形式，即缓慢化学反应、燃烧及爆轰。

　　火炸药在常温下以缓慢速度进行分解反应。这种分解反应是在整个物质内部进行的，反应速度主要取决于当时环境的温度。温度升高，反应速度加快，服从于阿伦尼乌斯定律。例如，TNT炸药在常温下的分解速度极小，很难觉察，然而当环境温度增高到数百摄氏度时，甚至可以立即发生爆炸。

　　燃烧是指可燃物与氧化剂作用发生的放热反应，通常伴有火焰、发光和发烟的现象。燃烧过程具有两个特征：一是有新的物质产生，即燃烧是化学反应；二是伴随着发光放热现象。

　　爆炸是指物质从一种状态经过物理变化或化学变化，突然变成另一种状态，并放出巨大的能量，同时产生光和热或机械功的现象。爆炸是物质的一种急剧的物理、化学变化，在变化过程中伴有物质所含能量的快速释放，释放出的热量变为对物质本身变化、产物或周围介质的压缩能或运动能，爆炸时压力急剧增高。爆炸过程具有两个特征：一是爆炸的内部特征，物质爆炸时，大量能量在有限体积内突然释放或急剧转化，并在极短时间内在有限体积中积聚，造成高温高压，对邻近介质形成急剧的压力突跃和随后的复杂运动；二是爆炸的外部特征，爆炸介质在压力作用下，表现出不寻常的移动或机械破坏效应以及介质受震动而产生的声响效应。爆轰是以冲击波为特征，传播速度大于未反应物质中声速的化学反应过程。爆炸和爆轰在基本特性上没有本质差别，只是在传播速度上，前者是可变的，称为爆炸，也称为不稳定爆轰，后者是恒定的，称为爆轰，也称为恒速爆轰或者稳定爆轰。

燃烧和爆轰与缓慢化学变化的主要区别就在于燃烧和爆轰不是在全体物质内发生的，而是在某一局部，以化学反应波的形式按一定的速度一层一层地自动进行传播。需要强调指出，火炸药化学变化过程的3种形式（缓慢化学反应、燃烧和爆轰）在性质上虽说各不相同，但它们之间却有着紧密的内在联系。缓慢分解在一定的条件下可以转变为燃烧，而燃烧在一定的条件下又能转变为爆轰。在本书中，如无特殊说明，均只涉及燃烧和爆轰这两种形式的能量释放与控制。燃烧和爆轰是性质不同的变化过程，基本区别为以下4个方面。

传播机理方面，燃烧反应区的能量是通过热传导、热辐射及燃烧产物的扩散作用传入未反应火炸药。而爆轰的传播是借助于冲击波对火炸药的强烈冲击压缩作用进行的。

传播速度方面，燃烧通常为每秒数毫米到每秒数米，最大的也只要每秒数百米（如黑火药的最大燃烧传播速度约为400m/s），即比原始火炸药内的声速要低得多。相反，爆轰过程的传播速度则是大于原始火炸药的声速，速度一般高达每秒数千米，如注装TNT爆轰速度约为6900m/s（$\rho_0=1.60\text{g/cm}^3$），在结晶密度下RDX的爆轰速度高达8800m/s左右。

反应压力方面，燃烧过程中燃烧反应区内产物质点运动方向与燃烧波面的传播方向相反，因此燃烧波面内的压力较低。而爆轰时，爆轰反应区内产物质点运动方向与爆轰波传播方向相同，爆轰波阵面上的压力高达数十吉帕。

受外界影响方面，燃烧过程的传播容易受外界的影响，特别是受环境压力的影响。如在大气压中燃烧进行得很慢，但若将火炸药放在密闭或半密闭容器中，燃烧过程的速度急剧加快。此时燃烧所形成的气体产物能够做抛射功，火炮发射弹丸正是对火炸药燃烧的这一特性的利用。而爆轰过程的传播速度极快，几乎不受外界条件的影响，对于一定的炸药装药来说，爆轰速度是一个固定的常数。

理解与掌握火炸药燃烧与爆轰理论，是指导火炸药配方设计及其性能提升的基础和关键。

二、我国发展现状

（一）燃烧释能

1. 点火引燃释能控制技术

（1）点火药引燃技术

点火药引燃是目前工程化应用最为广泛的一类点火引燃技术，其是在外界初始激励作用下，通过快速燃烧化学反应释放出大量的热、气体和灼热的固体残渣，进而引燃其他含能材料。根据点传火过程的不同，点火机理分为固相热点火、气相点火与非均相点火3种理论。

根据主装药的点火性能要求不同，国内对点火药的基础特性与应用开展了大量研究。其中，黑火药是武器军用与民用烟花中最为典型且常用的点火药，而其他用于钝感或难以点火推进剂的高能点火药主要包括硼/硝酸钾（B/KNO$_3$）、镁/聚四氟乙烯（Mg/PTFE）、硅/四氧化三铅（Si/Pb$_3$O$_4$）和钛/高氯酸钾（Ti/KClO$_4$）等混合药剂。南京理工大学的邓寒玉等研究了真空环境下黑火药对固体火箭发动机的点火性能，其将阵列式固体火箭发动机放置于真空罐中，测试获取了不同点火位置和黑火药质量下的点火压力曲线和羽流情况。北京理工大学的焦清介等探究了铝锰合金点火药的燃烧性能与安定性，其将金属粉的活化能作为点火性能判据，结果表明，铝锰合金粉活化能比相同粒度铝粉低14.4kJ/mol，即前者更易着火；与锰粉点火药相比，铝锰合金点火药的燃烧峰压、增压速率和平均质量燃速更高，即该种点火药的性能最为优异。

（2）光能点火技术

根据辐射类型不同，目前含能材料的光能激发方法包括激光点火和聚光点火。激光点火是应用发展潜力巨大的一类含能材料点火引燃方法，具有点火温度高、升温速率快、点火时间和能量可控、抗干扰能力强和安全性高等特点。

激光点火是将受激辐射放大的激光能量作为点源或者线性源作用在固体颗粒表面，以平移、转动或者振动等单一或多种方式增加颗粒表面的动力学能量，从而使颗粒中的分子键断裂或发生化学反应，进而引发着火燃烧的一种技术手段。

聚光点火是将功率较大或瞬时功率极强的氙气灯等光源作为点火热源，同时通过光的几何特性进行传输和聚焦，进而实现固体含能材料着火引燃的一种技术手段，因而也被称为光热点火或氙灯点火。该类技术具有可调节光路、点火温度高、直流供电安全可靠与结构简单的特点，适合对高压密闭燃烧室内固体燃料颗粒的持续加热。

国内对激光点火与聚光点火等光能激发导致的含能材料点火主要关注光能辐射所产生的光热效应对不同含能材料点火燃烧特性的影响。西安近代化学研究所的赵凤起等研究了两种金属有机骨架材料（MOFs）对单质含能材料CL-20的激光点火和火焰传播特征，结果发现这两种MOFs可以有效降低CL-20点火功率阈值和点火延迟时间，并且火焰变得更为明亮。西安近代化学研究所的王晓峰等研究了含能材料HATO在聚光作用下的点火反应特性，结果发现HATO整个燃烧反应持续时间约为5.5s，经历热解、点火燃烧与反应结束3个阶段；HATO在点火燃烧阶段直接由固相转变为气相，并且发出耀眼的橘黄色亮光，这与传统含能材料RDX和AP等在热解阶段所发生固液熔融相变存在明显区别。国防科技大学的夏智勋等采用球型短弧氙灯点火加热系统对硼颗粒、镁颗粒和凝胶液滴等颗粒堆和大粒径单液滴开展了点火与燃烧过程的实验与机理研究，所采用的氙灯光束聚焦后可形成 30mm 光斑且升温速率可达到 500K/s,并建立了考虑斯蒂芬流及聚光点火的一维硼颗粒点火模型和考虑氧化层受力平衡及 CO_2 气氛的镁颗粒点火模型。

（3）微波点火技术

目前,可实现含能材料电磁波激发的点火引燃方法主要是通过频率 300MHz～300GHz 且波长 1mm～1m 的微波实现对含能材料的点火加热,并根据不同材料对微波所具有的透射、反射与吸收等选择性作用,使物质内部或表面升温进而实现点火燃烧的技术手段。微波点火主要利用微波的热效应、穿透性和选择性加热等特性对固体含能材料进行升温点火,该类技术具有加热效率高、高度定向加热、整体性加热和选择性加热等优异特性。

国内在微波点火方面逐步开展了装置研发并将该方法应用于含能材料。电子科技大学的岳亚楠和涂兆正等分别对含能材料的微波点火技术开展了研发工作,前者考虑到黑火药的介电常数较低即吸波性能较差,因而设计微波腔体内小锥台结构,进而有效增强电场强度并降低腔体击穿阈值,后者基于微波的同轴谐振原理设计了三款用于点火的腔体结构,分别为无探针、单探针和多探针结构,以满足整体加热、单点点火和多点点火的需求。

（4）高压冲击波点火技术

高压冲击波激发是基于高压冲击波产生的冲击点火效应实现对含能材料点火阶段的释能控制。高压冲击波激发主要通过激波管装置进行研究,因而亦称为激波点火、激波管点火或冲击波点火,其采用激波管装置通过高压气体膨胀做功方式,通过入射激波和反射激波对反应介质进行均匀非等熵压缩,使含能材料在瞬间受到高温高压气体冲击进而发生点火引燃。

高压冲击波点火是研究以含能材料为主的固体燃料颗粒在冲击波和爆轰过程中能量传递及点火燃烧特性的一类重要技术手段,其特点是具有超快加热速率,通常可达到 $10^6 \sim 10^9$ K/s,非常适合对云团悬浮状态的颗粒、雾滴与气溶胶进行点火引燃,可用于探究云爆弹的燃烧传递、粉末冲压发动机喷管处燃烧以及再入飞行器的材料热蚀特性等军事和航天领域。

目前,高压冲击波点火在含能材料基础研究方面已有较多报道。重庆大学的梁金虎等基于激波管对不同粒径铝粉在不同氧化氛围中的点火燃烧特性进行了研究,其采用的铝粉粒径为 50nm、200nm 和 6μm,所采用的氧化氛围为 O_2、CO_2 和 H_2O。结果表明,3 种气氛下 50nm 和 200nm 铝颗粒以及 O_2 气氛下 6μm 铝颗粒的点火燃烧属于动力学控制过程,而 6μm 铝颗粒在 CO_2 和 H_2O 气氛下的点火燃烧属于扩散控制过程。天津大学的邹吉军等采用雾化激波管探究了添加纳米铝颗粒的高密度悬浮燃料的点火燃烧性能。实验结果表明,添加 5% 纳米铝颗粒后可使 HD-01 和四环庚烷两种高密度液体碳氢燃料的点火延迟时间缩短 50%,并使燃烧火焰更加明亮且实验后激波管内无固体沉积。

2. 燃烧能量转化机制

铝粉在推进剂中既能提高能量、稳定燃烧,又能调节燃烧性能,对于铝粉的改性及燃烧行为引起各国的普遍重视。采用先氧化后还原热处理方法制备了多层石墨烯，结合高能球磨法制备了 Al-C、Al-B 和 Al-B-C 3 种复合材料，对其燃烧性能进行了研究。结果表明：①多层还原氧化石墨烯的比表面积为 85.8m²/g，孔径介于 15～200nm，对调节 Al 的燃烧性能起到了积极影响。②采用高能球磨法制备的 Al-C 复合材料具有包覆结构，随着热处理温度的升高，纳米尺寸的 Al 颗粒发生熔融并逐渐长大，在碳层边缘聚集并逐渐覆盖在碳表面形成连续结构。经 600℃和 700℃热处理的 Al 包覆多层石墨烯复合材料的燃烧热值最高。所有材料的点火延迟时间均随点火功率的增加而降低；在相同功率下点火延迟时间随材料热处理温度的升高而增加。③在 Al-B 复合材料中，燃结温度的上升使得材料中 AlB_2 合金的含量增加，球磨使得复合材料中 Al、B 元素的分布更加均匀。未经过热处理的复合材料的燃烧热值最高，经过 750℃热处理后的复合材料拥有较低的点火延迟时间。④在 Al-B 复合材料中，随着热处理温度的上升，材料中 AlB_2 合金的比例也越来越高，随复合材料中 B 质量分数的增加，碳被越来越多的 B 粉所包围。在同一组分比例的 Al-B-C 复合材料中，在 600℃和 700℃热处理的材料具有最高的燃烧热值。在对比 B 质量分数为 5% 和 20% 复合材料的点火延迟时间可以发现，B 质量分数为 20% 的复合材料具有较小的点火延迟时间。

HNF［硝仿肼，$N_2H_4C(NO_2)_3$］很有希望替代高氯酸铵作为推进剂配方氧化剂使用。纯 HNF 是密度为 1.86g/cm³、熔点为 124℃的针状晶体，其室温下的热扩散率为 1.63×10^{-3} cm²/s。HNF 分解实验检测到其初始分解的主要产物为 NO_2，并假设 NO_2 与 HNF 再次反应产生 NO_2。用热电偶测量显示，燃烧波中有 3 个区：首先温度升到 120℃，然后在 120～260℃温度范围内出现泡沫区，随后在 260℃以上气化。在快速加热（T-Jump 技术）下的热分解显示，低于 260℃的第一阶段，HNF 吸热降解为肼和硝仿，随温度增加只测到有 H_2、H_2O、N_2、NO 和 CO_2 等小分子。纯 HNF 的燃速比较快，在 10atm 下约为 6.5mm/s，在 70atm 下约为 30mm/s，燃速压强指数约为 0.83，燃速温度敏感度系数约为 $0.0012K^{-1}$。燃速的详细测量显示，在中等压强范围内与压强间的依赖关系（斜率）在 20atm 附近突变，压强指数由低压时 0.95 变为高压下 0.85。燃烧表面温度随压强增大而升高，在常压时为 530K，在 10atm 时约达到 675K。Ermolin 等报道了 HNF 火焰结构的理论模拟结果。基于 HNF 热分解和燃烧文献的分析，得出了 HNF 释放出蒸气的路线：$HNF_{liq} \rightarrow (N_2H_4)_g$ + $[CH(NO_2)_3]_g$。火焰结构使用了 47 个物种和 283 个基元反应，进行了详细化学反应动力学机理模拟。它是由水合肼 $(N_2H_4)_g$ 的分解机理和三硝基甲烷［$CH(NO_2)_3]_g$（三硝基甲烷，NF_g）的分解机理组成，后者来自燃烧表面的蒸发。该模拟涉及了 NF_g 的不同分解途径，其中包括 $(NO_2)_2$、HCNO、和 $HC(O)NO_2$ 自由基。利用燃烧表面处的产物组分，计算了 HNF 在 0.4atm、1atm 和 5atm 压强下的火焰结构，燃烧表面处的产物是由凝聚相反应进一步发展的，并与 HNF 的化学组成及生成焓一致（即遵循质量守恒和能量守恒原则）。计算可知，硝仿和肼（部分和氨）的气相反应放热导致邻近燃面火焰区温度升高，其值可将表面温度升高到1300K。火焰温度的增加，与混合气体组分 $H_2O/N_2/N_2O/NH_3/NO/NO_2/HNO_2/CO/CO_2/HCNO/HCN$ 的反应有关。对比HNF火焰的热结构和化学结构的试验数据和计算数据发现，在HNF火焰化学反应机理方面，需要持续开展理论和实验研究。为应对中间产物参数，需进行广泛的量子化学计算，获得不同压强下温度和浓度分布的可靠实验数据。

ADN是另一种可用于固体推进剂中，具有良好发展前途的无氯、绿色高能氧化剂，其密度为 $1.82g/cm^3$，熔点为92℃。纯ADN在70atm下的燃烧温度适中，可达到2060K。实验研究表明，纯ADN在2~20atm和高于100atm压强范围内均可稳定燃烧，在压强低于2atm时，混有0.2%石蜡的ADN才能稳定燃烧，但从严格意义上讲，纯净的、不含任何杂质的ADN并不存在。纯ADN若要在环境压强下维持稳定燃烧，必须将预压制的ADN试样加热到100℃以上，但国外学者研究发现，在常压条件下，预压制的ADN试样在25℃初温下仍可维持稳定燃烧。这种不同ADN样品燃烧特性间的差异，可能是由于不同ADN样品的纯度不同所引起。在燃速相对较高时，测定试样燃烧表面温度非常困难。因此，大部分文献报道的ADN样品燃面温度实验数据，均是一些低压、低燃速条件下的温度数据。例如，文献报道的ADN样品在2atm和5atm下的燃烧表面温度（T_s）分别约为320℃和380℃；文献报道的ADN样品在3atm下的燃烧表面温度为400℃。Brill等采用铂丝以2000K/s的升温速率将ADN薄膜加热到260℃并恒温，发现ADN在分解初始阶段即产生 NH_3、HNO_3 和 N_2O，而且红外测定结果表明，这些物质的含量还很高。然而，这一反应总体表现为轻微的吸热反应，无法统计其放热量。因此，他们假设，在快速热裂解条件下，ADN从表面熔化层中汽化并生成 NH_3 和 $HN(NO_2)_2$ 的过程占主要地位，随后，NH_3 和 NO_2 在泡沫层或接近燃烧表面的气相层发生反应，且放出大量热。此外，国外学者分别利用理论和实验提出并证实了ADN的热分解过程，即在高温条件下，ADN首先发生汽化，随后是气相分解而产生 NH_3 和 $HN(NO_2)_2$ 的过程，该实验过程是以金属丝（加热速率90K/s）或静电火花加热（加热时间为0.01s）方式加热微量（$10^{-4}g$）ADN样品来实现的。ADN分解产物通过飞行时间质谱来测定。研究结果表明，在接近真空条件下，ADN分解产物的质谱结果与常压或近常压条件下的质谱结果明显不同，这主要是由于ADN气体和其气相分解产物在真空室壁的吸附所引起。在实验压强为1~6torr时，与其他铵盐有所不同，ADN是以一个完整分子的形式汽化为气相分子，随后是更高气相温度下ADN气相分子分解反应生成 NH_3 和 $HN(NO_2)_2$ 的过程。该研究还表明，当压强升高（1~6atm）时，ADN分解产生氨和二硝酰胺酸（HD）的过程，首先还是ADN从表面熔化层中汽化形成气相ADN分子的过程。在1~6atm条件下，ADN的燃烧波结构采用分子束质谱及微型热电偶测温技术测得。研究发现，其燃烧波存在3个区，压强为1~3atm时，没有观察到其发光火焰区，ADN汽化形成气相ADN分子并发生分解产生 NH_3 和HD后，在接近燃烧表面处发生HD的放热分解反应，该反应可使燃烧表面附近区域的温度升高约 150K；压强为 3atm 时，通过飞行时间质谱可以获得 ADN 试样燃烧过程中燃烧表面区附近到燃烧表面产物的质谱峰，其燃烧产物的质谱峰（质谱峰对应的物质列于峰值后的括号中）分别为：63（HNO^{3+}）、62（NH_2NO^{2+}、NO^{3+}）、47（HNO^{2+}）、46（NO^{2+}）、45（HN_2O^+）、44（N_2O^+）、30（NO^+）、29（N_2H^+）、28（N_2^+）、18（H_2O^+）、17（NH^{3+}、OH^+）；压强为 6atm 时，距离 ADN 燃烧表面 6～8mm 处可观测到另一个高温区，该区的主要反应为氨与硝酸的氧化反应，燃烧温度为 1400K；压强为 40atm 时，存在第三个高温区，其测量的最终温度约为 2000K。假设在表面熔化层中，ADN 分解形成凝聚相的硝酸铵和 N_2O 气体。在低压条件下，表层气泡破裂形成含有 ADN 和硝酸铵的凝聚相喷射液滴。随着压强增加，凝聚相中 ADN 的含量明显增加。燃烧表面温度主要由硝酸铵的离解控制。第二个火焰区的温度（1000～1200℃）主要由氨氧化控制。当压强达到 10MPa 以上时，在第三个火焰区发现存在部分未反应的 N_2O 的分解。ADN 在 20～100atm 产生的不稳定燃烧现象，主要由于固相反应的放热增加使得亚表面熔化层过热而形成不稳定燃烧现象。在更高压强下（100atm），气相化学反应在 ADN 的燃烧过程中可能会占据主导作用而影响燃烧。

高氯酸铵（AP）是复合推进剂、改性双基推进剂和 NEPE 推进剂最常用的氯化剂，研究 AP 的燃速 – 压强关系，以及 AP 在不同压强范围燃烧过程中燃烧表面层的精细结构对揭示 AP 的燃烧机理至关重要。大量 AP 在高温区（$T > 380℃$）和低温区（$T < 300℃$）的热分解机理研究结果表明，AP 的燃速 – 压强关系虽然在一定条件下可以用一个简单的燃速公式来表示，但 AP 的固相分解机理却不能对所有的实验结果做出很好解释。大量的研究结果表明，AP 不仅存在高温固相分解过程，还存在低温分解及升华过程。在 AP 的低温分解及升华过程中，AP 在固相中首先发生解离生成氨和高氯酸，随后氨和高氯酸又继续发生汽化，进入气相并发生氧化还原反应而放出大量热。

国外学者提出，AP 燃烧过程的燃速受凝聚相反应速率控制是一种过于理想的过程，燃速的计算结果与实验结果并不完全相符，还存在较大的偏差。之后，Manelis 等提出了更为完善的 AP 燃烧反应机理：

$$\begin{array}{c}
(\text{气相分解产物}) \\
\uparrow_2 \quad \uparrow_3 \\
(NH_4ClO_4)_c \xrightarrow{1} (NH_3 + HClO_4)_c \\
\downarrow_4 \quad \downarrow_5 \\
(NH_3)_g \ (+HClO_4)_g \\
\downarrow_6 \quad \downarrow_7 \\
(\text{气相分解产物})
\end{array} \quad (1)$$

从式（1）所描述的 AP 分解反应过程可以看出，过程 1 为反应物 AP 的初始低温分解过程；过程 2 和 3 为 AP 初始低温分解产物的凝聚相分解过程；过程 4 和 5 为 AP 初始低温分解产物的升华过程；过程 6 和 7 为气态 NH_3 和 $HClO_4$ 的气相分解反应。其中，c 和 g 分别表示凝聚相和气相。

从数学角度看，NH_3 和 $HClO_4$ 在反应物中的溶解能力可通过平衡速率常数 $K_1=[NH_3]_c[HClO_4]_c$ 来表征，而且，在溶解和升华之间还存在一个质量守恒方程。国外学者对 AP 的燃烧稳定性进行了系统研究。结果表明，由于升华热（L）存在温度依赖性，因此随着初始温度升高，其燃烧稳定性增加。而且，在 AP 的燃烧压强范围内，还可能存在燃烧不稳定的中间区。在此燃烧压强区，其燃烧不稳定，当在此燃烧压强范围之外，其燃烧过程为稳态燃烧。采用计算模型获得这一不稳定燃烧区的计算结果，与许多高氯酸的有机胺化物实验结果定性规律相符。值得注意的是，尽管最近几十年在 AP 的燃烧方面开展了大量的研究工作，但仍然没有一个详尽的机理可以对 AP 分解燃烧过程进行系统阐述，特别是在考虑 AP 的固相反应的情况下，其反应机理更为复杂。此外，为了描述上述 AP 总的燃烧反应机理，一些更为复杂的燃烧反应机理逐渐引入 AP 的燃烧反应模型中。

3. 燃烧能量转化及调控

对于复合推进剂和复合改性双基推进剂，氧化剂的粒度及其分布对其燃烧特性有很大影响。通过捏合浇铸工艺制备了含不同粒度 CL-20（14μm、115μm）的 GAP/AP/Al 高能推进剂，并研究了 CL-20 粒度对 GAP/AP/Al 高能推进剂燃烧性能的影响。结果表明：①在 GAP/AP/Al 高能推进剂中加入质量分数 25% 的 CL-20，含粗粒度 CL-20（d_{50}=115μm）的推进剂燃速值在 2~18MPa 均高于含细粒度 CL-20（d_{50}=14μm）的推进剂，相应的压强指数也高；7~18MPa 压强区间燃速高约 7%~37%，2~10MPa 压强区间压强指数分别为 0.52 和 0.46。② GAP/AP/Al 推进剂燃烧波温度分布研究表明，粗粒度 CL-20 使推进剂燃烧过程中凝聚相反应区温度攀升速率较细粒度 CL-20 更快，因而其燃速更高。③ GAP/AP/Al 推进剂中，粗粒度 CL-20 较细粒度 CL-20 提前进行部分分解，分解产物除催化自身分解反应外，还促进了 AP 的分解，使得含粗粒度 CL-20 的推进剂样品凝聚相分解反应更快，因而燃速更高。

表面包覆改性是改善铝粉点火性能的重要策略。基于铝-镍金属间放热反应等机制，Al@Ni 核壳燃料的点火温度比微米铝粉更低，而点火温度被视为铝基燃料在推进剂中燃烧效率的关键影响因素之一。为评估 Al@Ni 作为推进剂燃料的潜力，研究团队首次将 Al@Ni 核壳燃料替代微米铝粉应用于 HMX-CMDB 推进剂。含有核壳燃料的推进剂配方中，铝的燃烧效率大幅提升。同时，凝聚相燃烧产物平均粒径远低于含微米铝粉的推进剂，有助于减小二相流损失。研究人员进一步探究了核壳燃料在推进剂中的燃烧机制。基于燃烧波温度分布和熄火表面的精确表征，分析获得了铝基核壳燃料点火提前的原因：镍壳的存在破坏了氧化膜的完整性，加快了氧化性物质向铝核扩散的速度，增强了铝的氧化反应。基于高速摄影和凝聚相燃烧产物分析，剖析了铝基核壳燃料燃烧强化的机制：铝－镍金属间化合物促进了燃料的熔融分散和氧化放热，提高了推进剂的火焰温度，燃料形成铝蒸气并高效率燃烧。该研究阐明了铝基核壳燃料的高效燃烧机理，证明了铝基核壳燃料在推进剂中的应用潜力。

铝基合金燃料是在铝粉中引入其他元素形成的多元金属燃料，通过改变元素种类和添加量、相组成和空间分布，使其具有一定范围内可调的物化性质和点火燃烧性能。铝与低沸点金属形成的合金燃料燃烧时会发生"微爆"，具有比铝粉更优异的点火和燃烧性能，但是低沸点金属通常密度较低，不利于推进剂密度比冲的提高。因此，研究人员分析了具有高热值、高密度和可微爆的球形铝－镁－锆三元合金的点火燃烧特性及其对HTPB基推进剂的影响。热分析实验和激光点火实验表明铝－镁－锆具有比微米铝粉更强烈的热释放特性，并观察到了其微爆现象；铝－镁－锆被证实可以提高HTPB基推进剂的燃速，燃烧过程中挥发组分喷溅和微爆的协同作用显著降低了凝聚相燃烧产物的尺寸。该研究验证了铝－镁－锆作为高铝含量固体推进剂燃料添加剂的潜力。

亚稳态分子间复合物（MIC）是一类重要的含能材料，和传统有机含能化合物相比，燃料和氧化剂之间的均匀分布和紧密的界面接触有利于缩短传质和热扩散的距离，因此具有更优异的燃烧性能。氧化剂类型和复合物结构是影响其性能的重要因素。研究团队与西北大学合作，通过静电喷雾技术制备了系列含不同氧化剂（CuO、Fe_2O_3和$CuFe_2O_4$）的铝基MIC。相对于燃料－氧化剂混合物，该系列铝基MIC实现了更完全的反应和更多的热释放。此外，研究人员进一步设计了不同NC含量的$Al/CuFe_2O_4$@NC复合物，并与含CuO、Fe_2O_3的铝基MIC燃料比较。$Al/CuFe_2O_4$@NC具有更稳定可控的能量释放和燃烧性能，通过改变NC含量，燃速在较宽范围内（0.39～1.77m/s）可调。该研究为高效燃烧的铝基燃料设计和开发提供了一种新策略。

新型高能叠氮硝胺发射药高压下燃烧释能研究，通过半溶剂法制备了一种火药力高达1240J/g的新型高能叠氮硝胺发射药（ADR），采用高压密闭爆发器和30mm高压模拟实验装置，结果表明：①不同温度条件下，最大膛压高于500MPa时，ADR发射药定容燃烧过程未见异常，发射药静态高压燃烧性能稳定良好。②装药中心传火管点火一致性较好，装填密度0.48～0.64g/m³范围内，随着装填密度的增加，ADR发射药膛内压力波增加幅度逐渐减小；药体温度的增加，提高了ADR发射药的点火性能和装药的点火一致性，增加了ADR发射药膛内燃烧稳定性；ADR发射药起始缓燃，石墨光泽处理在发射药表面形成阻隔层，进一步增加了ADR发射药的起始缓燃效果，使其膛内压力波强度明显降低。③与RGD7发射药相比，ADR发射药在火药力、低温力学性能、爆温等方面具有优势，而膛内高压燃烧稳定性相当，该发射药在高膛压环境中应用前景较好。

射频电磁场具有一定的穿透性，且能量的空间分布具有不均匀性，在一定场强和电磁能量持续作用下，可在炸药表面或者内部形成热点。仅用热起爆理论描述炸药在强电磁场中的爆炸行为是不够精确的，用热点理论更为适合。现有的热点理论中关于强电磁场作用于炸药的热点生成机理等内容还有待补充。国外已有学者通过数值模拟的方法研究射频电磁场作用下炸药的热点生成过程。国内研究限于低频率低场强情况，未对高频率和高场强情况进行研究，且未对炸药分子的谐振频率进行研究；同时，炸药在射频电磁场中的安全性研究以试验研究为主，没有进行深入的理论分析。

（二）爆轰释能

1. 爆轰理论研究

随着对炸药研究的不断深入以及新材料的不断挖掘，传统 C-J 爆轰与 ZND 爆轰模型已不能很好解释现有炸药的爆轰反应过程和爆轰状态。为此，国内众多学者结合经典爆轰理论和实验数据，开发了众多理论模型用来描述炸药爆轰反应过程和爆轰状态，且通过理论模型计算的结果与实验结果相比，误差在合理范围内。

美国于 21 世纪初提出了联合效应的概念，打破了传统炸药不能同时获得高格尼能与高冲击波能的局限。但传统 C-J 爆轰理论不能解释联合效应炸药的爆轰反应过程和爆轰状态，为此研究人员提出了本征爆轰理论。联合效应炸药的本征爆轰模型如图 1 所示，模型假设铝粉反应达到 100% 前，爆炸产物在整个反应区内以恒定爆轰速度膨胀，在铝粉未反应的雨贡钮曲线上，气态和固态碳氢氧氮产物处于平衡态，在部分铝粉发生反应的雨贡钮曲线上，已反应铝粉的产物（氧化率）与碳氢氧氮产物也处于平衡态。在整个爆轰反应区内，采用标准假设，即雨贡钮曲线与瑞丽线的关系成立。未反应铝粉雨贡钮曲线位于已反应铝粉雨贡钮曲线之上，因此最小爆轰速度和最低熵值在瑞丽线上与未反应铝粉雨贡钮曲线的切点处取得，此点称为本征爆轰点。W 点为瑞丽线与已反应铝粉雨贡钮曲线交点，即联合效应炸药本征弱爆轰点。

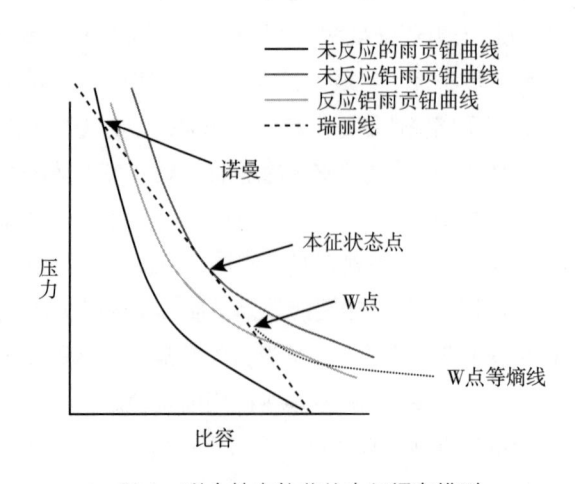

图 1　联合效应炸药的本征爆轰模型

此外，吴雄基于维里（VIRIAL）方程建立了 VLW 炸药爆轰产物状态方程，表达了高温下的维里方程属性，跨越了传统计算鸿沟。从军用高能炸药到民用工业炸药，从凝聚相炸药到气相空气燃料炸药，从火箭推进燃烧性能参数到炸药爆轰性能参数计算都能给出合理的计算结果。

2. 爆轰性能表征

（1）爆轰波

李科斌通过对产生杂波干扰的内外因素（外界电磁波、气穴射流、内部金属射流、"管道效应"以及弯曲波等）进行分析，研制了一种压制导通的新型连续电阻探针及其测试系统。该探针具备良好的测试稳定性、可靠性和抗干扰能力，可以连续记录炸药的爆轰波、介质中的冲击波及金属元件碰撞点的时程数据。并通过该探针和阻抗匹配技术设计了材料冲击绝热线的测量方法，通过改变炸药成分获得了不同初始强度的冲击波，以有机玻璃作为标准材料，水为待测材料，采用图解法获得了初始材料（水）的冲击 Hugoniot 数据，与 LASL 的实验数据相比，最大误差不超过 3.55%。

（2）爆轰反应过程

针对反应区的测量，国内外研究者提出了基于不同物理机制的方法，包括自由面速度法、电磁粒子速度计法、电导率法、激光干涉测速法等。在以上方法中，以激光干涉法的物理机制最为明确，且时间分辨率最高。刘丹阳等采用激光干涉法，测量了 C1 炸药（CL-20/ 黏合剂 =94/6）与窗口的界面粒子速度；运用先求导、再分段拟合的方法，对界面粒子速度随时间的变化曲线进行了数据处理，确定了炸药爆轰 C-J 点对应的时间位置；根据 C-J 点对应的粒子速度，计算获得了炸药的爆轰反应区宽度和 C-J 爆轰压力。此外，近年发展起来的高分辨率激光干涉测量手段，如光子多普勒测速仪和全光纤激光干涉测速技术，能观测到炸药的爆轰波结构和爆轰驱动细节，逐步成为研究炸药爆轰性能的有效方法。裴洪波等采用光子多普勒测速仪测得了 TATB 基 JB-9014 炸药的反应区宽度和反应时间，测速的相对不确定度优于 2%。

针对铝粉究竟何时燃烧或反应的问题，平板实验和圆筒实验都是通过爆炸效应物的运动或变形来推算铝粉的反应情况。由于效应物的运动和变形需要一定的时间，但爆轰反应的时间在微秒级，尤其对于铝粉是否在爆轰波阵面上参与反应，更需要瞬态（几十纳秒级）测量方式捕捉波阵面上的产物特征。唐仕英等分析调研了含铝炸药的反应过程机理，提出了基于光谱辐射的爆轰反应特性测量方法，通过测量铝粉在燃烧和爆炸时中间产物一氧化铝的辐射特征谱线（484nm）强度随时间变化规律，建立了含铝炸药爆轰反应组分温度连续光谱测量系统和反应组分瞬时光谱测量系统，开展了添加纳米级和微米级铝粉不同复合炸药的爆轰反应历程研究，获得了四组不同复合炸药的温度和组分随时间的变化曲线。

（3）做功能力

圆筒试验是表征炸药做功能力的重要试验方法，圆筒试验可选择不同尺寸的试样，但试样结构一般遵循同一相似准则。为探索既能延长爆轰产物有效膨胀时间、又可避免大幅增加试验药量的圆筒试验方法，以满足释能时间较长的含铝炸药试验需求，沈飞等针对仅增加壁厚的非相似圆筒结构，分析其在内爆条件下的膨胀过程，优化了炸药格尼能计算模型。通过用 TNT 炸药进行验证分析，结果表明该模型可准确地评估该非相似圆筒中的炸药驱动性能。

（4）爆轰性能测试

爆热是表征炸药能量释放的重要参数，其测量方法主要是用恒温法和绝热法，但测试能力不断提升，可测量样品的 TNT 当量已从 50g 增加到 300g，测量精度和设备自动化程度不断提高，样品平行试验的最大偏差进一步降低。

爆速测试目前还是以电测法、高速摄影法、导爆索法等为主，然后对测试仪器进行改进，测量精度提高，并无较新的测试方法。

针对爆压的测试，典型的水箱法和锰铜压阻计法等测量得到的爆压数据误差较大，以 TNT 为例，不同研究者给出的爆压分布在 19～21GPa，近几年采用的基于激光干涉法的炸药爆压测试方法，时间分辨率和测试精度高，爆压测试相对扩展不确定度为 4.4%。

炸药的爆温测量方法目前有了一定进展，试验方法主要有发射光谱法、拉曼散射法和热电偶法等，相应使用到的测试手段包括瞬态高温计、拉曼光谱仪和热电偶等。爆容的测试方法为压力法。

温压炸药基于燃烧和爆炸两种释能方式产生高强度的热和长时间的压力，爆炸形成的高温火球和爆炸波可以沿廊道传播并绕过角落进入破片不能到达的地方。研究温压炸药的后燃反应，掌握温压炸药能量输出结构具有重要意义。对于后燃效应能量研究可通过对冲击波、燃烧分数随时间变化等参数的变化来分析，也可以通过高速摄影、分幅相机等观察爆炸场的产物膨胀、火球直径、爆炸场温度等判断温压炸药后燃反应的能量水平。

3. 爆轰仿真技术

（1）冲击起爆仿真技术研究

国外学者使用 CTH 软件模拟了 COMP-A4 隔板实验中的临界速度和临界隔板厚度，发现按照以前的经验，模拟结果不能再现隔板实验的临界厚度，创新性地提出了第二道冲击波在隔板临界厚度处会激发爆轰反应的理论。在 CTH 软件上采用 Lee-Tarver 点火增长模型，研究 PBXN-109 的冲击波感度，使用 Sandusky 实验中心较大尺度隔板实验数据来矫正模型。结果表明，爆轰波低速传播的区域，反应区厚度约为 30～50mm，释放总能量的 10%～20%。基于临界冲击体积是冲击波压力的函数的发现，提出体积冲击点火判据。该判据完全适用于之前的冲击点火数据并与 James 提出的传统判据相符。使用 HESIONE 软件的不同反应燃烧模型，进行 1D 拉格朗日计算，模拟 TATB 基混合炸药多道冲击波点火问题。反应燃烧模型包括 3 种模型：基于压力的 WSD 模型、基于焓的 CREST 模型和基于温度的 WHS2D2 模型。为了考虑铝受到撞击的情况，状态方程采用 Mie-Gruneisen 方程，模型采用弹塑性模型。结果表明，WSD 模型不能研究多道冲击波削减现象，CREST 模型很好预测单道冲击波作用下的点火反应。Caroline A 使用 CREST 模型研究 PBX9501 和 PBX9502 爆轰过程的转角效应，模拟结果表明当爆轰波从窄施主装药传播到较宽的受主装药时，会产生微弱的侧向激波，使炸药在拐角两侧失去敏感性；爆轰波通过受主装药传播，在预激区周围传播，形成持久死区。也发现两种炸药的行为相似，但长度尺度不同。使用二维介观模拟方法研究了在液态硝基甲烷混合空气气泡中的冲击转爆轰（SDT）现象。模拟结果表明，当冲击波压力小于阈值时，气泡数量会增加，进而加强全局反应速率。该模型即使不考虑化学反应，也能很好地描述热点对 SDT 过程的集体脱敏[①]效应，比如爆轰超越时间的减少。

国内学者建立了 PBX 炸药冲击起爆统计热点反应速率模型，描述热点形成、形核或消亡、点火后燃烧反应演化直至快速转为爆轰的全过程。研究结果表明，孔洞尺寸分布对非均质固体炸药冲击起爆感度影响显著；HMX 基 PBX 炸药冲击起爆爆轰成长过程呈加速反应特性，而 TATB 基 PBX 炸药表现为稳定反应特性。发展了爆炸冲击波作用下含铝炸药的冲击点火反应速率模型，开展了 RDX 基含铝炸药冲击起爆的实验和数值模拟研究。结果表明，细观反应速率模型计算的压力曲线与实验结果很吻合，能较好地模拟较大尺寸颗粒铝粉（铝粉尺寸大于炸药颗粒尺寸的 1/10）的反应特征。通过求解柱坐标系下二维轴对称反应流欧拉方程组，采用基于 Level set 界面捕捉方法的欧拉型高精度多介质数值方法，编写了凝聚相炸药非理想爆轰程序，并对 TATB 基炸药在拐角效应中的死区现象进行了数值模拟研究。通过对比基于压力的点火增长模型与基于熵函数的 CREST 反应燃烧模型在拐角死区问题的计算效果，提出了一种多判据反应速率模型。假设铝粉在冲击起爆过程中不发生化学反应，引入"含铝熔铸炸药基体炸药与铝粉混合法则"，基于孔隙塌缩热点形成机制，提出含铝炸药弹黏塑性球壳塌缩热点模型及其热点点火项反应速率方程，建立了含铝熔铸 Duan-Zhang-Kim 细观反应速率模型。开展了 RDX 基含铝炸药冲击起爆的实验和数值模拟研究。结果表明，细观反应速率模型计算的压力曲线与实验结果很吻合，能较好地模拟较大尺寸颗粒铝粉（铝粉尺寸大于炸药颗粒尺寸的 1/10）的反应特征。为了更准确地校验炸药爆轰反应速率方程参数，以 HMX/TATB 混合炸药 PBX-1 为研究对象，采用 Mushroom 试验方法，研究了炸药在不同传爆直径下的拐角传爆特性，并采用 LS-DYNA 程序利用拉式试验标定的三项式点火增长模型参数对 Mushroom 试验进行了数值模拟，通过观察爆轰波的成长和传播历程以及拐角参量的对比，校验已标定反应速率模型参数的准确性。依据 C-J 理论，对爆轰问题中的气态爆轰产物和未反应炸药分别考虑不同的参考状态，借助于 Mie-Grüneisen 状态方程以及 Mie-Grüneisen 多介质混合模型，模拟了爆轰波的

---

① 脱敏一般指在炸药中第一次冲击波比较弱，导致第二道冲击波不会发生明显的化学反应；或者指与冲击波（并非爆轰波）相互作用，但是本身产生的爆轰波消失。

运动过程。

非均质固体炸药冲击起爆物理响应过程复杂，往往由多种热点机制控制，现有反应速率模型考虑热点机制单一，无法适应冲击起爆过程的高保真计算。现阶段压力相关型反应速率模型虽然在一定范围内适应细观结构的变化，但无法描述复杂加载路径如多次加载和斜波 – 冲击复合加载下炸药脱敏或敏化、拐角效应死区现象等，而熵或温度相关型反应速率模型可较好地适应复杂加载，但未考虑细观结构响应机制。发展多热点机制耦合作用的、宽适应范围的宏细观反应速率模型是反应流模型的重要方向。从中尺度到宏观尺度的冲击起爆跨尺度计算，仍是非均质固体炸药冲击起爆与爆轰问题数值模拟发展的重要趋势。

（2）爆轰参数计算研究

针对 JCZ3-EOS 状态方程与 Monte Carlo 模拟结果不一致的问题，国外研究人员调整了 JCZS3 状态方程数据库，新的数据库不仅能准确预测爆速，还符合液体、气体产物、固体炸药的 Hugoniot 数据。对 4 种单质炸药（TNT、RDX、HMX 和 PETN）的冲击和等温压缩数据进行了详细的调查，提出了一个具有标定温度热容函数的 Mie-Grüneisen 状态方程，进而计算单质炸药的通用 Hugoniot 关系，并在 19 种熔铸炸药上应用和验证。考虑更精确碳性质关系和非平衡态碳性质的改变。改进了 Jaguar 计算，对于理想爆轰比如 HMX，目前使用的 Jaguar 计算方法能很好预测它们的爆轰性质。改进后的 Jaguar 计算能很好预测非理想爆轰（如 TNT）的性质，比如 C-J 爆速、爆热、等熵成分。同时它也适用于理想和非理想爆轰的圆筒速度、Hugoniot 曲线、爆热等性质的计算。

（3）爆轰过程仿真技术研究

考虑在爆轰试验中爆轰边界约束突然失效的情况，国外研究人员发展了从 1D 稳态爆轰反应到 2D 反应的理论。该理论包含两步爆轰能量释放效率，第一步能量快速释放 80%，第二步能量缓慢释放 20%。认为第一步能量释放是瞬间完成的，第二步能量释放效率与约束失效率有关，一旦约束失效率达到临界点就认为爆轰增长。基于气相沉积实验数据，对六硝基二苯乙烯（HNS）的 Arrhenius 反应模型进行校准，研究了 HNS 参数和响应对介观尺度下 HNS 微结构、模拟尺寸以及飞行过程中空气的依赖性。结果表明，模型包含 HNS 微结构和空气时，模拟结果与气相沉积实验一致，可能会导致在 HNS 产生冲击波。但是这些模型参数不适用于其他炸药。基于局部爆轰波速度 D 是爆轰波曲率 K 的函数的假设，使用爆轰冲击动力学模型来研究爆轰波的传播过程，爆轰波形数据用来校准 $D(K)$ 关系。当没有爆轰波形数据时，可使用积分法间接校准已知的尺寸效应曲线。将该模型应用于 TATB/Kel-F 和 TNT 压装炸药中。最后又使用粒子群优化方法进一步校准 $D(K)$ 的非线性关系。

采用多尺度模拟方法研究了 HMX 和 PETN 的冲击转爆轰的初始阶段。基于微观孔洞坍塌模拟即介观热点模型的结果，求解包含功率沉积项的反应欧拉方程，其中介观尺度上的反应速率与外界压力和反应物的质量分数有关。结果表明，该模型能很好地刻画爆轰时间与冲击压力的时程曲线。采用多尺度模拟方法研究压装 HMX 的冲击转爆轰的跃迁。通过 Bayesian-Kriging 方程，将介观的孔洞坍塌反应模型与宏观的点火增长模型相连接。模型结果再现了实验的孔洞压力时程曲线并修正了能量判据准则。

（4）爆轰的机器学习技术研究

近年来，机器学习技术已经应用到爆轰模拟仿真领域。基于机器学习的爆轰模拟方法利用卷积神经网络等技术进行图像处理和预测，从而更加准确地预测爆轰过程的各个阶段。此外，该方法可以对模型进行训练和优化，提高模拟结果的精度和稳定性。国外研究人员应用粒子群神经网络模型对 RDX 基混合炸药冲击波感度的大隔板厚度值进行预测以减少试验量，节约试验成本。他们选取具有不同密度、空隙率、装药方式、RDX 含量等特征的 41 组 RDX 基混合炸药，考察炸药实际密度、空隙率、RDX 和附加物含量影响因素，通过分析它们与大隔板厚度值的非线性关系，建立大隔板厚度值与上述 4 个变量之间的粒子群算法优化神经网络模型，采用 100 进化次数，40 种群规模进行计算。计算与试验结果表明，4 个变量与大隔板厚度值之间的映射模型良好；模型预测值与试验值吻合良好，相对误差在 10% 以内。该粒子群神经网络模型预测值对 RDX 基混合炸药大隔板试验具有一定参考价值。研究了机器学习技术对包括爆炸能量、爆速及爆压在内的爆轰性能进行快速预测的方法。通过对单个分子成键结构等拓扑性质的分析，来研究分子拓扑结构对爆轰性能的贡献。研究的算法包括核岭回归（kernel ridge regression）算法、最小绝对值收敛和选择算子（LASSO, least absolute shrinkage and selection operator，亦称套索算法）回归算法、高斯过程回归（Gaussian process regression）算法和多层感知机（multi-layer perceptron，一种神经网络）。探索了规范化、核选择、网络参数和维度降低（降维）等因素对爆轰性能的影响。结果表明，即使使用一个小型的训练集，非线性回归方法也可以在有效的误差精度内创建筛选各种材料的模型。使用微波干涉仪测量 TATB 基混合炸药的冲击波速度和粒子速度，并与使用 Ameto 反应流模型模拟得到的结果相比较，二者符合很好，其中机器学习被用来提供模型参数：电磁波的高波频率、低波频率以及相应的强度。

国内研究人员为了准确方便地获取炸药爆轰产物 JWL 状态方程参数，提出了一种基于遗传算法和圆筒能量模型辨识碳氢氧氮型炸药爆轰产物 JWL 状态方程参数的方法。相比于传统的圆筒试验法，该方法极大地降低了获取炸药 JWL 参数的成本，只需已知炸药的初始密度和爆速便可确定 JWL 状态方程参数。采用该方法辨识得到了 4 种常用炸药的 JWL 状态方程参数，结果表明，辨识得到的 4 条 JWL 状态方程的 P-V 曲线和标准 JWL 状态方程的 P-V 曲线偏差较小，且决定系数均大于 0.99；数值仿真结果表明采用辨识参数和标准参数计算得到的圆筒外壁径向位移曲线接近，证明了遗传算法辨识 JWL 状态方程参数的有效性和高精度。

（5）温压、云爆、不敏感材料的仿真技术研究

围绕温压炸药后燃能量释放、流场演化，开展实验和数值模拟研究，国内研究人员建

立了温压炸药后燃反应速率测量的实验方法以及求解气固两相反应流的有限差分 – 物质点耦合算法，最终形成温压炸药后燃流场数值模拟程序，研究了温压炸药后燃反应过程和有限空间爆炸特性。结果表明，温压炸药在有限空间的爆炸现象存在尺寸效应。温压炸药爆炸冲击波的二次峰值和冲量会随着铝粉含量的增加而增加，一次和二次波峰的时间间隔会减小；铝粉含量相同时，颗粒直径较大的温压炸药爆炸冲击波超压近场小而远场大。建立了燃料分散爆轰的计算仿真模型，以静态燃料分散及云雾爆轰实验结果作为数值方法进行了验证，分析了 2kg 环氧丙烷燃料在高落速条件下分散爆轰的温度、压力随时间变化规律。

国外研究人员对轻覆盖装药碎片撞击起爆进行了实验和数值研究，主要研究鼻型撞击部位对临界速度的影响，以及是否存在碎片的阈值厚度，即超过该厚度后，临界速度与碎片厚度无关。模拟采用 LS-DYNA 软件建立 2D 拉格朗日轴对称模型，平面冲击实验的文献数据和我们关于钢球撞击的实验数据用来校准高能炸药的反应性烧伤模型，使用 Cheetah2.0 产生模拟所需的状态方程参数。结果弹丸长度超过 2mm 后继续增加长度不会改变爆轰的临界速度。在常温和低温情况下（-25℃）对不敏感含能材料进行削减实验（cutback testing）来确定点火增长反应流模型的参数，实验结果成功整合到不敏感炸药的点火增长模型中。应用 HERMES（high explosive response to mechanical stimulus）模型研究不敏感弹药的反应烈度。不仅模拟了不敏感弹药的点火情况，还模拟了点火后反应扩散区域以及当向未爆轰转变时的烈度。尽管在 Steven 实验中没有烈度的标准测量指标，候选指标包括已爆轰炸药的质量分数、距爆心一定距离处的空气爆炸以及弹丸的弹射速度。模拟和实验结果表明表征反应烈度最好的指标是弹丸和盖板的弹射速度以及不同范围和方位角的爆炸，但反应速率和反应深度测量难度较大。

4. 爆轰能量控制研究

（1）热力学调控

进一步提升炸药的爆炸和做功能力是含能材料研究永恒的主题，其中一种方法就是寻找新的高能组分，来获得性能更加优异的高能混合炸药。薛冰通过理论与实验相结合的方法，系统地研究了金属氢化物种类、粒度和含量对 RDX 基高能混合炸药空中、水下爆炸性能的影响，结果表明，将金属氢化物作为高能炸药组分能有效改善混合炸药的爆炸性能和储存性能，其中以 RDX 基氢化钛混合炸药的爆炸性能和储存性能最为优异。此外，以氮氮键为主体的化合物，因其可释放的超高能量，成为替代现有含能化合物的极佳选择，理论计算表明，全氮材料能量可达 3～10 倍 TNT 当量。研究表明，对于 N_5^- 非金属盐，只要在分子结构中含有碳元素，其能量仅与现有高能单质炸药（TNT、RDX）的能量水平相当；当分子结构中无碳元素，仅含有氢氧元素时，能量水平有所提高，可能与 HMX 相当，最大不超过 2 倍 TNT 当量。只有 N_x^- 与 N_5^+（目前 x 为 3，5）组装形式的全氮材料，能量水平有可能达到 3～10 倍 TNT 当量。张伟等为研究 CL-20 能量释放潜力，结合含能黏结剂端羟基聚叠氮缩水甘油醚（GAP），计算了 GAP、CL-20、氧化剂、可燃剂四元混合炸药的爆炸能量。结果表明，使用高氯酸锂可显著提高体系的能量密度，但其在浇注混合炸药中的应用需要进一步改进。

另一种方法可通过对现有配方的组分比例进行调控，以提升其性能，从而改善和拓展其用途。温压炸药是在燃料空气炸药基础上发展而来的新型炸药，爆炸时利用热效应和压力效应能有效打击有限空间中的目标。铝粉作为温压炸药中常用的金属添加剂，研究铝粉含量对温压炸药的爆炸能量释放规律及爆炸能量数据结构，对温压炸药配方设计、能量控制具有重要参考价值。北京理工大学杨胜晖等研究发现，在 RDX 基含铝温压炸药中，随铝粉含量增加，爆速逐渐降低，爆热先增加后降低；样品的爆轰热占燃烧热的 9.8%～26.4%，爆热占燃烧热的 34.5%～50.0%，且都随铝粉含量增加而降低。对于水下炸药，铝氧比是影响其水下爆炸能量输出的重要因素，国内也开展众多研究，结果表明铝氧比与冲击波冲量、气泡脉动周期、气泡最大半径等参数正相关，可通过改变炸药配方中的铝氧比来控制含铝炸药水下爆炸能量输出结构。

（2）动力学调控

随着近几十年来碳氢氧氮型单质含能材料的发展，能量的提升空间已受限，且受限于新材料从研发到获得应用长周期的制约（需要经过海量的分子筛选、性能评价、工艺设计等），通过热力学调控提升炸药能量水平逐渐受限，更多学者将目光放在动力学调控方面，以期通过动力学调控来提升炸药能量水平。

贺倩倩等为了调控和提高含铝炸药的二次燃烧反应和压力输出，以竹子的微观结构为灵感设计了具有分级结构的 HMX/Al 径向梯度药柱，使用增材制造技术制备了不同铝含量和不同铝颗粒尺寸的 HMX/Al 径向梯度结构药柱，研究了铝含量和粒径分布对 HMX/Al 梯度结构燃烧性能和压力输出的影响。结果表明，当 HMX/n-Al（160nm）径向梯度结构按照从中心层向外层铝的质量分数分别为 10%、20% 和 30% 分布时，内层的燃烧反应和火焰传播速度比外层更快；其密闭空间内由于气体释放而获得的压力（2337.61kPa）高于反向分布的梯度结构药柱。当 HMX/Al 径向梯度结构按照从中心层向外层 Al 粒径依次为 10μm-Al，5μm-Al 和 n-Al 分布时，梯度结构药柱的燃烧过程比较缓慢，可以看到单独铝颗粒的燃烧现象。当中间层为 n-Al 时，HMX/Al 径向梯度结构具有最大的压力输出（1512.65kPa），高于均相的 HMX/Al 药柱；当中间层为 10μm-Al 时，获得了具有双重峰的压力输出。冯晓军等采用喷雾包覆法制备 HMX/Al 复合粒子，研究 HMX/Al 复合粒子基含铝炸药的爆炸性能。结果表明，"外嵌内包"微结构可将 HMX/Al 复合粒子的摩擦感度由 88% 降低至 12%；HMX/Al 复合粒子基含铝炸药的爆热、驱动金属飞片的最大速度和后燃最高温度比传统含铝炸药分别提高 5.5%、7.3% 和 6.4%，证明 HMX/Al 复合粒子可以使铝粉提前参与爆轰反应，提高铝粉反应完全性。

冯晓军等为了改善铝粉在 CL-20 基含铝炸药中的反应动力学特性，利用溶剂-非溶剂法制备了 CL-20/Al 复合颗粒，实现了 CL-20 与铝在微结构上的紧密结合，并与常规法制备的相同组成的 CL-20 基含铝炸药进行了机械感度、爆热、爆炸罐试验和圆筒试验等结果的对比。结果表明，CL-20/Al 复合颗粒会使含铝炸药的撞击感度略有提高，而摩擦感度不变，但总体上对机械感度影响不大；通过 CL-20/Al 在微结构上的复合，缩短了铝粉与爆轰产物之间的扩散距离，可以显著改善铝粉的反应动力学性能，提高铝粉在含铝炸药爆炸过程中的反应完全性，促使部分铝粉在爆轰区内参与反应，相比于常规法制备的相同组成的含铝炸药，可使含铝炸药的爆热从 6787J/g 提高至 6930J/g，爆炸罐内爆炸场最高温度从 544.3℃提高至 661.2℃，格尼系数由 2.88mm/μs 提高至 3.10mm/μs。徐敏潇等将硼粉和铝粉作为高能金属燃料混合添加到燃料空气炸药中，采用静爆试验法，对含硼量不同的燃料空气炸药爆炸超压、冲量及热效应进行研究。结果表明，随着燃料空气炸药中硼含量的增加，炸药的冲击波超压、超压冲量和热效应均先增大、后减小。在含铝燃料空气炸药中添加少量硼粉，可以提高炸药的整体能量水平。

林谋金等将 RDX 用铝薄膜分层包裹得到新型的铝薄膜混合炸药。将铝薄膜混合炸药与铝粉炸药进行水下爆炸实验与爆速实验，得到两种炸药的爆速与压力时程曲线，经过分析计算得到两种炸药的压力峰值、冲量、冲击波能、气泡脉动周期与气泡能。结果表明，铝薄膜炸药药柱的轴向为 RDX 与铝薄膜独立贯通的结构，有利于降低混合炸药中添加物对基体炸药爆轰波传播的影响，从而使铝薄膜混合炸药的爆速高于铝粉炸药，导致铝薄膜炸药的冲击波损失系数高于铝粉炸药，使铝薄膜混合炸药的总能量、比气泡能与铝粉炸药相当情况下，其比冲击波能却降低了 10.16%～10.33%。

共晶作为一种解决含能材料能量和安全性矛盾的有效途径，其合成常以能量的损失为代价。为此，李重阳等基于第一性原理方法对 16 种共晶炸药的晶体结构、分子间相互作用、爆轰能量、晶体稳定性等进行研究，结果表明共晶炸药因其晶体密度普遍较小，导致爆轰能量相对单组分炸药无明显优势。并以 CL-20 共晶炸药为例，提出一种提升其爆轰能量的设计方法，即提升分子间氢键的强度。

（三）能量控制技术

1. 炸药能量控制技术

（1）缓解技术

缓解技术主要是指采用各种技术手段降低弹药遭受意外刺激时的反应烈度和危害程度，提高弹药的本质安全性，缓解技术分为主动缓解和被动缓解技术。主动缓解技术主要采用含能材料削弱壳体或形成排气通道，如反应壳体。被动缓解包括安全装药技术（如双元装药、钝感装药等）和弹体结构设计缓解，其设计原理主要包括：降低约束强度（如壳体刻槽）；控制能量释放路径（如排气通道）；控制能量进入路径（如防护技术）。

中国工程物理研究院陈科全等人基于弹体内炸药分解、燃烧引起的压强增长率与排气孔压强释放率之间的平衡关系,设计了一种弹体排气缓释结构,并利用烤燃试验装置,以熔铸炸药 RHT-1 为研究对象,研究了慢速烤燃和火烧条件下排气缓释结构的作用效果。发现排气缓释结构显著降低了熔铸炸药火烧时的反应等级,同时延长了其慢速烤燃时的反应时间,相对提高了熔铸炸药慢速烤燃时的安全性。

(2)含能破片技术

含能破片战斗部又称活性破片战斗部是一种将含能材料与预制破片式战斗部相结合的新概念战斗部技术。当其高速撞击目标时自身能产生燃烧爆炸类化学反应释放出不低于高能炸药量级的热量,产生 3000℃以上的高温,并在穿透目标壳体后引燃引爆易燃易爆类目标,有效地提高了破片毁伤效能以及杀伤后效,增加对目标的杀伤威力。含能破片按作用方式可分为爆炸型含能破片和燃烧型含能破片,爆炸型含能破片主要由受冲击作用可产生爆炸或半爆效果的低感度高能混合炸药组成,例如钝化 RDX、8701 炸药等。其能量的输出方式主要为爆轰波,因此这类含能破片对于各类来袭导弹的战斗部主装药能产生引爆毁伤效果。燃烧型含能破片主要是由一种或者几种亚稳态复合材料组成的在冲击载荷作用下可产生类爆炸或燃烧等化学反应的金属聚合物组成,而其能量的输出方式主要为热能及产生超高温,因此这类含能破片用来对付航空燃油、航空器来袭导弹电子制导设备有较好的毁伤效果。

含能破片按结构来分主要可分为两种,单一整体式含能破片和带壳包覆式含能破片。单一整体式含能破片由强度高、韧性好、密度较大的含能材料模压或烧结等工艺制成。其优点为整体由含能材料构成单位体积所含化学能较高,缺点为强度、密度较低因此驱动加载过程容易破碎,并且侵彻能力有限。带壳包覆式含能破片外壳为高强度惰性金属壳体,内部装填含能物质。其优点为壳体强度高、整体密度相对整体式大并且加工制备工艺简单工程应用实现容易,缺点为单位体积所含化学能相对整体式低,含能材料装填有限。含能破片可以以预制破片的形式置于战斗装药外侧或头部空腔内,炸药爆炸加速过程中,破片不发生反应或者少量反应,在含能破片与目标碰击过程中,依靠撞击产生的能量引发含能破片反应。当破片侵彻蒙皮或壳体进入目标内部后,适时释放能量并引发爆炸燃烧效应,从而对目标形成毁伤,具有动能侵彻效应和引燃引爆双重毁伤效应。

郑添春等人提出了一种以动能侵彻冲击波为主、含能活性材料化学能作用为辅的综合毁伤模式。在穿甲弹芯尾部装填含能破片,使含能破片随弹芯残骸侵入炸药装药内部。使用 ANSYS 对该侵爆过程进行推导和模拟,得到含能破片和炸药装药的冲击压力曲线,分析弹芯残骸和含能破片对屏蔽炸药的作用效果。进行含能破片装填前后穿甲弹对炸药装药的引爆效果试验,证明含能破片释能作用可降低穿甲弹引爆炸药装药的冲击速度阈值并增强引爆效果。

(3)炸药能量释放组合化和一体化技术

当前,军用混合炸药的发展已经打破了自身体系的封闭性,不再局限于传统的物质和传统的释能方式，借用体系外的物质和能量获得了更大的功效，贫氧化的温压炸药、水下炸药及燃料空气炸药协同考虑了环境因素，实现了炸药与环境介质的一体化。装药结构设计是充分提高炸药的能量利用率以及能量向毁伤元的转化率的最有效手段之一。改变单一整体式装药结构，采用同轴双元或多元装药，内、外层装药采用不同能量输出结构的配方，通过不同配方的组合，可实现炸药装药与毁伤目标的匹配，提高弹药的多模式毁伤和多任务适应性。威力可调战斗部将炸药装药与打击目标一体化考虑，基于燃烧点火和爆轰起爆之间存在时间延期，通过精确控制起爆时间，使炸药装药部分燃烧、部分起爆，控制战斗部内发生爆轰的炸药装药量，输出与目标相匹配的毁伤威力，同样可控制附带毁伤。

徐敏潇等为筛选出能进一步提高燃料空气炸药能量水平的金属粉，对不同配方的新型高能合金（M合金）在燃料空气炸药中的适用性进行研究，并通过对金属粉爆炸活性进行测试，筛选出较优的高能金属合金配方。温压炸药的爆炸涉及起爆、爆轰、冲击波的传播与反射、多相湍流和多模化学反应等，是一个多尺度、多物质、多因素、多物理场耦合过程，深化温压炸药高效释能的关键基础理论，揭示温压爆炸的反应机理并有效控制和利用是温压武器创新发展的关键科学问题，对高威力温压炸药的配方设计、温压武器的研制和使用具有重要指导意义。胡宏伟等人通过描述温压爆炸的基本原理，讨论了温压炸药的概念和内涵，从炸药种类、释能特点、能量构成、爆炸反应机制、爆炸效应增强机理、杀伤机制等方面阐述了温压炸药的特征，分析了温压炸药有限空间内部爆炸威力的评估方法以及温压炸药的研发状况，并提出了相关发展建议，以期为高威力温压炸药的设计、温压弹的研制及毁伤评估提供指导。

（4）超强毁伤技术

超强毁伤技术是指毁伤效能大幅度超越现有常规毁伤的新技术，它通过多相反应的高密度能量储存、释放及高效率转化的热力学和动力学规律，将高能物质蕴含的物理能、化学能或物理、化学作用耦合于目标结构及功能，从而大幅提升对目标的破坏效果。超强毁伤技术的出发点基于通过化学模式、物理模式或其他交叉融合模式产生的新作用效应，提升作用于目标的能量密度，或产生颠覆性的破坏效应，使目标结构和功能显著失效。超强毁伤技术是常规毁伤技术的一次提升。从技术属性而言，可以基于材料学、物理、化学、力学、声学、光学、电磁学、生物学等新概念、新原理的创新，既是能够支撑装备创新的新技术，又可以是交叉融合后产生的新技术。从潜在应用效果而言，能够催生超级毁伤武器装备，形成跨代作战能力或对抗样式，甚至开辟全新的军事应用领域，在战争形态上制定"游戏规则"，在战争设计上占据先机，在多维空间战场上发挥巨大震慑作用，控制全域战争的胜负。

美国国家航空航天局兰利研究中心首席科学家 Dennis M Bushnell 预测，到 2025 年，亚稳态纳米材料、气相爆轰材料、高张力键能材料将分别使弹药威力达到 6 倍、15 倍、100 倍 TNT 当量，火箭比冲超过 600s，甚至可达 2000s，彻底改变武器性能，颠覆战争形态。我国经过多年发展，初步形成了常规毁伤技术的研发体系，门类基本齐全，大当量云雾体爆轰、整体动能侵彻等常规毁伤技术接近国际先进水平，高能物质领域的金刚石对顶超高压等个别单项技术与发达国家同步。2017年南京理工大学胡炳成团队成功合成世界首个全氮阴离子盐，发表在期刊《科学》上；陆明教授团队在《自然》上发表了关于N_5^-金属盐制备与表征的研究论文，已达到世界领先水平。

2. 固体推进剂能量控制技术

固体火箭发动机的工作原理是将以燃烧方式释放能量的火药装填于火箭发动机，通过拉瓦尔喷管绝热膨胀，将火药燃烧气体的内能转化为火箭的动能。该类火药称为推进剂，具有固定形状、尺寸的固体火药称为固体推进剂。火箭的推力来自固体推进剂燃烧气体热能的转换，在发动机结构确定的情况下，推力的大小、能量转换效率、发动机使用的安全性等与推进剂的能量释放过程有关。对于固体推进剂而言，影响能量释放的因素有线性燃烧速率、实时燃烧面积和燃烧气体流场等。

（1）双基推进剂及改性双基推进剂燃速调节技术

1）通过调节爆热调节双基推进剂燃速

推进剂的燃速随爆热的增加而增大，在双基推进剂中，爆热随硝化甘油的含量、硝化棉的含氮量的增加而上升。因此，可以通过改变双基推进剂中 NG 的含量和 NC 的含氮量来调节双基推进剂的燃速。

2）使用燃速调节剂调节双基推进剂燃速

加少量（1%～5%）不改变或较少改变推进剂其他性能，且能大幅改变推进剂燃速的物质（即引入燃速调节剂），是调节推进剂燃烧的主要方法之一。双基推进剂中常用的燃速调节剂有铅的有机或无机盐类。铅、铜化合物可以单独使用，也可以配合使用。配合使用时具有协同效应，铜盐可以加强铅盐的催化效果。

王江宁等设计了两组不同含量 CL-20 或 RDX 改性双基（CMDB）推进剂配方，研究了 CL-20 或 RDX 含量对两组 CMDB 推进剂燃烧性能的影响。结果表明，在 2～20MPa，CL-20 改性双基推进剂的燃速高于 RDX 改性双基推进剂，CL-20 含量越高，CMDB 推进剂压强指数变大。现有的铅、铜盐和炭黑催化剂可用于调节含 CL-20 改性双基推进剂的燃烧性能。

（2）复合推进剂的燃速及压力指数调节技术

调节扩大燃速范围是推进剂研究的一项重要内容，是扩大推进剂品种的重要手段。就 HTPB/AP/Al 推进剂而言，除在 5～20mm/s 常用燃速范围内调节外，应用调节剂可使燃速达到 80mm/s 以上，多孔聚氯乙烯推进剂在 10MPa 下燃速可达 700mm/s 以上。当推进剂工作的压力、形状确定以后，调节复合推进剂燃速的主要方法有：改变推进剂组分（主要是氧化剂和黏结剂的种类）；调节氧化剂的用量、粒度及其级配；选用合适的燃速调节剂、嵌入金属丝或金属纤维并与前几种方法组合。庞伟强等合成了含 4 种不同金属

（nAl、nZr、nTi、mAl）的推进剂（AP-105～147μm、AP-1～5μm），实验显示所有的纳米金属颗粒都可以提升燃速。王瑛等通过捏合浇铸工艺制备了含不同粒度CL-20（14μm、115μm）的GAP/AP/Al高能推进剂，采用靶线法测定了推进剂在不同压强下的燃速，并计算了压强指数。结果表明，7～18MPa下含粗粒度（115μm）CL-20的GAP/AP/Al推进剂的燃速比含细粒度（14μm）CL-20的推进剂高7%～37%；2～10MPa下前者压强指数为0.52，后者为0.46；主要由于粗粒度CL-20较细粒度提前进行部分分解，分解产物除催化自身分解反应外，还促进了AP的分解，从而提高了相应推进剂凝聚相反应区的温度攀升速率，并使推进剂的燃速更高。

高氯酸铵复合推进剂的压力指数在0.5以下。一般在调节燃速时，通过催化剂的选择既调节燃速，又降低压力指数。比如在使用双核二茂铁卡托辛调节丁羟复合推进剂燃速时，压力指数也明显下降。敖文等研究了Al-FCOS（含氟有机物）对复合推进剂压强指数的影响，用质量分数8.5%的Al-FCOS代替原始铝颗粒，压强指数由0.46提高到0.51，这种增加是因为在Al-F反应中较小的燃烧Al颗粒产生了较大的动力学影响。而当Al-FCOS含量增加到17%时，压强指数降至0.35，这归因于从燃烧到燃面的热反馈减少。李艺等采用球磨法制备了纳米级Al/OF（有机氟化物）、微米级Al/OF复合物，添加OF和微米级Al/OF的推进剂（AP-75μm、AP-120μm）压强指数降低，而纳米级Al/OF体系的压强指数升高。纳米级Al/OF复合物粒度最大，球磨后纳米铝粉被包覆到OF的片层中，使动力学反应降低，无法有效发挥作用。

3. 发射药能量控制技术

燃烧性能是发射药的首要的性能，实现燃气生成量随着燃烧时间的增长而增加的渐增性燃烧可以提高发射药能量的利用率，降低身管武器的最大膛压，改进压力平台，提高弹丸初速。改善发射药的燃气释放，对提高发射药的性能十分重要。药粒药型的设计、对药粒表面的钝感包覆处理、混合装药等是提高发射药装药的燃烧渐增性的技术手段。

（1）发射药结构

发射药药粒多为单孔、7孔或19孔的圆柱形颗粒，发射药中的孔结构能使燃烧气穿透到发射药内部，使发射药的内部被引燃，孔数的增加使燃气生成猛度升高更迅速，提高燃烧速度。多孔发射药技术是种常用增面燃烧技术，19孔发射药就是一种燃烧渐增性优良的火药。球形发射药的流散性好，便于填装，装填密度高，但制备工艺难以做到球形颗粒粒径均一可控。片状变燃速发射药是按线性燃速渐增原理设计的一种具有高渐增性的高密度发射药。目前新研究的有多层管状、三层结构的GIBR叠层方形、多层环状、方片状、三明治片状等几种片状结构。杆状发射药的结构多是具有大长径比的多为细长杆状或棒状结构，装填密度高，燃气流动良好，但燃烧过程中内孔容易形成侵蚀燃烧现象，发生火药破碎，从而影响弹道性能。泡沫发射药具有微孔透气性，燃速较高，目前的制备方法多采用超临界流体（CO_2）微孔发泡技术，制备工艺复杂，限制了工艺的大规模应用。发射药的柱状、管状、多孔结构、片状等结构具有不同的燃烧表面积，在燃烧速度和燃烧渐增性上存在差异。通过改变发射药的几何形状和内部结构，能使发射药在燃烧过程中的燃面逐渐增加，气体生成量不断增加，从而实现燃烧渐增性的控制。

（2）发射药阻燃技术

使用钝感剂等阻燃组分对发射药的表面进行涂覆，能在发射药表面层渗入一薄层缓燃组分，降低燃烧初期的气体生成速率，实现燃速的渐进增加。发射药的涂覆工艺有浸渍、多层涂覆、端面不堵孔包覆、喷涂等工艺。钝感剂作为缓燃组分，过多地加入能降低发射药配方体系的能量。为改善钝感发射药能量降低的不足，于慧芳等使用NG溶液和NA溶液，采用浸渍-钝感工艺，对单基发射药进行增能、钝感处理，在提高火药力的同时，燃烧渐增性得到明显提高。利用化学方法对发射药表层的硝酸酯基进行处理是提高发射药的燃烧渐增性的一个新方法。肖忠良等使用硫氢化钠对发射药表面进行脱硝后提高了发射药的燃烧渐增性。

（3）发射药混合装药技术

混合装药将燃面和燃速相结合，使用不同配方、形状的发射药进行装药，能提高装填密度和有效能量利用率。使用两种不同燃速的发射药进行混合装药时，燃烧速率小的发射药先燃烧，燃烧速率大的后燃烧，可以实现渐增性燃烧。蒋帅等采用花边形37孔三胍-15发射药、花边形19孔三胍-15包覆药混合装药，探究了不同胍厚、不同混合比例的发射药的燃烧性能，通过混合装药，获得良好的燃烧渐增性。徐前等探究了不同混合比例的太根横切棒状药和包覆粒状发射药的燃烧性能，研究发现在燃烧前期，横切棒状药改善了包覆粒状药的点火，燃烧中后期，两种发射药的燃烧趋于独立。薛幂祎等研究了钝感球扁药和主装药的混合装药，燃烧渐增性得到提高。

三、国内外发展对比分析

我国研究人员针对火炸药能量释放与控制技术研究开展了大量工作，也积累了大量的火炸药能量利用经验。但是与国外先进水平对比，我国现阶段的研究仍存在系统性不强、自主创新不足、研究不够深入、机理机制不够清晰等问题。

美国为首的西方国家通过吸取20世纪60—80年代四次航母重大事故和一次次弹药事故的惨痛教训，提出并决策研发钝感弹药（Insensitive Munition，IM），走过了一条"从概念到政策""从定义到标准"和"从研制到装备"之路。不敏感含能材料、缓解技术、试验与评估技术等IM关键技术得到了长足发展。这就是一条发现问题、解决问题的系统性研究思路。

苏联是第一个开发温压武器的国家，在阿富汗战争，以及苏联解体后，俄罗斯在车臣战争和叙利亚战争中均大量使用了该类武器。2003年3月5日，美军轰炸阿富汗东部的加德兹山脉之后，美国有线电视新闻网对全球进行了播报，温压武器这种新型武器才在世界范围内受到极大关注。国内对于温压炸药的概念与内涵、爆炸机理、杀伤机制仍缺乏系统、深入的研究，也缺乏温压炸药配方的设计准则以及科学、合理的有限空间内部爆炸威力评估方法，相较国际先进水平，我国在该方面的研究还有较长的追赶路程。

（一）能量释放与控制基础理论研究

由于研究难度大、周期长、见效慢，前期主要注重应用技术水平提升，在基础研究投入偏少，使得能量释放与控制基础理论薄弱，理论体系深度及完整性差。在爆轰理论研究方面，国内外暂无突破性进展，都是在 C-J 理论、ZND 理论的基础上，结合试验结果对其进行修正，然后对现有炸药的爆轰反应进行研究。尤其是在基础研究和创新设计方面缺乏新理论、新技术的支持，导致一些国外已广泛使用的高性能火炸药仍处于实验室研究阶段，无法进入国防应用。研制生产复杂体系的安全理论、多场耦合下点火起爆机理、安全性测试评估诊断系统等方面均是国内理论研究的短板。

（二）能量释放与控制基础数据库

与国外相比，国内关于能量释放与控制基础性能及相关事故数据库极其匮乏，多场耦合与动态条件下的安全性基础数据不全。所用原材料、工艺过程物料、新材料等物料基础特性研究不足，未形成较完备的基础性能数据库，不利于新材料在新产品中的安全应用。

（三）点火引燃释能控制技术

基于点火药的点火引燃是目前实际应用中一种重要的含能材料点火释能方法，但国内外在实际应用时，点火药的性能、配方以及质量等都偏向于传统经验公式，缺乏从点传火机理上对主装药点火过程的精准控制。

国外激光点火在固体含能材料应用较早，而国内相关研究起步较晚，但国内发展迅速，该方法已成为含能材料点火燃烧特性研究的常用方法，并且正朝着小型化光源、大功率光源、脉冲激光与多点激光点火等方向发展。

国外对微波点火在固体含能材料方面的基础研究更为全面且深入，而国内在微波点火装置研发、吸波材料制备与表征以及含能材料的微波点火基础研究方面仍然研究较少。

激波点火已在固体含能材料方面有所应用，通过激波管结合高速摄像、光纤光谱仪等测试设备，可以快速定量地获取固体燃料颗粒的点火燃烧特性。然而，目前国内外公开的文献报道主要是针对铝颗粒等高活性金属颗粒的激波点火过程进行研究。

（四）固体推进剂燃速与燃速压力指数控制技术

固体推进剂等含能材料的燃速与燃速压力指数控制国内外均开展了大量实验探索与

机理分析，均取得可应用于实际的宝贵研究成果，但两者在研究发展方向仍然存在较大差异。国外对固体推进剂等含能材料的研究开展较早，通常着眼于燃烧反应动力学机理与燃烧动态演化规律，已经形成粒状扩散火焰模型、方阵火焰模型、BDP多火焰模型和双火焰模型等用于描述固体推进稳态燃烧机理的数学模型，并基于此得到燃速、燃烧表面温度、燃速压力指数等表达式；而国内在这方面研究成果仍然十分匮乏，研究方法多为从实验观测现象入手，逐步构建物理模型与数学模型，而对燃烧化学反应过程的处理较为简单，难以依据含能材料组分实现燃速、燃速压力指数等的结果推导。

（五）爆轰性能表征

在爆轰性能表征方面，从爆轰反应过程到爆轰性能再到做功能力等，国内外都已拥有许多较为成熟的测试方法，能够对炸药反应过程及各种性能进行准确地表征。但由于国内起步较晚，在一些性能测试方面，国外的测试精度要高于国内。

（六）爆轰仿真技术

在基于流体力学的爆轰模拟方法中，近年来国内与国外的研究学者均做了大量的工作，并取得显著的进展。但是，国内研究学者关于爆轰模拟方法多数处于商业软件的直接应用和二次开发，进而针对具体问题开展研究工作；而国外学者更专注于开发新的模拟仿真算法和软件，从原理上提高对爆轰模拟的精确度，并为新材料的应用提供研究范式。而且国外学者很好地应用多尺度方法，实现了爆轰现象从微观到介观到宏观的全过程模拟，从更深的层次上研究了爆轰问题。相对来说，国内在爆轰过程的多尺度模拟方面的研究报道较少。另外，随着人工智能和机器学习技术的发展，国外已经将其应用到爆轰模拟仿真当中，而国内在该方面的进展仍然较缓慢，亟须加强人工智能和机器学习技术在爆轰模拟中的应用研究。

（七）爆轰能量控制

在爆轰能量控制研究方面，国内研究重点正逐渐从热力学调控向动力学调控偏移，并开展了一定的研究，但还未能满足对实现能量输出的有效调控以及兼具多功能化的需求，如具有优良冲击波毁伤作用的炸药，是无法兼顾在金属加速方面的优势。而国外，尤其是军事技术较为发达的美国，已经开展了大量有关含有炸药微结构设计的炸药相关研究工作，并且形成了一些基础配方，并结合典型装备开展了威力验证和集成演示研究。同时，随着国内逐步重视通过动力学调控对能量输出的影响因素，也初步验证了炸药微结构设计对爆炸能量输出的调控作用，但是由于高能炸药微结构制备研究主要是探索其相关的基础性能，炸药微结构与能量输出的关系研究相对较为薄弱。

四、发展趋势与对策

高能化是装备发展的永恒主题。高能量释放率和灵活控制是火炸药发展的永恒追求，大力开发新型高能量密度含能材料和先进火炸药装药技术，是提高武器装备威力和动力的首要物质基础，是武器装备更新换代的前提条件。掌握新型毁伤元调控机制，优化火炸药装药形式，探索新概念、新原理、新效应，能够持续提高武器装备的综合毁伤威力、增强针对不同目标的毁伤效果、增大不同破坏效应的毁伤范围。随着能量释放与控制技术的进步，未来火炸药应用领域将进一步拓展和深化。

（一）炸药能量控制技术

1. 超高能毁伤弹药

超高能涵盖3个方面：一是单位质量炸药所含能量；二是连续聚集体所含的总能量；三是炸药定向就能释放控制技术。随着高能与超高能炸药的发现与应用，炸药单位质量的能量大幅度或成倍提高，弹药的毁伤威力也随之成倍提高，或者在保证毁伤威力的前提下，武器轻量与小型化，给现有武器装备带来革命性的变化。

2. 燃料空气炸药

燃料空气炸药（FAE）爆炸过程中的高热和冲击波无孔不入，形成独特的杀伤效应，产生大空间区域毁伤和面毁伤效应，很早就引起了人们的重视。德国在第二次世界大战中、美国在越南战争中、苏联在阿富汗战争中都使用了燃料空气炸药。燃料空气炸药的研究如今在世界范围内广泛开展，一直在寻找能量更高的爆源材料，如高反应活性金属等。美国国家航空航天局兰利研究中心在"关于未来战争的预测"中认为，未来可能用于燃料空气炸药的新型非核高能材料包括：亚稳态填隙式复合物（6倍TNT当量）、燃料–空气/粉尘–空气炸药（15倍TNT当量）、金属氢类HEDM（数十倍TNT当量）、张力键物质（100倍TNT当量）等。

3. 温压炸药

温压炸药比常规炸药具有更高的毁伤威力，在近距离产生强烈的爆炸冲击波摧毁中硬目标，而大范围的气云后燃爆炸释能过程，可产生无孔不入的高温火球破坏障碍物后的软目标。近些年来，在世界局部战争中，美国和俄罗斯等国使用的多种温压弹已成为标志性的新型武器，其发展前景被一致看好。美国将其列为16种"未来武器"之一，在日益增多的打击有限空间目标，如摧毁地下洞穴、巷道、工事中的人员、反恐和城市作战中大有用武之地。

4. 不敏感炸药装药

不敏感炸药和不敏感弹药技术的发展，不但能有效提高武器平台的安全性，而且能有效提高弹药攻击突防能力。20 世纪 80 年代以来，不敏感弹药已成为国外弹药领域重要发展方向，混合炸药技术的发展始终围绕着不敏感炸药这个需求在进行，高能不敏感混合炸药成为近年来新列装武器弹药用主流炸药。

（二）固体推进剂能量控制技术

火药以燃烧的方式对外释放能量或产物，其应用包括推进剂和发射药两个主要方面应用。

固体推进剂主要是以单个或者少量样本，在较低的压力环境中使用。

1. 高能固体推进剂应用技术

随着高能含能化合物、高效氧化剂、高热值燃料的合成，新一代高能固体推进剂将逐步获得应用。ADN 的应用可以使推进剂的比冲提高 5~10s；以 CL-20 替代相同含量的 RDX，可以使推进剂密度提高 20% 以上，质量比冲提高 2s 以上。而随着加工技术的改进，高能固体炸药的含量可以进一步提高，推进剂的比冲也可随之提高。

2. 单室多推力推进技术

按照战术技术的需求，通过变燃速、组合结构、局部包覆等方法，在火箭发动机中进行装药。可以实现发动机推力的阶段变化、调节与控制。

3. 可回收利用、高能钝感推进剂技术

以热塑性弹性体作为力学骨架加入高能炸药的推进剂既是低敏感推进剂，也是可回收的推进剂，这是固体推进剂发展的一个重要方向。

4. 低特征信号推进剂技术

火箭发动机的特征信号主要是火焰和烟雾，与推进剂的燃烧产物组成和温度密切相关。发展低特征信号推进剂技术，加强火箭隐匿性能，使其难以被发现、跟踪和拦截。

5. 高强度推进剂与高压推进技术

在推进剂力学强度和燃烧稳定性提高的前提下，随着材料技术的进步，使火箭发动机燃烧室压力提高到 10MPa 以上成为可能，可以使火箭推进技术达到新的层次。

（三）发射药能量控制技术

发射药主要以小尺寸、大样本，在较高压力环境下使用。利用绝热膨胀对外做功，将热能转化为弹丸动能，是身管武器发射的能源。预期在未来一个相当长的时间内，以发射药为发射能源的身管武器还是一种数量最多、使用最为频繁的武器种类。随着未来战争形态、武器发展需求，发射药将在以下方面极具发展前景。

1. 高能高强度发射药技术

高能高强度发射药不同于一般 LOVA 发射药，它在 LOVA 发射药的基础上，借鉴固体推进剂配方技术，采用混合硝酸酯增塑的聚醚聚氨酯作为发射药的强度主体网络结构，填

充了大量高能固体组分，如 RDX 等。也根据主体网络结构成分称其为 JMZ 发射药。何卫东等以混合硝酸酯增塑的聚醚聚氨酯材料作为发射药网络结构与能量添加剂、性能调节剂组合，制备了一类高能、高强度发射药——JMZ 发射药。此类 JMZ 发射药可以稳定地燃烧，燃烧基本符合正比规律，JMZ 的压力指数 n 在 1.00 左右；燃速系数 u_1 小于相同压力的双迫和硝胺发射药，但高于单基药。该发射药的能量比一般制式药的能量高，而且还可以根据不同需要通过改变配方组分加以调节。

2. 变燃速发射药技术

为了获得较高的火炮膛口初动能，通常采用的途径为增加发射药装药的总能量和提高能量利用率。提高能量利用率的方法主要采用燃面渐增性发射药或燃速渐增性发射药（或两者结合使用）。变燃速发射药是目前我国正在研究开发的一种发射药，它将高能发射药技术和包覆发射药技术结合在一起，前者具有增加装填能量的效果，后者具有高燃烧渐增特性。包覆剂采用与发射药配方组成相同的含能材料，可以大幅度降低炮口烟焰现象。变燃速发射药采用物理方法对燃速进行控制与调节，达到装药能量的程序释放。可采用双层或多层结构，外层是低燃速发射药层，为结构密实、燃速较为缓慢的火药，如溶剂型硝化棉单基发射药，燃速可以用硝化棉的含氮量或者在其中加入适量的非含能高分子化合物来调节，这样可保证发射药的力学强度。内层是高燃速发射药层，可以是含有晶体高能炸药的硝胺发射药，燃速由黏结剂种类、含量和硝胺炸药的粒度来控制。

3. 清洁环境发射药技术

为提高发射药的能量利用率和做功能力，对各种配方的发射药、发射药的药型、发射药的装药结构等都进行了充分的研究，武器的内弹道性能取得了长足的进步。随着发射药的发展，对其提出了清洁燃烧的要求。最早的黑火药，其能量低，燃烧烟雾大，射击残渣多；后来发明的单基药、双基药、三基药、混合硝酸酯发射药等，射击的污染情况有了明显的改善，但还是存在一定的问题，主要表现为：①变装药系统的小号装药射击残渣烟雾多、弹道性能不够稳定。②自动武器的退壳、装填受到残渣的影响，射速提高困难。③发射药燃烧过程中产生的烟雾、火焰、热量特征信号等，易暴露作战目标，带来不安全因素；同时，燃烧的烟雾会影响士兵自身的观察视线，有毒气体对士兵的身体健康带来危害。④发射药及装药的不完全燃烧，降低了武器的能量利用率，造成了一定浪费。⑤产生的烟雾、毒气、固体残渣、废弃物等，对环境产生了破坏。大力研究发射药及装药的清洁燃烧技术，是一项事半功倍的研究任务。完善的清洁燃烧技术，可以提高武器的综合性能，降低对环境的污染和对士兵健康的损害，同时使发射药的能量得以更充分利用。通过发射药的配方设计、发射药的药型设计以及装药设计等方法，可以实现发射药及装药清洁燃烧。

4. 模块发射装药技术

身管武器发射频率是决定其威力的一个重要因素，其中弹药的输送过程至关重要。中小型口径武器弹药采用一种弹药结构，从连发的机关枪发明以来，已有成熟的自动装填技术。对于大口径榴弹武器，需要对大范围不同距离的目标进行打击，采用分装式发射装药结构。模块装药是采用物理的方法，将发射药与装药元器件分割成刚性单元模块，有利于储存、装填，方便使用。模块装药可以设计为3种模式：双元（X+Y）模块、等（X）模块和类等（1+X）模块。

五、结束语

能量释放与控制技术是关联配方装药与装备性能及工程应用的核心关键技术。多年来我国积累了混合炸药、固体推进剂和发射药及其装药的工程应用核心技术，形成了系列化装备产品，具有自主研发能力。但与国外技术发展相比，整体水平上还存在一定差距。随着创新装备和实践需求，进一步深化能量释放与控制技术的科学探索和工程实践应用研究，探索燃烧爆炸过程中特殊环境化学反应和物理特性变化的本质，突破燃烧爆炸过程在时间、空间方面控制技术，以期实现工程应用目标，必将推动我军装备建设和军事科技发展。

参考文献

［1］柴玉萍，张同来.国内外复合固体推进剂燃速催化剂研究进展［J］.固体火箭技术，2007（1）：44-47，56.
［2］陈科全，黄亨建，路中华，等.一种弹体排气缓释结构设计方法与试验研究［J］.弹箭与制导学报，2015，35（4）：15-18.
［3］堵平，何卫东，廖昕.发射药及装药的清洁燃烧技术概述［J］.含能材料，2011，19（4）：464-468.
［4］范雪坤，马忠亮，朱林.变燃速发射药燃烧性能研究进展［J］.四川兵工学报，2011，32（7）：48-50，54.
［5］冯增国，侯竹林，王恩普，等.氧化剂粒度和含量变化对NEPE推进剂燃速和压力指数的影响［J］.火炸药，1995（1）：7-9，6.
［6］何源.含能破片作用机制及其毁伤效应实验研究［D］.南京：南京理工大学，2011.
［7］贺增弟，刘幼平，马忠亮，等.变燃速发射药的燃烧性能［J］.火炸药学报，2004（3）：10-12.
［8］胡松启，韩进朝，刘林林.丁羟推进剂高压燃速及其调控方法研究进展［J］.火炸药学报，2022，45（4）：452-465.
［9］蒋帅，刘琼，南风强，等.37孔硝基胍发射药单—装药和混合装药的燃烧性能［J］.含能材料,2021,29（3）：228-233.
［10］李艺，郭晓燕，杨荣杰，等.铝/有机氟化物复合物对含铝HTPB推进剂燃烧性能的影响［J］.火炸药学报，2016，39（6）：74-79.
［11］刘征哲.新型高燃速固体推进剂制备及燃速调控［D］.南京：南京理工大学，2021.
［12］逯勇旭.基于双色平面激光诱导荧光技术的推进剂燃烧温度测量方法研究［D］.绵阳：西南科技大学，2022.
［13］彭江波，曹振，于欣，等.时间分辨AlO-PLIF成像技术应用［J］.固体火箭技术，2021，44（1）：106-111.

［14］秦能，汪亮，王宁飞. 低燃速低燃温双基推进剂燃烧性能的调节［J］. 火炸药学报，2003（3）：16-19，31.
［15］宋浦，肖川. 常规毁伤的新发展——超强毁伤技术［J］. 含能材料，2018，26（6）：462-463.
［16］宋浦，肖川，杨磊，等. 高能物质的高功率密度能量输出特性［J］. 火炸药学报，2018，41（3）：294-297.
［17］唐乾森，肖正刚. 窄通道杆状发射药内孔燃气流动数值模拟［J］. 火炸药学报，2016，39（5）：93-98.
［18］王江宁，郑伟，舒安民，等. 含CL-20改性双基推进剂的燃烧性能［J］. 火炸药学报，2013，36（1）：61-63.
［19］王玮，王建灵，郭炜，等. 装药密度及尺寸对RDX基含铝炸药爆压爆速的影响［J］. 含能材料，2010，18（5）：563-567.
［20］王晓峰. 军用混合炸药的发展趋势［J］. 火炸药学报，2011，34（4）：1-4，9.
［21］王召青，刘勋，董朝阳，等. 大颗粒球形发射药的制备及性能测试［J］. 火炸药学报，2017，40（3）：98-101.
［22］魏伦，姚月娟，刘少武，等. 含FOX-12硝胺发射药的燃烧特性［J］. 含能材料，2012，20（3）：337-340.
［23］魏晓林，周建辉，李宏岩，等. 炭黑表面特性对改性双基推进剂燃烧性能的影响［J］. 化工新型材料，2021，49（6）：98-102.
［24］夏亮. 含能燃烧催化剂$K_2Pb[Cu(NO_2)_6]$的制备及其对改性双基推进剂性能的影响［D］. 南京：南京理工大学，2019.
［25］肖川，宋浦，张默贺. 常规高效毁伤用火炸药技术发展趋势［J］. 火炸药学报，2021，44（5）：541-544.
［26］萧忠良，王泽山. 发射药科学技术总体认识与理解［J］. 火炸药学报，2004（3）：1-6.
［27］徐汉涛，肖正刚，何卫东. 部分切口多孔杆状发射药的燃烧性能［J］. 含能材料，2014，22（2）：251-255.
［28］徐敏潇. 新型高能合金在燃料空气炸药中的应用研究［D］. 南京：南京理工大学，2017.
［29］徐前，何卫东. 横切棒状和包覆粒状发射药混合装药定容燃烧性能［J］. 含能材料，2017，25（1）：39-43.
［30］徐皖育，何卫东，王泽山. 高能量、高强度发射药配方研究［J］. 火炸药学报，2003（3）：44-46.
［31］薛羿炜，杭祖圣，应三九. 钝感球扁药及其混合装药燃烧性能研究［J］. 弹道学报，2011，23（3）：96-99.
［32］杨建兴，贾永杰，刘毅，等. 含RDX的叠氮硝胺发射药热分解与燃烧性能［J］. 含能材料，2012，20（2）：180-183.
［33］杨坤坤，贺斐，李岩骏. 固体发射药能量和燃烧性能研究进展［J］. 广东化工，2022，49（16）：64-66，31.
［34］姚志. 部分切口杆状发射药内孔燃气流动数值模拟研究［D］. 南京：南京理工大学，2018.
［35］于慧芳，李梓超，刘波，等. 高氮量改性单基发射药的制备和性能研究［J］. 火炸药学报，2018，41（6）：632-636.
［36］于明，孙宇涛，刘全. 爆轰波在炸药–金属界面上的折射分析［J］. 物理学报，2015，64（11）：282-291.
［37］袁志锋，李军强，舒慧明，等. 纳米镍粉对改性双基推进剂综合性能的影响［J］. 含能材料，2019，27（9）：729-734.
［38］臧晓京，蒋琪. 威力可调的常规战斗部［J］. 飞航导弹，2011（4）：90-91，97.
［39］赵强，刘波，刘少武，等. 堵孔钝感高能叠氮硝胺发射药的性能［J］. 含能材料，2020，28（3）：242-247.
［40］郑添春，郭磊，焦延博，等. 含能穿甲弹毁伤反舰导弹战斗部能力分析［J］. 兵器装备工程学报，2021，42（11）：96-101.
［41］Ao W，Liu P，Liu H，et al. Tuning the agglomeration and combustion characteristics of aluminized propellants via a new functionalized fluoropolymer［J］. Chemical Engineering Journal，2020（382）：122987.

［42］Li S, Tao Z, Ding Y, et al. Gradient Denitration Strategy Eliminates Phthalates Associated Potential Hazards During Gun Propellant Production and Application［J］. Propellants, Explosives, Pyrotechnics, 2020, 45（7）: 1156-1167.

［43］Pang W Q, Fan X Z, Zhao F Q, et al. Effects of Different Nano-Metric Particles on the Properties of Composite Solid Propellants［J］. Propellants, Explosives, Pyrotechnics, 2014, 39（3）: 329-336.

［44］Xu Y, Wang Q, Shen C, et al. A series of energetic metal pentazolate hydrates［J］. Nature, 2017, 549（7670）: 78-81.

［45］Zhang C, Sun C, Hu B, et al. Synthesis and characterization of the pentazolate anion $cyclo$-N_5^- in $(N_5)_6(H_3O)_3(NH_4)_4Cl$［J］. Science, 2017, 355（6323）: 374-376.

撰稿人：李宏岩　赵凤起　王晓峰　王琼林　罗运军　焦清介　肖忠良　高红旭
　　　　冯晓军　曲文刚　张　言　贾宪振　刘鹤欣　仪建华　封雪松　张　洋
　　　　高　涵　易治宇　肖立柏　付青山　徐司雨　杨　磊

能量高效利用技术

一、引言

现代战争的舞台已由传统意义上的战场演变为陆、海、空、天、赛博、认知、心理的多维一体化战场，是极端复杂的全域体系性对抗。因此，在战争中广泛运用的各类型装备，都必须具备体系相适应的毁伤能力。

毁伤的本质就是向目标投送和转移能量，追求高密度能量的可控释放，遵循能量－时间－空间模型。武器系统通过力学、化学、物理学、声学、光学、电磁学（本研究不包括核、生、化武器）等的能量相互作用，使目标的结构/组织破坏、功能丧失或降低的作用，其中非致命毁伤在一定时段后目标功能可全部或部分恢复。

毁伤从物理过程上来看主要包括了武器系统能量的释放、转化、传播，以及目标的耦合、作用、破坏等关键环节。提高常规武器毁伤威力的主要技术途径有：提高武器总能量，发展更高阶的能量源；提高能量利用率，将更多能量传递转化到目标上；利用新效应，发展新概念武器，实现对目标更加精密的破坏。

火炸药作为一种或多种元素构成的化学物质，具有不同类型的化学键；能够在封闭体系内无需外界物质参与发生强放热的燃烧爆轰反应，所释放的能量以反应产物为介质，可以实现对外做功。

火炸药装药通过化学反应进行元素重新组合和化学键重排，先将内能转化为热能，以产物为介质实现对外做功；然后将热能转化为动能，或者进行动量传递，实现对目标的毁伤。按照热力学原理，热力学系统对外做功的大小，一方面取决于能量的多少，另一方面取决于做功过程，即能量释放。燃烧与爆轰是火炸药能量释放的主要方式。在经典物理学范围内，能量释放在时间和空间维度体现：与时间相关的主要因素是燃烧或爆炸速率和即时燃烧爆轰的反应面积，与空间相关的主要因素取决于火炸药的装药结构，是能量在传递、作用时的矢量属性。

二、我国发展现状

人类使用的能量存在各种不同的形式，是对一切宏观微观物质运动的描述，对应于不同形式的运动，能量可分为机械能、电能、化学能、辐射能、热能、核能等。实现能量利用的基本要求是：利用效率尽可能要高，利用速率尽可能要快，具有良好的利用调节性能，满足经济环保等合理的要求。能量利用的基本原理主要是热力学第一／第二定律。热力学第一定律揭示了能量中"量"的问题，在封闭系统中可以利用能量做功；热力学第二定律指明了能量利用的方向、条件及限度问题，能量的不同利用方式有效率限制。

在常规毁伤技术领域，毁伤能量主要来自火炸药爆轰释放的化学能。

（一）能量高效利用

1. 优化装药结构

高能炸药引发剧烈反应后，自身化学能转化为爆轰产物内能的变化、对外界做功的动能和势能改变等。能量输出参量包括冲击波、热膨胀、机械做功、声／光／电／磁等。

由通量的物理定义可知，任意物理量的通量输出均与时间和空间的特性有关，炸药类高能物质的能量输出特性也与此类似。当炸药密度一定时，其基本参数爆速、爆热、爆容、爆压、爆温和炸药装药的爆炸总能量就已确定。通过能量在时间与空间的分布输出特性，利用特征尺寸、作用时间等因素来改善提高爆炸能量的输出效果，重点考虑功率及其通量输出。

若选定某型炸药，已知炸药质量、密度，工程常用类型的装药形状如图 1 所示，三种典型炸药装药的主要特征尺寸如表 1 所示。

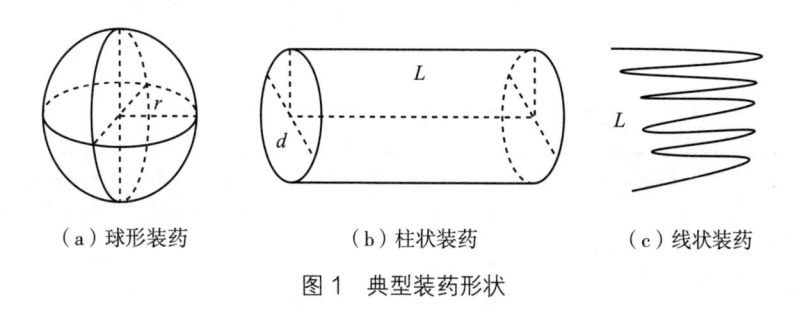

（a）球形装药　　　　　（b）柱状装药　　　　　（c）线状装药

图 1　典型装药形状

表 1　典型炸药装药的特征尺寸

装药结构	特征尺寸	装药体积	装药表面积
球形装药	r	$V_1=\frac{4}{3}\pi r^3=\frac{m}{\rho_0}$	$S_1=4\pi r^2$
柱状装药	$L/d=5$	$V_2=\pi\left(\frac{d}{2}\right)^2 L=\frac{m}{\rho_0}$	$S_2=2\pi\left(\frac{d}{2}\right)^2+\pi dL$
线状装药	$\rho_0=5\text{g/m}$, $L=200\text{m}$, r	$V_3=\pi r^2 L=\frac{m}{\rho_0}$	$S_3=2\pi r^2+2\pi rL$

注：V 为装药体积，S 为装药表面积，r 为装药半径，L/d 为装药长度与直径比，ρ_0 为装药密度。

取炸药装药质量 $m=100\text{kg}$、$\rho_0=1800\text{kg/m}^3$，来分析爆炸能量输出与作用时间及空间特征尺寸的定量关系。

（1）爆炸能量输出与作用时间的关系

利用前述工况计算可得，典型炸药装药的爆炸能量输出特性与时间参量的关系如表 2 所示。

表 2　典型炸药装药的爆炸能量输出特性与时间参量的关系

装药结构	起爆模式	爆炸作用时间	爆炸输出功率	$P_1:P_2:P_3$
球形装药	中心点起爆	$t_1=\frac{r}{D}$	$P_1=\frac{m\cdot Q}{t_1}$	8.44×10^4 : 1.65×10^4 : 1
柱状装药	端部点起爆	$t_2=\frac{L}{D}$	$P_2=\frac{m\cdot Q}{t_2}$	
线状装药	端部起爆	$t_3=\frac{L}{D}$	$P_3=\frac{m\cdot Q}{t_3}$	

注：t 为爆炸作用时间，P 为爆炸输出功率。

由表 2 可见，一定质量的炸药在装药不同的情况下，爆炸输出功率与爆炸作用时间密切相关，可能产生数量级的巨大差异。

（2）爆炸能量输出与空间特征尺寸的关系

同样利用前述工况计算可得，典型炸药装药的爆炸能量输出特性与空间参量的关系如表 3 所示。

表 3　典型炸药装药的爆炸能量输出特性与空间参量的关系

装药结构	起爆模式	能量通量	功率通量	能量通量 $(\varphi_1:\varphi_2:\varphi_3)$	功率通量 $(\Phi_1:\Phi_2:\Phi_3)$
球形装药	中心点起爆	$\varphi_1=\frac{m\cdot Q}{s_1}$	$\Phi_1=\frac{P_1}{S_1}$	168 : 91.4 : 1	1.42×10^7 : 1.51×10^6 : 1
柱状装药	端部点起爆	$\varphi_2=\frac{m\cdot Q}{s_2}$	$\Phi_2=\frac{P_2}{S_2}$		
线状装药	端部起爆	$\varphi_3=\frac{m\cdot Q}{s_3}$	$\Phi_3=\frac{P_3}{S_3}$		

注：φ 为能量通量，Φ 为功率通量。

由表 3 可见，一定质量的炸药在装药不同的情况下，爆炸输出的能量通量和功率通量与装药的特征尺寸密切相关，将产生数量级的差异。针对高能物质的高密度能量可控释放和高效转换目前最有效的技术途径就是设计装药结构和起爆传爆序列，从化学、物理、力学的角度出发，控制爆炸能量的时空分布，有效地控制和转化所需的功率输出。

可见，优化高能物质的装填结构和能量激发序列设计是可控释放和高效转换高能物质潜在化学能的有效技术途径。相同质量的炸药爆炸输出功率差别能够达到 1~4 个数量级，能量密度差别可达 1~2 个数量级，能流密度差别 1~6 个数量级。

2. 化学能耦合增强技术

针对常规爆炸"近场能量过剩、中远场能量不足"的制约瓶颈，能够利用装药爆轰热力作用强化、多域能量耦合叠加、毁伤效应调控等威力场精准控制的新思路，通过装药精密爆轰波形起爆控制、毁伤元与炸药能量结构匹配、组分体系内外能量耦合的技术途径，实现对高能炸药的有效利用。

（1）采用新型炸药技术

炸药作为各类武器火力系统的动力能源和毁伤能源，直接影响并决定性能的发挥。作为高能量密度材料的新型炸药的应用，可显著提高应用系统的能量指标。

（2）应用先进威力输出系统

应用轴向以及圆周偏心方向实现邻位、间位多种方式的选择定向起爆网络等先进的能量输出系统能够改变装药爆炸作用后的能量输出结构，大幅提高装药的能量利用率。

（3）采用先进装药工艺技术

采用先进的装药工艺技术，这对于老装备的技术改进具有明显的提升效果。如采用分步压装、等静压、复合匹配装填、挤注 PBX 等新型装药工艺，提高装药的密度及装药结构的均匀性，既可增加限定体积内的装药质量，又能使主装药的爆轰性能有较大的提升，从而大幅提升武器装备的威力性能。

（4）发挥体积爆轰能量特性

炸药在发生爆轰反应时全靠自身供氧，改变凝聚态固体炸药及其混合体系的能量点源释放模式，使其在一定的体积范围内释放，充分利用爆炸区内大气中的氧气；在一定起爆条件下云爆剂被抛洒开，与空气混合并发生剧烈爆炸，实现大范围的体积性的云雾爆轰。对目标的破坏作用主要是靠体爆轰产生的超压和温度场效应，以及高温、高压爆轰产物的冲刷作用。虽然云爆爆轰的超压峰值比常规凝聚相炸药低，但由于其爆轰反应时间（包括爆燃反应时间）高出几十倍，持续作用时间长，所以冲击波的破坏作用要大得多，作用范围宽广；同时由于云雾爆轰会消耗周围的氧气，在作用范围内能形成一个缺氧区域，使生物窒息而死。云爆爆轰比等质量的凝聚相炸药释放的能量高得多，所产生的爆炸冲击波能破坏大面积军事目标，爆轰波在墙壁之间反射叠加，超压值远高于开阔空间，所以云雾爆轰的杀伤作用在密闭空间内效果更高，一般可达 3~6 倍甚至更高。

3. 新型毁伤元调控

现代战争形态正在由人员导向型向科技导向型转变，战争模式的演变对武器装备的毁伤能力提出了更高的要求，无论是打击的精确性还是对目标的毁伤效率都要得到巨幅提高，作战装备需要向高能量毁伤、信息化、智能化方向发展，并具备多任务作战能力。智能化引信可根据获得的目标信息自动选择合适的打击模式，形成合适的毁伤元，给予目标最大程度的毁伤。

常规毁伤元可分为聚能射流（JET）、爆炸成型弹丸（EFP）、聚能杆式侵彻体（JPC）和多破片等，分别适应打击不同的目标。聚能装药在一端起爆后，内部迅速产生爆轰反应，在药型罩一端将爆轰产物能量聚集形成聚能射流，其穿深大，侵彻半径较小，攻击侵彻重型厚装甲；EFP毁伤元一般通过装药端面中心起爆产生，较之于JPC毁伤元，其直径大、穿孔大、侵彻后效强，在打击轻装甲目标时具有更强的毁伤能力；JPC毁伤元一般通过装药端面环形起爆产生，多点起爆时作用到药型罩上的压力更大，药型罩获得更加剧烈的压垮效果，这种起爆方式产生的毁伤元长径比大，飞行速度高，较之于EFP毁伤元，具有更强的侵彻能力，在打击重装甲目标时具有不可替代的优势；对于破片毁伤元，获得方式为在药型罩前端加装高强度金属格栅，在爆轰产物推动下，药型罩被金属格栅切割，形成大破片或多EFP，更有利于打击软目标。

传统惰性金属毁伤元存在单一动能毁伤机理的局限性，战斗部威力提升亟须从新型毁伤材料、新型毁伤机理和武器化应用上寻求突破。随着粉末冶金、化学气相沉淀等材料制备及加工技术取得重要突破，钨合金预制破片/穿甲弹芯、钽/镍/合金药型罩等高性能材料技术已不断应用于杀爆、穿甲、聚能类战斗部，大幅提升了毁伤元的威力。

近年来，活性毁伤材料研究最为深入。活性毁伤材料集合惰性金属材料强度和火炸药爆炸能量双重属性优势于一体，由该材料形成的活性毁伤元（破片、射流、杆条、弹丸等）高速命中目标时，不仅能产生类似惰性金属毁伤元的动能侵彻贯穿毁伤作用，又能发挥类似含能材料的爆炸毁伤优势，从而创造一种全新的动能与爆炸能双重时序联合毁伤机理和模式，显著增强毁伤元对目标的毁伤能力，实现战斗部威力大幅度提升。

面对复杂的战场目标，传统单毁伤元战斗部难免捉襟见肘，在作战灵活性上达不到战术需求，而多模战斗部在目标多样的战场环境中则显现出了不可替代的优势。它具有以下特点：根据战场目标来选择生成合适的毁伤元；一弹多用的优点使运输与携带更加方便；更加快速有效地应对如今智能化与信息化相结合的战场。近年来，我国在战斗部多模式转换方面，在聚能/破片效应转换、杆流/爆炸成型弹丸双模毁伤元转换等技术方面开展了系列攻关研究。

毁伤控制智能化是指自适应控制引信作用方式、在弹目交会中起爆时机、战斗部杀伤区域、弹道落点等因素，实现弹药毁伤效应的最佳控制，最大限度地实现对目标的毁伤，并降低附带毁伤。

（二）多域能量耦合

多域能量作为多域作战的关键要素之一，其概念和应用在现代战争中越发重要。多域能量通常指的是在多个领域中利用各种资源、手段和技术所形成的多种能力。这种能力的综合利用和协同作战，可以提高作战效能，增强战场适应性，使军队在多变的战场环境中取得优势。因此，研究多域能量在多域作战中的内涵与应用具有重要的理论和实践意义。

多域能量包括了传统领域作战力量的应用，如陆军、海军、空军等，同时也涵盖了电磁、信息、网络等领域的能力。多域能量是一种综合性、综合利用的概念，通过充分发挥各领域能力的优势与互补性，实现全域作战的战略目标。典型应用如耦合周围环境中的氧而提升爆炸威力的温压爆炸毁伤。

1. 温压爆炸毁伤特性

温压炸药能量释放过程、能量构成和使用环境导致其毁伤机制与传统弹药差异显著。传统弹药在开放空间爆炸时，按作用距离由近到远，毁伤元素依次是爆轰产物/热效应、冲击波、破片，主要毁伤元素为冲击波和破片，但爆轰产物、中近场的强冲击波和破片都无法对隐蔽在复杂地道、洞穴、坚固建筑物中目标造成致命的杀伤（图2）。

温压弹在封闭空间内使用时则具有独特的杀伤机制，爆轰–爆燃–燃烧三阶段的能量释放结构确定了温压炸药的杀伤性能，最初的无氧爆炸反应确定了其高压性能以及对装甲的侵彻能力，厌氧燃烧反应确定了其中压性能以及对墙壁/工事的破坏能力，有氧燃烧反

图2 开放空间的杀伤机制

应确定了准静态压力、负压效应以及对人员和装备的损伤能力。通过调整上述3个反应阶段，可使温压弹针对不同的目标满足特定的性能要求。

密闭/半密闭结构内，温压炸药的爆炸效应与结构的耦合效应显著，导致毁伤机理远比开放空间复杂，一般认为温压爆炸的毁伤元素主要为爆炸波和高强度热，次级毁伤元素为高速破片和有毒气体。当炸药在密闭空间中使用时，墙、沙包和个人防护都可以阻挡破片和强冲击波，但火球在爆炸波推动下能够沿着廊道等狭长约束环境边燃烧边传播（相当于能量运动通道），绕过角落进入破片不能达到的区域，爆炸波被墙壁和另一些表面反射后还会被加强，密闭空间内部人员将承受压力和冲量要高于自由空间爆炸的压力和冲量。坑道内的杀伤机制如图3所示。

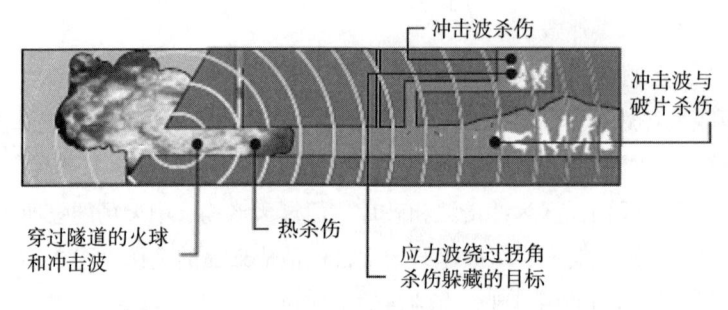

图3 坑道内爆炸的杀伤机制

温压爆炸的压力毁伤效应体现在：①多峰冲击波毁伤，弹药结构内部爆炸时，冲击波遇到壁面、地面产生多次反射冲击波，产生一个具有明显压力上升、时间周期较长的压力波，能够明显地增加冲击波冲量，时间量级上建筑物内（几个毫秒）和坑道（接近1秒），对目标形成多次协同或累积毁伤。②准静态压力毁伤，准静态压力的作用时间很长、冲量大，是空间较小的单室密闭结构整体破坏的主要毁伤元素之一，泄压后作用失效。③负压损伤，后燃烧过程中燃料和空气中的氧发生反应，可以造成局部缺氧或真空状态，并将附近结构中的空气吸附过来，与未反应燃料、一氧化碳等继续反应，在更多空间形成负压和窒息，是复杂多室结构的主要毁伤模式。但它的致死效应不是简单的因为缺氧，而是因为紧随在爆炸正压后的负压导致的肺部的气压创伤，这种负压效应对人员目标的毁伤是不可忽视的。

温压炸药的能量由爆轰能量（或爆热）和燃烧能量构成，爆轰能量是爆轰机械能和热能之和。但只有机械能是爆炸波的驱动源，热能对爆炸波没有贡献。燃烧能是燃烧的机械能和热能之和。爆轰能量绝大多数用来做机械功，而值得注意的是燃烧后有大量的剩余热能（8.1kJ/g），这些热能不能用于做机械功（毁伤），但在受限空间内可加热爆炸后的气体介质增加准静态压力。

对比开放空间，温压炸药有限空间内部爆炸时，结构的约束作用导致爆炸效应显著增

强,主要表现为:

a)爆轰产物受到周围壁面的抑制形成准静态压力,并保持较长时间的高温环境,改善了燃料粒子的点火和燃烧性能,能够降低它们的点火延迟时间,提高燃烧效率。

b)壁面反射冲击波是促使粒子燃料、爆轰产物和空气混合的主因,而子燃料、爆轰产物和空气的混合程度是后燃烧反应的控制条件。

c)壁面反射冲击波使未反应的铝粉等燃料粒子变形或破碎,破坏颗粒表面的氧化层或破碎成更小的颗粒。

d)燃料、爆轰产物与压缩空气中的氧反应,大的密度梯度增加了R-T(瑞利-泰勒)不稳定紊流,增强了混合和燃烧。

e)空气中冲击波与高速火球的交互作用,紊流增加了火球的边界温度,并使金属和爆轰产物混合物重新点火。

f)燃烧火球高速撞击障碍物和墙壁,爆轰产物的动能转换为势能,残留的金属粉被点火开始形成新的燃烧区域。

由以上分析可知,内爆炸已不局限于炸药配方内部分子间的反应热力学的范畴,更多的是从动力学的角度,通过炸药贫氧化或环境约束作用,充分利用周围空气介质中的氧参与爆炸反应,使单位质量炸药载荷的能量提高,并通过控制反应速率调节能量释放的时间/空间分布,增强炸药的毁伤效能。

可见,温压炸药之所以具有爆炸增强效应,空间约束作用非常重要:一是约束结构与爆炸效应的耦合作用提高了燃料(铝、镁、硼等)的反应完全性,能量释放效率更高;二是空气中的氧(炸药体系外的能量)作为氧化剂增强了爆炸总能量。

2. 多域能量耦合的新原理毁伤技术

通过揭示高功率密度能量与目标的耦合关系,构建能量安全应用边界理论,获得不同环境和介质中目标响应规律,掌握能量作用新效应,提出毁伤效应及评价的新原理和新方法。

基于常规高功率密度能量储存、功率转化、效率释放产生的新作用效应,或通过新机制使目标的结构及功能显著失效,大幅提升对目标破坏效果的新型毁伤技术。一是通过多效应联合作用,实现传统弹药战斗部无法产生的大范围毁伤场及耦合毁伤;二是采用目标结构、功能弱化模式,通过声/光/电/磁/热/力等耦合破坏效应,达到传统弹药战斗部无法实现的新质毁伤效果;三是利用超级铝热剂、超强氧化剂、新型物理材料等,通过新的能量作用和高效转化机制,形成超过传统毁伤效果的全新毁伤技术;四是探索全新的物理毁伤机制和技术途径,实现颠覆性毁伤效果。

（三）能量与信息融合

1. 能量与信息融合平衡熵增原理

熵是鲁道夫·克劳修斯于1864年首先引入的一个热力学状态函数，用来表述热力学第二定律，即熵增原理。在一切自然过程中，当系统处于非平衡态时，系统内部总存在着某种不均匀性，例如热总是从高温传递到低温，直到两个热源的退度相等为止，浓度大的部分总是向浓度小的部分扩散，直到两部分浓度相等为止；当到达平衡态时，系统中各部分的温度、压强、密度均匀分布，系统表现出很高的均匀性与各向同性，即系统的无序度（熵）最大，这时系统内部能量的总值虽然保持不变，可再也不能做功了。在不可逆的演化过程中，可用的能量越来越少，而熵越来越大，并最终达到一个最大值。因此，熵的增大就意味着能量的贬值，熵就是那个不可用能量的量度。

（1）信息负熵与熵增平衡

在1867年，物理学家麦克斯韦提出了经典的麦克斯韦妖实验。他假设有一个封闭的盒子里有冷热两种气体分子，盒子中间有一个隔板，有只"妖怪"能够控制隔板的打开与关闭。这只"妖怪"能够识别盒子中每个气体分子的速度，并且它可以通过控制小门的开闭实现冷热分子的分离。假设小门的开关过程无摩擦，那么在整个过程中这只"妖怪"就不用做任何的功。由此，在没有任何外部作用下，整个盒子的温度就可以从一个均匀分布的状态过渡到一个存在明显有温差的状态，整个系统的无序程度随之降低。

为了表明麦克斯韦妖热力学系统仍然满足熵增原理，西拉特提出了信息熵的概念。随后，香农提出了信息熵的具体表达式。他们认为整个系统的熵变不仅仅包含热力学熵，还应该包含由麦克斯韦妖所产生的信息熵，即通过信息对系统进行干预，使得系统的熵减小。也就是说，信息相当于一个与熵变化相反的东西，即"负"熵。

麦克斯韦妖实验用一种与传统的做功、传热等截然不同的方法将"负"熵注入给系统，造成了表观上气体分子按速率大小分开的熵减事实，即通过信息处理可转移或改变熵，"负"熵理论为平衡熵增提供了理论支撑。

（2）火炸药释能与熵增

火炸药释能过程是一种典型的熵增过程。在火炸药初始状态中，分子结构相对有序，系统的能量以化学键的形式储存，此时系统熵较低；在起爆点火状态中，引信适时向火炸药提供足够的激活能引发化学反应；在化学反应状态中，火炸药的燃料和氧化剂在高温下发生氧化还原反应，原有的化学键断裂，并生成新的化学键，与起始状态相比，产物的分子结构更加无序，熵值更高。同时，整个过程放出大量的能量，以热量和光量形式传递到周围环境。火炸药释放的能量在系统内部引发局部温度的急剧上升，产生高压气体使周围环境的熵也随之增加。能量从火炸药向外传递，直至热量分布均匀，整个系统达到热平衡。综上所述，火炸药释放能量的过程是一个自发进行的化学反应，熵的增加驱使这一过程向前进行，并伴随着大量能量的释放。

火炸药是弹药的"主粮"，在武器毁伤过程中起着关键性作用，其输出形式为能量。引信是确保弹药安全与起爆控制的"大脑"，输出形式为信息。释能调控除了改变火炸药化学组分、物理结构，还可通过调节引爆时机、方式、方位等方式，这已超越传统火炸药研究领域，必须依靠能量与信息融合实现对火炸药热力熵增至平衡态的过程控制。这一理论也可以通过热力学熵和信息熵这两个角度进一步分析：热力学熵描述了系统的热力学无序性，与能量传输有关；而信息熵描述了信息的不确定性，体现了信息的有序性。通过对热力学熵及信息负熵进行调节，实现熵增至平衡态的过程控制，精细调控火炸药能量释放过程，实现对敌高效、精准毁伤的目的。

2. 能量与信息融合实现先进毁伤

能量与信息融合可通过引信对火炸药的高效控制进行表征，典型方式有以下4种：①计时定时控制，通过射前装定高精度起爆延时时间，在抵近敌方目标时起爆战斗部装药，实现对敌近炸毁伤。②近炸起爆控制，通过集成雷达、红外、激光等传感器多模态异构融合，计算弹目复杂交会位姿，确定最佳起爆时机，实现对敌精准毁伤。③协同起爆控制，通过低时延分布式协同组网，实现多弹、多点协同逻辑起爆，实现对敌自适应毁伤。④效应可调控制，通过多模态自适应转换与易损部位辨识，实现打击目标自主选择、起爆方位自主选择、毁伤方式自主选择，实现对敌智能毁伤。

能量与信息融合平衡熵增原理是将能量与信息融合的概念，与平衡熵增原理相结合的创新理论，阐明了能量与信息在武器系统火炸药释能过程中的共同作用，揭示了达到热力学平衡时的关联和互动。

能量与信息融合平衡熵增原理包含三方面技术内涵：一是在封闭系统中，能量总是倾向于向更加均匀的分布发展，即"熵增"原理；二是在熵增条件下，系统能量会变得更加平均，而信息则会被逐渐消除，而与此同时，信息也可以用来抵消这种熵增的趋势，即"负"熵理论；三是通过利用信息产生负熵，可以组织或引导系统中的能量分布，使得能量不总是倾向于向更加均匀的分布发展，即通过热力学熵与信息熵融合实现平衡熵增。

将能量和信息融合平衡熵增原理应用于弹药领域，通过对引信产生控制信息形成的信息负熵与火炸药起爆的热力学熵进行融合，促成对熵增过程的精准平衡调节，最终实现弹药的精确定时、定向起爆，实现对弹药引信及火炸药的跨层统筹信息化设计，进一步提高弹药的毁伤效能。

三、国内外发展对比分析

国外既通过超高能量密度材料（UHEDM）和纳米技术获得高阶能量来源，同时通过外物理场和爆炸能量耦合的技术途径来增大火炸药释能的能量密度，弹药的毁伤能量来源不再局限于含能材料，而是包括含能材料和电能等其他可存储形式能量的含能装置。1979年，Edward T. Toton 等研究了均匀的电场和磁场对凝聚炸药定常爆轰的影响，选取 TNT 作为凝聚炸药的代表，计算了焦耳加热对爆速、爆压的预期增益。结果表明，当 TNT 所受电压低于其击穿电压时，理论上可以实现爆压的最大增加 12% 和爆速增加 6%。1982 年，David L. Demske 将 108kJ 电能耦合到爆轰波前沿之后的区域中，爆速提高 10%~20%。1999 年，Jamin Lee 等研究了电能输入提高炸药爆轰性能的可能性，试验结果表明，爆速平均提高 2.7%~3.2%、局部提高 8.2%~10.4%。

除了炸药输出威力提升的要求，新型毁伤效应也需要包括多种能量的新型含能装置或系统。例如，对于高功率微波战斗部常用的磁通量压缩电流发生器，利用含能材料爆炸压缩脉冲大电流形成的磁场，将炸药能量转化为磁场能量输出，因此该战斗部就需要能够存储和释放脉冲大电流的脉冲功率装置。

（一）能量释放的组合化和一体化

当前军用混合炸药的发展已经打破了自身体系的封闭性，不再局限于传统的物质和传统的释能方式，借用体系外的物质和能量获得了更大的功效。贫氧化的温压炸药、水下炸药及燃料空气炸药就协同考虑了环境因素，实现了炸药与环境介质的一体化。

装药结构设计是充分提高炸药的能量利用率以及能量向毁伤元的转化率的最有效手段之一。改变单一整体式装药结构，采用同轴双元或多元装药，内、外层装药采用不同能量输出结构的配方，通过不同配方的组合，可实现炸药装药与毁伤目标的匹配，提高弹药的多模式毁伤和多任务适应性。另外，炸药与弹药的其他部件组合能够释放更多的化学能，如战斗部设计时炸药与反应性材料的组合，用在弹丸中产生的孔洞比同样大小的惰性弹丸或破片产生的孔洞大 3~4 倍，对目标的破坏作用明显增强。另外，威力可调战斗部将炸药装药与打击目标一体化考虑，基于燃烧点火和爆轰起爆之间存在时间延迟，通过精确控制起爆时间，使炸药装药部分燃烧、部分起爆，控制战斗部内发生爆轰的炸药装药量，输出与目标相匹配的毁伤威力，同样可控制附带毁伤。该技术已经成熟，可用于 105mm 炮弹及体积更大的武器，美国正在开展演示验证工作。

（二）能量输出结构的多样化和精细化

不同类型的目标有不同的易损性特点，为了适应打击目标多样化、目标特性复杂化的作战需求，炸药的能量输出结构呈现多样化和精细化的特点。

对于大型爆破型弹药，要求炸药具有较高的冲击波超压和冲量；对于破片杀伤式弹药，要求炸药对破片具有较高的加速能力；对于聚能战斗部，要求炸药能驱动产生高速射流和自锻弹丸；对于重型鱼雷、水雷和深水炸弹等水下爆破弹药，要求炸药具有较高的冲击波能和机械气泡能；对于硬目标侵彻战斗部，要求炸药有较高的抗冲击过载特性和较高的内部爆炸威力；对于温压战斗部，要求炸药有较高的冲击波冲量、持续时间较长的热效应及较高的耗氧能力；对于云爆战斗部，要求燃料与空气混合后具有较高的爆炸冲击波超压、冲击波正相冲量和热通量。上述要求使炸药品种细分为通用爆破型炸药、金属加速炸药、水下炸药、抗过载炸药、温压炸药和燃料空气炸药，从而能针对不同的目标对炸药爆轰能量输出过程进行真正有效的控制，大大提高炸药装药的能量利用率和战斗部终点毁伤效果。

针对城市作战减少无辜伤亡的需求，国外提出了低附带损伤弹药的概念，美国空军研制了高密度惰性金属炸药，是一种由单质炸药（如 RDX、HMX）和高密度重金属钨合金粉组成的复合物，高密度惰性金属取代含能材料降低了炸药的总能量，爆炸半径很小，可控制爆炸毁伤的作用范围，减少附带损伤。

军事装备信息化提出了先进毁伤电子信息系统和装备的作战需求，要求在对目标硬毁伤的同时还能对信息化装备具有高效率的软杀伤效果，给常规毁伤战斗部附加软性电磁毁伤功能的多功能化方案无疑是很有吸引力的技术解决途径。美国陆军发展的导电气溶胶等离子体战斗部技术，其关键是采用一种富金属燃料的非理想复合炸药，爆炸产生气溶胶等离子体场，既具有冲击波毁伤效应，又具有电磁和电流毁伤效应。

针对恐怖分子可能发动的生物或化学袭击以及大型化工企业常常会发生的有毒、污染气体泄漏事故，需要发展能及时响应和快速、高效率清除污染的技术。俄罗斯采用有大量含钛成分的炸药，在污染区域爆炸，快速产生纳米级 TiO_2 气溶胶云团，通过纳米级 TiO_2 产生的光催化效应，高效催化分解污染物。该技术目前仍处于初步试验探索阶段，今后纳米含能材料科学技术的发展会促进该技术的成熟和实用化。

（三）新型增材制造技术

增材制造技术由快速成型技术发展而来，后俗称 3D 打印技术，该技术可用于制造任意形状的零部件，特别适用于传统工艺难以或无法成型的特殊、复杂结构产品的制造，近年来又发展出融合了智能材料元素的 4D 打印技术。武器装备精密控制与精确打击的发展趋势必然促使武器推进系统及毁伤单元向多样化、异形化和灵巧化方向发展，导弹发动机与战斗部需破解多层装药、复杂形状装药、高精度装药、微尺度装药等问题，增材制造技术为多层、异形、微装药的制造提供了一条全新的途径，在高精度和特定结构爆炸网络、火工品、整体装药、推进剂及活性材料战斗部等含能部件制造上具有极大应用前景，因此受到含能材料及弹药研究者的关注，目前已在铝热剂、烟火材料、传爆网络、火炸药及其装药、发动机、战斗部等方向开展了大量研究，取得了较大进展。但该技术还处于探索实践阶段，尚未得到规模配备和应用。今后需综合考虑制造过程中的物料特殊性、工艺适用性与过程安全性等问题，针对含能材料体系的特点，搭建适宜的含能材料增材制造系统、研究炸药体系及成型工艺参数，最终形成适于含能材料产品增材制造的设备、配方与工艺。

（四）智能火工品

相比传统火工品，微机电系统火工品的结构、尺寸及制造工艺发生了颠覆性变化，其对火工药剂提出了低能输入、高能输出、小尺寸装药、小尺寸传播及与微机电系统工艺相兼容等新的要求。

为了适应微机电系统火工品的发展，此时火工药剂的微装药成型不再是传统火工品装药的"称、装、压"三部曲，而是在火工品关键元器件的目标位置（如换能元、作动机构、金属飞片等）上直接制备指定形状、指定厚度及指定密度的火工药剂微装药，或是在装药腔体内直接形成自支撑结构的微装药，方可有效实现火工品微型化和集成化。

目前，适合于微机电系统火工品的微纳装药成型技术包括以下几种：①原位叠氮化反应成型装药技术，以多孔金属为前驱体，通过原位反应，将其局部或全部转化为含能材料，形成所需微装药。②增材制造成型装药技术，基于喷墨打印、微控直写等技术，通过将火工药剂配制成含能油墨，然后通过液滴喷射或高压挤注等方式沉积在基板上，形成所需微装药。③物理气相沉积薄膜成型装药技术，基于磁控溅射等技术，通过在基板上交替沉积指定厚度及层数的金属或金属氧化物薄膜，形成所需纳米含能薄膜微装药。

（五）智能引信

电子安全系统作为一种新型安全与解除保险装置，具有安全性好、可靠性高等特点，1998年开始美国已强制要求在研制的高价值弹药引信设计采用电子安全系统方案，目前国外已有多个产品配用了电子安全系统的武器产品装备部队，如美国 AIM-9X 空空导弹、海尔法（Hellfire）空地导弹、陆军光纤制导导弹（FOGM）、AGM 导弹、BLU-109 钻地战斗部，德国 IRIS-T 空空导弹等。且美国从 2003 年开始，要求所有库存弹药引信全部更换为电子安全系统。

在近几年美国引信年会上，微机电系统技术的引入，可编程逻辑器件的运用，以及制导引信一体化思想的指导，使得智能引信向着微型化、低成本以及应用于更加广泛的武器系统发展。以色列军工集团在 2008 年展示了为多功能 40mm 单兵榴弹研制的直列式引信方案，具有碰炸、触发延时炸、空炸、空爆弹幕、定时自毁、欠压自毁和自失效等多种功能。

四、我国发展趋势与对策

（一）应重视新质能力发展能量融合技术

人工智能和自主系统将广泛应用于多域能量。通过人工智能算法和自主系统的应用，实现多域情报的自动化收集和处理、目标识别和打击的高度自主化，提高作战效能和反应速度。此外，网络战的重要性将进一步凸显。随着信息技术的发展，网络战已经成为现代战争的重要组成部分。多域能量应用要注重拓展网络战的能力，加强网络防御和攻击能力，保障多域能量的信息安全和战时通信。

（二）应重视高密度释能过程相关的重大基础理论问题

高密度能量释放及控制本质在于通过爆炸力学理论来调控能量输出结构，提高毁伤能量利用效率。主要包括炸药装药的力学模型（包括冲击起爆模型）、爆轰释能模型等。重点是爆轰理论，核心是能量输出结构，时间尺度涵括爆轰波形以及后燃烧反应等。

1. 关于能量输出的基本理论和概念

按照时空尺度，炸药爆轰释能过程从小到大，依次是基于量子化学和分子动力学的化学键断裂的时空序列、基于化学反应动力学的化学反应道时空分布、基于爆轰动力学的爆轰波阵面形成和爆轰产物膨胀。

化学键断裂的时空序列、化学反应道的时空分布决定了能量释放的速率、爆轰产物的构成和初始热力学状态。与爆轰强度变化模型相对照，能量释放速率，即爆轰波阵面的能量输入功率；爆轰产物组成和初始热力学状态决定了其膨胀特性，即从爆轰波阵面带走能量的速率。一般来说，内能相同爆轰产物，密度小的组分带走能量的功率会低一些，反之会高一些；输入功率和输出功率之差，决定了释放出的能量在爆轰波阵面上"堆积"程度，即为爆轰波阵面的强度，表现为爆压、爆速等宏观量。

当前该领域研究存在的问题是，量子化学、分子动力学、化学反应动力学和爆轰动力学分别对应不同的时空尺度、控制方程不同、核心变量之间缺乏明确的映射关系。如果能把上述规律统一在一个大的理论框架之下，构建高功率能量释放过程的统一模型，会对常规毁伤领域的发展起到巨大的促进作用，某些重大理论问题都能够得到解答，如：含能材料的能量密度极限；新的储能形态释放能量的形式；新型含能材料如果以爆炸的形式释放能量，在爆轰过程的宏观参数上能否体现出明显差异，等等。

2. 爆轰过程的能量释放形式问题

前人在试验中很早就发现了爆炸过程中的非热力学现象，即在爆炸过程中除了以热力形式释放的能量，还有以其他形式释放的能量，最典型的是爆炸闪光和爆轰产物的等离子化效应。一方面，产生上述现象的深层机理问题，因为实验手段的缺乏，多年来未有大的进展；在科学界有一种说法：爆轰物理学是世界上为数不多的几门实验技术远远落后于理论研究的学科。另一方面，上述现象尤其是等离子效应在工程中得到了利用，最典型的是利用等离子体的导电特性作为测试系统工作的触发开关。

在当前的爆轰 C-J 模型和 ZND 模型中，实际上有一个默认的前提，即爆炸过程中以非热力形式释放的能量可以忽略不计，只考虑能量释放过程中的热力效应。对于现有的含能材料和混合炸药体系，这套模型的适应性很好。一个值得探讨的问题，也很有可能是这个领域将来取得颠覆性突破的一点是：如果能量密度更高的含能材料、能量释放速率更快/能量输出功率更高的混合炸药体系或高功率能量输出体系被研发出来，以非热力形式释放的能量不可以忽略不计，那么相关理论体系架构该做如何调整。

3. 超高能量密度空间对应的物质形态或能量形态

在 10^5 J/g 和 10^6 J/g 之间，可通过多种形态能量耦合叠加达到对应区间的能量状态。

（三）多种形式能量耦合的尝试

1. 化爆能和核能量耦合

原子弹爆炸过程是常规化学能爆炸引发核爆炸的过程。典型的原子弹结构外部是球形的炸药装药，中心是球形的核材料；球形炸药由外向内起爆，爆炸压力可以达到常规爆炸压力的百倍以上，将核材料压缩至原有体积的百分之一甚至更高，极大增加了质子和中子的空间密度和碰撞概率，从而使发生链式核反应成为可能。现在核武器做不了太小的原因是，如果没有足够的炸药，很难将核材料压缩至临界体积，从而难以发生链式反应。由于化学爆炸的能量相比于核能量太小，所以通常不提融合，只说是由化爆引发核爆。

2. 化学爆炸能和机械能的耦合

依托已有的炸药，不改变原有的能量密度，而只改变释能速度，会发生什么现象？具体的试验路径有两条：一是用超高速的金属平板去撞击炸药，在冲击起爆炸药的同时，金属平板的动能仍然能在炸药的爆炸气体产物中以冲击波的形式传播到炸药的反应面上，对反应面上的化学反应和释能速率进行加强。试验结果表明，TNT 的爆速提高了 30%，爆炸压力提高了 100%，从不到 20GPa 提升到 40GPa。二是将不同爆速的炸药做成同心管状，外部是高速炸药，内部是低速炸药，起爆后相当于外部高速炸药强迫内部低速炸药向前跑。试验得到了类似的结果，爆压可以增加 1 倍。

这种以更高的释能速率反应的过程被称为"强爆轰"。美国有所有炸药强爆轰状态的参数，对超高能量释放速率非常重视，我国在此领域研究基本上属于空白。从美国人的试验数据来看，强爆轰产物的状态方程数据完全可以通过现有的状态方程数据外推出来。

3. 化学爆炸能和光能的耦合

可以利用激光对炸药的反应面进行增强，将激光的能量和炸药爆炸释放的化学能进行耦合。北京理工大学陈朗教授在其专著中的试验结果表明：受制于激光光源功率，理论上可以将爆炸反应面上的能量释放速率提高 1 倍以上。

4. 化学爆炸能和电能的耦合

电灯泡的钨丝烧坏其实质就是一种电爆炸，过高的电压导致钨丝气化，电能转化为钨丝气化后小颗粒的内能和动能。在克级炸药内预置电爆炸丝，电爆引发化爆。提高威力的路径其实有两种方式：一种是电能增加了总能量；另一种是电爆炸的过程是光速的，相当于是强迫部分炸药以接近光速释放能量，与前文讨论的依靠机械能增加释能速率有类似之处。在克级试验中经计算表明，爆炸威力可达到单纯化学爆炸的 3~5 倍。

5. 化学爆炸能和磁能的耦合

原理可以借鉴电磁脉冲弹：在电能和磁能相互转换的电路中，线圈内置有可爆炸金属圆管；当电路中的电能全部转化为线圈中的磁能时，金属圆管起爆，对线圈内的磁能进行压缩，并以电磁脉冲的方式辐射出去。这个过程可以看作用最快的速度推动活塞，把注射器里的水挤出去。推动活塞的速度越快，喷射水流的速度越高。储存在线圈中的能量可以看作是注射器中的介质水，利用金属圆管自一端向另一端的膨胀过程接触并短接线圈，可以看作是用活塞挤压注射器中的水。短接的速度越快，理论上来说产生的电磁脉冲越强。

目前的现实问题是炸药的爆速普遍达不到万米/秒，与储能 LC 电路的振动周期相比没有时间量级上的优势，所以只有很少部分的磁能被利用。如果能将前述中的电爆化爆耦合装置替换现有的磁爆体系中的可爆炸金属圆管，电磁转化效率将得到量级的提升，磁能输出功率极大提升，有可能产生类似核爆的瞬时电磁脉冲强度。

参考文献

[1] 陈朗，鲁建英，伍俊英，等.激光支持爆轰波[M].北京：国防工业出版社，2011.
[2] 胡宏伟，冯海云，陈朗，等.非理想炸药在混凝土介质中的爆炸做功特性[J].爆炸与冲击，2018，38（1）：197-203.
[3] 胡宏伟，宋浦，邓国强，等.温压炸药的特性及发展现状[J].力学进展，2022，52（1）：53-78.
[4] 胡宏伟，宋浦，赵省向，等.有限空间内部爆炸研究进展[J].含能材料，2013，21（4）：539-546.
[5] 宋浦，肖川.常规毁伤的新发展——超强毁伤技术[J].含能材料，2018，26（6）：462-463.
[6] 宋浦，肖川，杨磊，等.高能物质的高功率密度能量输出特性[J].火炸药学报，2018，41（3）：294-297.
[7] 宋浦，杨凯，沈飞，等.国内外 TNT 炸药 JWL 状态方程及其能量释放差异分析[J].火炸药学报，2013，36（2）：42-45.
[8] 王强，李国建，苑轶，等.能量转化材料与技术[M].北京：科学出版社，2018.
[9] 肖川，宋浦，张默贺.常规高效毁伤用火炸药技术发展趋势[J].火炸药学报，2021，44（5）：1-3.
[10] 肖川，宋浦，张默贺.含能材料发展的若干思考[J].火炸药学报，2022，45（4）：1-3.
[11] 肖忠良.火炸药导论[M].北京：国防工业出版社，2019.
[12] 张震宇，田占东，陈军，等.爆轰物理[M].长沙：国防科技大学出版社，2016.
[13] 中国兵工学会.兵器科学技术学科发展方向预测及技术路线图[M].北京：中国科学技术出版社，2020.
[14] 中国军事百科全书编审委员会.中国军事百科全书（第二版）军事技术总论[M].北京：中国大百科全书出版社，2007.

撰稿人：宋　浦　翟　喆　霍鹏飞　姬　龙　胡宏伟　姚文进　刘　彦
　　　　王　平　褚恩义　梁　轲　白　帆　闫俊伯　李一鸣　张晓志

能量利用效应评估技术

一、引言

毁伤效应评估技术是在对热力声光电磁和信息等多种毁伤机制作用机理及目标响应机制研究的基础上，探索提高能量利用效率，掌握不同打击方式下能量与目标的耦合作用规律和目标功能失效特性，提升毁伤能量控制技术水平，提高能量利用效率，发展可摧毁复杂体系目标和未来新型目标的先进毁伤手段，进而拓宽毁伤的实现路径；健全能量利用参数测试及信息获取技术、目标毁伤效果测试、预估和验证的理论、方法与工具体系，是能量利用效能评估的基础和关键，也是支撑先进毁伤手段高效运用和打击效果精准评估的核心技术。

（一）基本概念

能量利用效应评估技术主要用于解决弹药毁伤效能和目标毁伤效果的评价与估量问题，通过方法建立、模型构建、工具开发、手段形成等工作支撑武器弹药的论证、研制和作战运用，是一个具有鲜明实践特点的工程技术研究方向。能量利用效能评估主要研究涉及目标易损特性分析与评估技术、弹药战斗部威力及毁伤效应评估技术、能量利用效能评估、能量利用试验测试4个方面。

1. 目标易损特性分析与评估技术

目标易损特性评估是指对目标受到攻击后，其结构破坏程度、进而造成功能丧失程度以及功能恢复时间的评价与估量。主要研究目标在给定弹药或战斗部毁伤元作用下的毁伤机理，掌握目标结构毁伤与功能丧失之间的变化规律，确定目标关键部件与要害部位，评估目标对武器弹药的毁伤敏感性和目标功能恢复时间等。

（1）目标

又称作战目标，是射击、攻击或寻求的对象，也指要达到的标准和境地。本书中是指武器作战拟打击、攻击、摧毁或干扰的对象。按目标基本特性，可以将目标分为：人员目标、地面装备类目标、水面水下目标、空中目标、工程建筑类目标、设备设施类目标及集群类目标等。

（2）目标易损特性

指目标在毁伤元作用下被毁伤的难易程度。表示目标被击中后的承受能力。它反映了目标对各类威胁的敏感程度，包括物理易损性和功能易损性。目标易损特性越高，受到攻击时被毁伤的可能性就越大，生存能力也就越低。

（3）目标毁伤标准

判断目标受到打击后是否毁伤以及分级评定其毁伤程度的评价依据。它是目标毁伤程度的顶层规范要求。一般用目标毁伤等级与目标结构毁伤程度的对应关系表示，同类目标采用相同的毁伤标准。

（4）目标毁伤准则

针对具体目标确定，是判断作用载荷是否对具体目标构成有效毁伤及达到不同毁伤等级的依据。是在目标毁伤机理基础上建立起来的毁伤作用载荷与目标毁伤程度之间的映射关系，表现为用于描述目标是否毁伤和达到何种毁伤程度的物理参量，如冲击波超压 – 冲量准则、动能密度准则等。

（5）目标毁伤等效靶

为进行弹药或战斗部威力及对典型目标毁伤效应试验而建立的基于实际目标或其关重构件的结构、材料力学响应和物理毁伤规律的实物或模拟物。

（6）目标易损特性评估

以弹药战斗部特性、目标结构 – 功能关系、目标结构特性等信息为前提，通过数学建模、仿真计算、试验验证等体系性、逻辑性的方法，对目标受到攻击而损伤的难易程度进行定性定量分析的过程。目标易损特性评估一是确定目标毁伤准则和毁伤判据，二是确定目标、或关键部 / 组件等效靶设计方法。

（7）目标毁伤效果

目标在武器弹药打击下造成的物理毁伤、功能降低或丧失的结果。单目标的毁伤效果通常按毁伤概率来判定；群目标的毁伤效果通常以被毁伤目标数的期望值或被毁目标的平均百分率即数学期望值与目标总数之比来判定。

2. 弹药战斗部威力及毁伤效应评估技术

（1）毁伤元

弹药或战斗部作用产生的对目标具有破坏能力的能量单元或物质单元。常见的毁伤元有破片、聚能射流、动能侵彻体、冲击波、气泡、热等。

（2）弹药战斗部

弹药战斗部是指弹药或战斗部的统称。按照弹药战斗部结构及对目标作用机理不同，分为杀爆/爆破型弹药战斗部、侵彻/侵爆型弹药战斗部、穿甲型弹药战斗部等类型。

（3）弹药战斗部威力

弹药或战斗部对目标实施毁伤或产生其他效应的固有能力。对于确定的弹药或战斗部，其威力是不受外界环境和因素所影响，但需通过对目标毁伤能力进行综合表征。通常在指定目标和作用条件下，用杀伤能力、爆破能力、侵彻能力、纵火能力、烟幕遮蔽能力、失能能力、干扰能力等来表征或考核相关弹药或战斗部的威力。

（4）毁伤效应

又称弹药战斗部对目标毁伤效应，是指弹目交会条件下，弹药战斗部作用于目标，造成目标毁伤效果的现象或规律。

3. 能量利用效能评估

（1）能量利用效能

武器弹药在使用条件下的能量利用效率，即武器弹药在有效射程、落点精度以及弹目交会等条件下对目标毁伤能力发挥的程度。

（2）武器弹药能量利用效能评估

综合考虑武器弹药的能量利用效率、目标易损特性、弹目交会条件、使用环境等因素，对武器弹药有效完成特定毁伤任务要求能力的评价与估量。

（3）武器弹药能量利用效能手册

反映武器弹药的能量利用效率、打击目标、使用方式与目标毁伤之间关系的应用工具。主要内容包括：武器弹药及武器系统的部队配属特点、物理特征和性能详细数据，利用这些数据生成武器作战效能评估结果所依据的数学方法，协助用户计算武器弹药效能的软件，目标易损特性及武器弹药作战使用环境、火力消耗测算方法和软件模型等，用于确定弹目匹配、作战使用、耗弹量及目标毁伤效果评估等；在性能试验、作战试验、在役考核和实战训练中武器弹药的使用性能、规律及出现的问题、作战使用全流程中的边界条件、方法和基本要求等，用于武器弹药试验鉴定及部队作战使用。

4. 能量利用效能试验测试

（1）能量利用效能试验

在真实或模拟场景下，为验证弹药或战斗部对目标的毁伤能力、掌握其毁伤规律或能量利用效能而开展的试验活动。

（2）静爆试验

将原型弹药或战斗部、子弹药、缩比战斗部或炸药装药静止放置在靶场试验区域或爆炸塔、罐等设施设备内进行的爆炸效应试验。目的是检验、考核弹药、战斗部或子弹在静置爆炸状态下的威力特性或对目标的毁伤效果。

（3）动爆试验

将原型弹药或战斗部、子弹药、缩比战斗部或炸药装药通过一定的加载设施或平台发射出去并适时引爆的试验。目的是检验、考核弹药或战斗部或子弹药在动态爆炸状况下的威力场分布或对目标的毁伤效果。

（4）模拟试验

在人为控制研究对象的条件下进行观察，模仿实际条件进行的试验。目的是探讨弹药或战斗部的作用机理与规律，实现性能指标的合理结构，以及验证影响某些指标的因素。

（5）虚拟试验

又称仿真试验，是一种在计算机上用软件模拟现实效果的试验方法。在毁伤领域是指以计算机为工具，以物理原理、模型理论、系统技术、信息技术以及相关领域专业技术为基础，通过构造虚拟毁伤效应试验环境及虚拟试验过程，模拟弹目作用过程，验证其毁伤效果的方法。

（6）毁伤测试

在毁伤试验中对试验环境、弹药状态、目标状态及毁伤相关参量进行测量、处理等工作的统称。主要包括终点弹道测试、炸药装药爆炸及战斗部毁伤元形成、传播及分布测试、弹药战斗部威力试验测试、毁伤效应试验测试、靶标响应参量测试等。

（二）能量利用效应评价的作用及意义

近年来，局部战争实践表明，运用精确制导武器"毁瘫节点、破击体系"的战法得到了普遍认可和遵循，"精确打击"已经成为当前战争的主要作战模式，成为决定战争胜负的关键。"精确打击"不仅体现在"精确命中"，还体现在"精确毁伤"，在武器弹药品种以及战场目标多样化的今天，更体现在武器弹药的"准确使用"。能否实现"精确毁伤"，主要由武器弹药的毁伤效能和目标防护水平决定，而"准确使用"主要由作战指挥人员对武器弹药毁伤效能和目标防护水平掌握程度决定。

1. 全面对比分析军事实力、正确进行战略决策的需要

科学合理的决策是确保战争取得胜利的前提和保障。战争是一个复杂的系统工程，科学、客观、准确评价敌我双方的军事实力，尤其是被打击目标情况是制定正确战略方针、有效准备战争的重要依据。军事实力评价的核心是对"攻""防"双方的打击能力和防护能力的评价，这些都离不开能量利用效能评估技术和数据的支撑。同时，国家战略决策确定后，如何进行军队和国防科技工业建设，也需要能量利用效能评估的支撑。

2. 制定作战火力计划、有效控制战争进程的重要依据

能量利用效能评估是作战火力计划制定和运用的重要依据，是目标选择与战术制定的重要基础，是优化火力打击方案、高效配置打击资源、有效控制作战进程、推动战争向着有利于己方进展的重要保证，直接影响着战争的进程和结局。

在制定火力计划阶段，需要选择打击目标、估算毁伤任务量、估算武器弹药需求量、分配目标及制定具体的打击部署（包括毁伤效果预测、耗弹量测算、要害部位选择、攻击

参数优化等）等，上述环节均离不开能量利用效能评估的支持。通过目标毁伤效果预测和武器毁伤效能分析，科学合理地分配攻击目标；通过对不同武器开展能量利用效能评估，比较毁伤效果及弹药消耗，确定最佳打击手段，并准确估算武器弹药消耗，为制定打击方案和部队弹药携行量提供准确参考；按照毁伤要求对目标毁伤效果进行预测，可以获得目标损毁程度、功能丧失时间等重要信息，从而为开展后续作战行动提供信息支持，还可以获取最佳攻击武器和最佳攻击位置，为武器攻击参数优化提供依据，从而获得最佳毁伤效果，达到"事半功倍"的效果。因此，能量利用效能评估是火力计划制定的重要依据和支撑。

在实施打击后，快速、及时地对目标毁伤情况做出准确判断，直接关系到后续作战任务的执行和下一轮火力计划的制定。只有通过能量利用效能评估，才能了解对目标的打击是否达到预定毁伤效果，是否达到作战目的，已经实施的火力打击和武器选择是否正确合理，是否需要实施再次攻击，是否有必要调整火力部署和作战计划等。能量利用效能评估结果的准确性和实时性，直接影响着战争的进程和结果。

因此，能量利用效能评估是作战中指挥员实施正确决策指挥和火力协调，调整火力打击重点的重要技术支撑，是确保作战任务圆满完成的关键环节，是量化评判训练效果的重要依据，对作战水平和能力具有举足轻重的作用和影响。

3. 实战化训练和贴近实战的模拟训练离不开能量利用效能评估技术和数据的支撑

军事训练是部队作战水平和能力建设、检验和提高的主要途径，也是和平时期部队工作的核心内容；实战化训练是军委总部首长对军事训练的最新要求。正如能量利用效能评估在作战指挥中的应用一样，实战化军事训练火力方案的制定和武器弹药的运用、战场建设、目标防护以及训练保障等工作同样离不开能量利用效能评估技术和数据的支撑；同时，在部队实战化训练过程中，除了完成上述作战指挥演练，还需要对训练的结果进行科学的评判，而科学准确的能量利用效能评估是量化评判部队训练效果的重要依据。

模拟训练是利用现代科学技术进行虚拟作战训练的有效途径，也是进行军事理论研究、作战推演、检验、评价的有效手段，模拟训练以其简便易行、经济实用和可再现等特点已经成为现代军队建设不可缺少的重要工具。目前，全军依托研究院校已建成50多个作战实验室和模拟训练中心。只有切近实战的模拟训练才能真正起到模拟和检验作战效果，提高作战理论研究和实战应用水平的作用，能量利用效能评估技术和数据是实现切近实战的模拟训练不可缺少的核心和关键。

通过部队作战训练和实战，系统化收集毁伤效能方面的相关数据，不仅用于打击效果评估，还可用于深化武器能量利用效能评价，找出武器弹药设计缺陷与不足，反馈给武器管理部门和研制单位，促进技术进步和设计水平提升。

4. 完善和优化武器装备体系，提高武器弹药发展水平和研制效益，实现创新发展的需要

通过对现有装备体系能量利用效能的评估研究，不仅可以找出我军装备体系的优势和强项，同时也可以发现存在的问题和不足，从而有针对性和超前意识地提出装备创新发展需求，进而科学地推动装备创新发展，为完善和优化装备体系提供支撑。

一是科学论证、设计武器弹药战技指标。在武器弹药研制阶段，战斗部装填比设计、结构强度设计、装药选型与配置、引信设计等战斗部相关参数的确定以及武器弹药毁伤效能分析都应在能量利用效能评估研究基础上进行。通过科学评估可以优化装药设计和攻击条件参数（装药量、引信参数、爆炸方式、侵彻深度、爆炸位置等），使武器的毁伤效能满足军事行动的需求。

二是有效验证武器弹药毁伤效能，提高研制效益的需要。在完成武器弹药设计后，通过能量利用效能评估，即可根据相关参数，预估武器弹药威力等相关指标的实现程度，在此基础上，进行少量的实弹试验，既可以验证评估系统的准确性，也可以验证武器弹药的实际性能，实现缩短研制周期，减少试验量和经费消耗的目的。

三是提高武器弹药研制水平，实现自主创新发展的基础。能量利用效能评估是从毁伤元及其特性、目标易损特性及其损伤判据以及毁伤元与目标作用机理上进行研究和分析，掌握其作用规律的一门学科。机理的研究不仅为武器弹药的发展提供依据，也为寻找更新的途径提供基础和理论指导，是实现创新发展的基础和有效途径。

5. 实现武器弹药合理采购、科学储备，与战场使用有机衔接的需要

通过能量利用效能评估并在此基础上制定统一的火力消耗测算方法和模型，才能制定出科学合理的武器弹药动员、生产能力规模，测算出武器弹药采购、储备基数，从而避免出现某种武器战时需求量大而平时生产储备量不够，或某种武器平时生产储备量较大而战时实际用量较少造成浪费的情况，最大限度地提高战争资源的利用效率，实现合理采购、精确储备。

现代战争是信息化条件下的数字化精确打击战争，精确打击是现代战争的重要方式，能量利用效能评估是实现武器弹药精确使用的有效手段。通过统一的能量利用效能评估规范和标准，在武器装备发展与战场使用之间建立起沟通桥梁，是有效解决"作战需求"与"装备发展"之间有效衔接的需要。美军利用毁伤效能评估取得的大量数据，编写《联合弹药效应手册》，编制武器效应预测软件、综合杀伤效应预测软件（ICEM）、战术层次模拟系统（OneTESS）等，实现了精确火力打击。

6. 能量利用效能评估是提高战场防护工程建设质量的需要

战场建设包括设防工程、阵地规划与建设、武器弹药储备、后勤供应保障等，必须开展系统的能量利用效能评估研究，对战场建设布局进行科学预测和统筹规划，否则将对未来作战效能发挥产生不利影响。武器与目标的相互作用是重要军事防护工程设计与加固改造的主要依据，只有把对敌方武器打击的毁伤效果搞清楚，目标防护才能"有的放矢"。

信息化战争条件下，武器命中精度和毁伤威力越来越大，新概念武器、大当量武器不断出现，武器攻击方式更加多样，毁伤能力越来越强，重要军事工程目标（如情报通信、

指挥中心、陆海空基地、机动交通枢纽等）已成为战争中打击的重点，这些目标在高技术武器打击下生存能力如何、目标功能丧失到什么程度、如何有效减弱或避免毁伤、采取什么措施才能有效防护，这些有关目标生存能力的问题都是必须回答的现实问题。

所以，能量利用效能评估对于制定防护工程发展规划，研发新结构、新材料，适时调整完善综合防护措施，提高我军防御能力具有重大作用。

（三）我国发展历程

我国能量利用效能评估技术与武器装备发展有着相似的历程和路径。即经历了由萌芽期、模仿阶段和自主发展3个主要阶段，尤其是在最近几年随着重视程度提高，在该方面的研究得到飞速发展，国内各相关研究所及高校都对该项技术进行了一定研究，并取得了一些成果。已基本形成体系化、系列化的覆盖所有武器弹药的能量利用效能评估技术体系和方法体系，可有效支撑我军武器弹药装备研发和作战训练、作战使用等工作的顺利有效开展。

1. 萌芽时期

抗日战争、解放战争时期，基于实现作战目的的需要，基于实战经验出发，就在不由自主地进行着能量利用的评估工作，并随着实战经验的积累，能量利用效能评估工作逐渐趋于程序化、规范化，评估结果也越来越准确。但此时，所有的评估工作仍未进入科学技术研究的层面。

2. 模仿阶段

20世纪60年代，在苏联对我国防工业的援助和支持的同时，带来了一系列有关火力运用理论、教程等。以此为基础，首先由相关部队院校、研究院所开展了相关资料、文献的翻译、编译，以及针对我军实际的编制工作；与此同时，随着苏联援建工厂的建设，相关武器弹药技术文献的翻译、编译等工作，我国武器弹药科技人员初步建立了对武器弹药能力力量的威力、效能的认识和理解；随着我国武器弹药生产能力的形成，以及后来的产品仿制等工作的开展，对能量利用的评估工作也参照苏联提供的资料文献提供的方法逐渐展开，于20世纪70年代末，基本形成了主要类型武器弹药能量利用效能评估的基本方法体系。但由于苏联未向我国提供与目标易损特性相关的文献资料，此时形成的方法体系仅限于对各种类型弹药战斗部能量输出的试验、测试与评价。

3. 自主发展阶段

改革开放以来，我国武器装备进入快速发展阶段，新型武器弹药不断研发成功，武器弹药能量利用评估技术也随之被带动起来；尤其是随着军改的推进，部队实战化演训工作的重视和加强，能量利用效能评估技术进一步由武器弹药装备性能的试验、测试与评估，向着武器弹药装备对目标毁伤效能，以及作战毁伤效能评估方向发展。到目前，建立起了主要打击目标毁伤标准、毁伤准则以及为开展武器弹药能量利用效能试验的毁伤等效靶体系；开展各种武器弹药能量利用效能评估的技术体系、靶标体系、试验方法体系和评估方法体系已经建立；各种新型武器弹药对不同类型目标毁伤效能评估也随着型号研制工作的开展同步展开，基本实现了在向部队"交装备"的同时就做到"交能力"的武器装备发展目标和要求。

（四）本节内容定位

能量利用效能本质上由弹药战斗部威力和目标易损特性决定，受使用环境、能量与目标耦合作用条件等因素影响。本节以目标易损特性和战斗部威力表征为支撑，向毁伤效应及毁伤效能评估递进，在概要介绍相关概念、内涵、作用意义及发展历程的基础上，按照战斗部类型，从能量运用表征、能量利用效能评估，以及能量运用系统测试3个方面，对国外研究现状进行了系统梳理，明确了目前达到的水平、能力现状与差距。从加强顶层设计、关键技术攻关、标准规范建立3个维度，提出了能量利用效能评估技术发展建议，以期为行业发展提供参考。

二、我国发展现状

国内在毁伤效能评估技术方面的研究较国外起步较晚，大致始于20世纪80年代，在最近几年随着人们重视程度提高，在该方面的研究得到飞速发展，国内各相关研究所及高校都对该项技术进行了一定研究，并取得了一些成果。

（一）总体发展情况

根据能量利用效能评估涉及目标、弹药战斗部种类多、应用范围广、评估方法多样、组织关系复杂等特点，按照"建立统一规范技术体系、统筹规划长远发展""建立模块（部件）单元毁伤准则、形成系统评价方法"和"各军兵种统筹规划、分头推进武器系统毁伤效能评估工作"的总体思路进行。

1. 建立统一规范的技术体系、研究规范，统筹规划长远发展

针对我国能量利用效能评估基础研究成果丰富，但缺乏统一规范、标准和统一的组织协调等现状，在全面调研、掌握已有成果基础上，形成规范化的能量利用效能评估相关概念；结合典型目标、弹药研究，建立目标易损特性研究、武器弹药能量利用效能评估研究基本规范，形成能量利用效能评估研究规范标准体系的"基本法"；结合我国国防和军队建设方向及我军现有弹药战斗部装备现状，制定能量利用效能评估技术中长期发展规划。

2. 建立各类目标毁伤准则、形成各类武器弹药能量利用效能评估基本方法

在"基本法"基础上，针对能量利用效能评估研究包括目标易损特性、弹药威力、毁伤效应和武器系统毁伤效能等内容丰富，涉及陆海空火各军兵种装备，范围广等特点，为充分体现和发挥基础研究对该项工作的支撑作用，减少低水平重复，将各类目标进行标准模块化，划分成若干标准模块（部件），通过研究建立各类目标及其标准模块毁伤准则及其判据；通过对各类弹药涉及的毁伤元的形成、传输规律研究，形成各类弹药威力试验、测试、评价方法规范；通过各类毁伤元对各类模块（部件）作用规律的研究，建立模块（部件）易损性数据库；根据目标特性，建立各类目标易损特性研究的基本规范和方法；根据各类武器系统特点，建立各类武器系统毁伤效能评估方法和规范。

3. 统筹规划、全面推进武器弹药能量利用效能评估工作

利用以上研究形成的方法、规范和标准，根据我国国防建设和各军兵种武器装备发展需求，统一组织国外主要装备与重点工事等重要目标的易损性研究，建立目标易损特性数据库；由各军兵种根据各自现有装备现状和发展需要，按照以上研究提出的相关方法、规范和标准，组织开展相关弹药武器系统能量利用效能评估研究和应用研究工作，形成各自装备弹药武器效能手册；由有关部门统一组织，在各军兵种弹药武器毁伤效能研究成果基础上研究形成联合弹药手册。由此，我军能量利用效能评估研究和应用工作全面进入规范有序阶段。

（二）能量运用表征与评估技术

武器装备的能量运用涉及目标易损特性及目标毁伤准则、毁伤元形成及弹药战斗部威力、弹药战斗部对目标毁伤效应以及武器发射弹药战斗部的毁伤效能等内容。

1. 目标易损特性分析与评估技术

按照基于毁伤的目标体系分类方法，通过各类型目标中典型目标易损特性分析研究，建立该类型目标易损特性评估方法、毁伤标准，构建典型目标毁伤准则的毁伤等效靶设计方法，用于进行新型弹药战斗部结构、威力及对该类型目标毁伤效应试验、测试与评估。

（1）基于毁伤的目标体系构建

从对目标毁伤角度，即从目标系统防护能力、抗打击能力，以及打击该类目标最适合的弹药战斗部类型等角度，探讨目标体系构建方法，目的是在对目标易损特性分析基础上，确定各类型目标关重和要害构件（分系统、或部位）及其毁伤准则、等效靶设计方法等。

按照战场目标存在的基本属性及特点，结合弹药战斗部类型及其适合打击目标的特点，将战场上可能遇到的所有目标按照地面装备类目标、空中装备类目标、水面水下装备类目标、工程建筑类目标、工业设施类目标、人员类目标和集群（面）类目标分为七大类；针对每一大类别目标的防护性能以及打击其所适用弹药战斗部类型，进一步细分为27种（详细内容参见图1）。在进行目标分类的同时，每类目标除给出最适合打击的弹药战斗部类型，还结合当前我国面临的环境形势及热点方向，给出每类目标热点方向典型目标。

在进行目标毁伤标准构建时，对同种目标，构建统一的目标毁伤标准；在此标准下，通过对每种目标1~2型典型目标易损特性分析研究，构建该种目标典型目标系统、或关重构件、分系统毁伤准则（毁伤等级与对应的毁伤判据），同时，给出该种目标典型目标系统、或关重构件、分系统毁伤等效靶设计方法，作为该类型弹药战斗部对该种目标毁伤效应试验、评估的基础和依据。

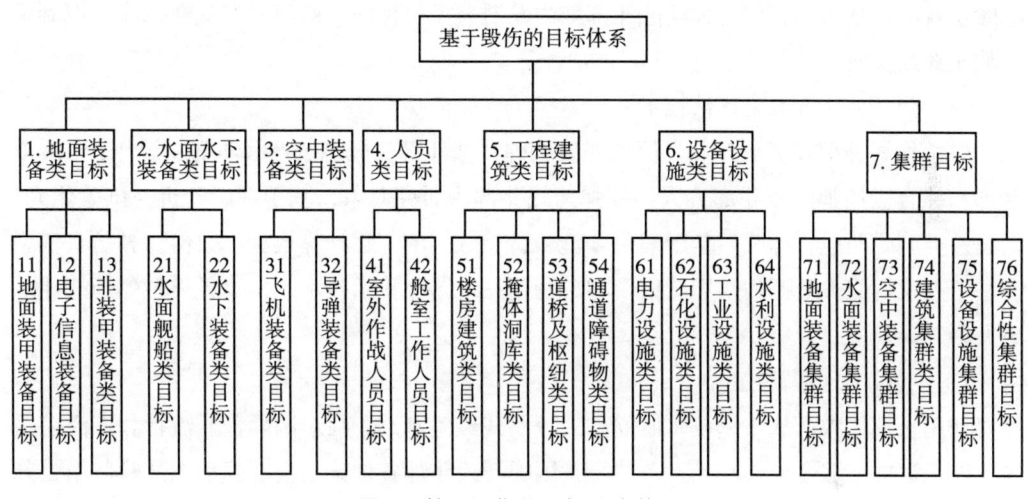

图1 基于毁伤的目标分类体系

（2）目标易损特性分析及毁伤标准构建

目标易损特性分析及毁伤标准构建的总体思路为：根据目标在战场发挥的作用及其主要功能，以及其功能下降、丧失和恢复时间长短等对其作用发挥的影响程度，按照摧毁（重度）、压制（中度）和损伤（轻度）3个等级制定其功能毁伤标准；通过对目标系统功能、结构分析，掌握目标系统功能变化与要害部构件破坏程度的关联关系，结合上述建立的目标系统功能毁伤标准，构建目标系统结构毁伤标准，确定目标系统要害部构件。

（3）典型目标毁伤准则及等效靶设计方法

以典型目标为研究对象，在对目标系统及要害部构件的材料性能、结构分析和试验研究基础上，确定目标系统及要害部构件在不同毁伤元作用下，其结构达到不同破坏程度对应的毁伤元阈值；以此为依据，构建典型目标毁伤准则，即不同类型毁伤元，实现对典型目标不同毁伤等级对应的阈值范围。

同时，在上述分析研究基础上，确定各类型目标要害部构件及对其打击最佳毁伤元（弹药战斗部）类型、打击方式（打击部位、或要害部构件），为弹药战斗部设计提供指导；在典型目标易损特性分析研究、建立其毁伤准则的同时，按照外形结构相同，对同类毁伤元作用响应等效（相同或呈现规律性变化）的原则，提出目标系统（或要害部构件）毁伤等效靶设计方法及其毁伤准则（判据），为打击该类型目标弹药战斗部设计性能试验验证靶标建设提供依据。

2. 弹药战斗部威力及毁伤效应评估技术

首先，通过研究构建各类型弹药战斗部威力评估方法；其次，按照最佳弹目匹配，结合目标易损特性分析方法，进行各种典型弹目交会条件下，弹药战斗部对不同目标毁伤效应评估方法构建；最后，按照军事斗争准备需要，开展各型号弹药战斗部威力及对典型目标毁伤效应评估研究，建立弹药战斗部威力及对典型目标毁伤效应模型或数据库，编制弹药战斗部毁伤效应手册。

（1）弹药战斗部威力评估技术

以杀伤爆破型弹药战斗部、侵彻爆破型弹药战斗部、聚能装药战斗部、温压/云爆战斗部和综合效应弹药战斗部五大类型弹药战斗部为研究对象，基于理论分析与试验研究，构建各类型弹药战斗部威力基于理论分析+试验数据的工程计算模型、数值计算仿真模型和基于人工智能大数据的知识图谱模型；利用三维图像显示技术，构建各类型弹药战斗部威力场三维模型。

1）工程计算模型构建

利用长期的弹药战斗部技术研究和工程实践经验基础，在对国际普遍流行和广泛使用的各种工程模型综合分析基础上，结合我国弹药战斗部各种典型姿态静动态试验数据，分别构建杀伤爆破型弹药战斗部、侵彻爆破型弹药战斗部、聚能装药战斗部、温压/云爆战斗部和综合效应弹药战斗部五大类型弹药战斗部威力工程计算模型。

2）数值计算仿真模型

通过大量的理论分析和试验研究，构建常用弹靶材料、火炸药材料基本性能数据库，在学习、消化国际流行数值计算软件、模型基础上，发展具有自主知识产权的国产数值计算系统；以该系统为基础，构建各型号弹药战斗部威力场分析计算模型。

3）知识图谱模型

在理论分析和实践经验总结基础上，分别构建五大类型弹药战斗部威力评估知识图谱模型；通过长期的各种类型弹药战斗部研发、使用过程中形成的威力参量数据收集，构建各类型弹药战斗部知识图谱数据库；按照各弹药战斗部结构、材料、装填炸药的数据，开展该型号弹药战斗部威力场评估。随着试验数据积累和人工智能技术的发展和应用，基于知识图谱的各类型弹药战斗部威力及毁伤效应评估模型将会得到快速完善和广泛应用。

4）威力场三维显示模型

利用三维图像显示技术，构建杀伤爆破型弹药战斗部、侵彻爆破型弹药战斗部、聚能装药战斗部和温压/云爆战斗部4种类型弹药战斗部威力场三维模型。

杀伤爆破型弹药战斗部：构建杀爆型弹药战斗部飞行状态下爆炸瞬间，以弹轴为中心的，由破片数量、大小，破片飞散方向角和平均飞散方向角，破片初速及速度随时间（飞行距离）衰减等组成的破片威力场三维显示模型；以冲击波超压峰值及其随距离、时间变化的冲击波威力场三维显示模型。

侵彻爆破型弹药战斗部：形成各类型弹形结构的弹药战斗部，以不同的速度、落角、攻角，以不同速度侵彻各种强度靶标，其末端弹道、靶内弹道、靶内爆炸或舱室内爆炸，冲击波超压随时间变化威力场三维显示模型。

聚能装药战斗部：构建包括聚能装药战斗部爆炸、射流或EFP形成、侵靶过程以及穿透靶标后所形成的二次破片（数量、速度、飞散范围）、冲击波、振动、温度、噪声等在内的威力场三维显示模型。

温压/云爆战斗部：构建一次爆炸抛撒，二次起爆冲击波、温度形成及变化过程，含氧量变化过程，以及多子弹爆炸冲击波、温度综合威力场等威力场三维显示模型。

（2）毁伤效应评估技术

毁伤效应反映的是各种典型弹目交会条件下，弹药战斗部对目标作用，目标系统毁伤效果的变化规律。毁伤效应评估是掌握弹药战斗部对目标作用规律的过程。毁伤效应评估技术研究是利用建立的弹药战斗部威力场模型、目标毁伤效果评估模型，结合弹药战斗部使用特点，建立能够进行弹药战斗部各种典型使用（弹目交会）条件下，弹药战斗部对目标系统毁伤效果评估模型和方法的过程。

由于弹目交会是一个在三维空间内，弹药战斗部运动变化、目标运动变化、弹药战斗部对目标作用变化的多维变化过程。弹目交会条件多种多样，弹药战斗部对目标作用更是千变万化，借助三维空间立体图形进行弹目交会、弹药战斗部威力场作用到目标情况、毁伤元对目标作用过程以及目标毁伤效果显示与计算。

结合目标易损特性分析方法，构建各种典型弹目交会条件下弹药战斗部最佳适用目标的毁伤效应评估方法。

1）杀伤爆破型弹药战斗部毁伤效应评估技术

杀伤爆破型弹药战斗部主要用于实现对轻装甲、人员、简易工事类目标的打击和毁伤。以构建的弹药战斗部威力场模型为基础，结合典型目标易损特性研究获得的目标毁伤标准和破片毁伤准则、冲击波毁伤准则，依靠三维图形进行各种典型弹目交会条件下弹药战斗部威力场与目标系统交会分析，确定弹药战斗部破片威力场、冲击波威力场分别对目标系统达到重度、中度和轻度毁伤的范围，取其最大范围即为对目标的毁伤效应。

2）侵彻爆破型弹药战斗部毁伤效应评估技术

侵彻爆破型弹药战斗部分反坚固目标和反大型水面舰船两种类型。反坚固目标侵爆型弹药战斗部主要用于打击地面、半地下及地下防护工程类目标，包括地下洞库、掩蔽库、坑道等结构强度大的重要建筑等目标；反大型水面舰船侵爆型弹药战斗部主要用于打击大型水面舰船目标。

一方面，基于长期的工程实践经验，构建适合反多种类型目标的侵彻效应评估模型、靶中爆破效应评估模型和舱室内爆炸毁伤效应评估模型；另一方面，借鉴国外数值计算仿真技术，利用自主开发、具有自主知识产权的数值计算软件，构建不同类型反多种类型目标的侵彻效应评估模型、靶中爆破效应评估模型和舱室内爆炸毁伤效应评估模型。

3）聚能装药战斗部毁伤效应评估技术

聚能装药战斗部主要用于打击结构强度很大的主战坦克、舰船等装甲目标，也可作为反钢筋混凝土串联战斗部的前级，利用其开坑效应提高反坚固目标弹药战斗部的整体效能。

一方面，通过长期聚能装药战斗部研发过程中性能试验数据积累，建立聚能装药战斗部威力及毁伤效应试验数据库，并基于此构建适合多种材料、药型罩形状的聚能装药战斗部威力及毁伤效应工程模型，主要用于进行各聚能装药战斗部形成的射流、EFP毁伤元一次（破甲、穿甲）作用、二次（靶后或舱室内破片、冲击波、振动、温度等）作用威力及毁伤效应评估；另一方面，借鉴国外数值仿真计算技术，利用自主开发、具有自主知识产权的数值计算软件，构建适合不同类型材料、结构药型罩、反多种类型目标的聚能装药射流战斗部、EFP战斗部，满足对先进装甲目标、舰船目标和坚固防护工程毁伤效应评估需要。

4）温压/云爆战斗部毁伤效应评估技术

温压/云爆战斗部分反工程建筑类目标和反集群目标两种类型。反工程建筑类目标温压/云爆战斗部主要用于打击楼房建筑、掩体洞库及障碍物等钢混结构类目标；反集群目标温压/云爆战斗部主要用于打击地面装备集群目标和综合性集群目标，包括火炮发射阵地、行军机动部队、军事基地及城市战场。

一方面，利用温压/云爆战斗部冲击波、热辐射等主要威力场理论计算模型，结合温压/云爆战斗部长期毁伤效应试验数据，构建云雾区内、外毁伤效应评估模型。另一方面，借鉴国外数值仿真计算技术，利用自主开发、具有自主知识产权的数值计算软件，构建云雾区内、外毁伤效应评估模型。

（3）弹药战斗部对典型目标毁伤效应评估与毁伤效应手册编制

按照军事斗争准备需要，开展各型号弹药战斗部威力及对典型目标毁伤效应评估研究，建立弹药战斗部威力及对典型目标毁伤效应数据库，编制弹药战斗部对主要作战目标《毁伤效应手册》。该手册分模型版和等效版两种。模型版主要用于武器弹药毁伤效能模拟仿真调用，具有较高的逼真度和准确度；等效版是将不规则的有效杀伤范围等效为长方形，主要适用于武器弹药毁伤效能解析计算、火力筹划和弹药消耗量计算使用，其特点是能够适应快速计算的需要，并具有一定的准确度。

（三）能量利用效应评估技术

在基于毁伤的目标体系构建、目标易损特性分析及毁伤标准构建、典型目标毁伤准则及等效靶设计方法以及各类型弹药战斗部威力及毁伤效应评估技术研究基础上，综合考虑目标易损特性、弹药战斗部威力、作战意图、战场环境等因素，对武器弹药毁伤效能和目标毁伤效果进行评估。

根据武器系统作战使用特点，尤其是投射弹药的方式及弹药落点散布、末端弹道及弹目交会基本规律，基于以上目标易损特性、弹药战斗部威力及对典型目标毁伤效应研究成果，构建武器弹药毁伤效能评估模型。

1. 反地面装备目标武器能量利用效能评估技术

采用基于部件级的降阶态易损性评估方法、目标毁伤虚拟模型的一体化目标易损特性描述及建模方法、坦克计算机描述方法，建立了反地面装甲目标的高精度易损性模型；进行破甲、穿甲型战斗部参数化建模和开发威力场可视化仿真技术，提出了声速临界理论、双模毁伤元成型与侵彻理论以及能量法则侵彻理论，开发了战场目标易损特性分析仿真软件；引入关键部件易损性系数，建立了坦克关键部件毁伤准则；利用多指标高维能力空间体积综合分析法、易损性列表法、受损状态分析法来进行反地面装甲目标的毁伤效能评估。

2. 反地面坚固目标武器能量利用效能评估技术

采用多点激励计算方法、增量动力分析方法或基于 OpenSees 软件调用 BWBN 模型，构建了反地面坚固目标易损特性模型；基于弹靶分离思想和刚性弹体假设，建立和拓展了建筑物结构侵彻弹道快速预测算法；以等效单自由度方法为基础建立了钢筋混凝土构建爆炸累积毁伤的 P-I 曲线评估判据；利用建筑毁伤效能指数和有效脱靶距离来进行反地面坚固目标的毁伤效能评估。

3. 反地面集群目标武器能量利用效能评估技术

基于体系贡献率算法、T-S 动态毁伤树和贝叶斯网络模型，建立集群目标毁伤树模型；采用光速平差方法实现破片穿孔和凹坑位置相对爆心的三维位置测量反演，得到了破片飞散特性、破片穿孔面积的快速测量与三维推演；引用分形理论对破片数量、质量分布、空间分布进行预测；引用降阶态易损性分析法，划分集群目标功能毁伤等级；利用"将四个象限积分变为一个象限积分"的方法、神经网络算法、模糊数学、层次分析法计算出毁伤概率来进行反地面集群目标毁伤效能评估。

4. 反水面舰艇目标武器能量利用效能评估技术

依据弹道极限速度相同和挠度相同等效原则、侵彻毁伤相似性和材料等效系数构建了反水面舰艇目标易损特性模型；构建了"性能与 RMS 协同设计平台"软件；基于弹靶分离思想和刚性弹体假设，建立和拓展了建筑物结构侵彻弹道快速预测算法；利用 Monte-Carlo 方法和 Bayesian 概率网络法计算出毁伤概率来进行反水面舰艇毁伤效能评估。

5. 反水下目标武器能量利用效能评估技术

基于模糊随机理论、卷积神经网络的潜艇目标识别、高分辨率遥感影像技术，建立了反水下目标的易损性模型；基于辅助函数法求解气泡载荷，提出了气泡载荷分解法；依据相邻 N 舱破损不沉制原则与损管抗沉有效性原则，确定潜艇能量利用效能评估判据；利用冲击因子的等效法，进行反水下目标毁伤效能评估。

6. 反空中目标武器能量利用效能评估技术

采用贝叶斯网络数据融合方法、机翼等效靶法、失效树分析法，建立了反空中目标易损特性模型；采用光速平差方法实现破片穿孔和凹坑位置相对爆心的三维位置测量反演，得到了破片飞散特性、破片穿孔面积的快速测量与三维推演；引用分形理论，对破片数量、质量分布、空间分布进行预测；引入部件单元线缆端口响应电压峰值、电磁脉冲评估系数，建立了反空中目标的毁伤判据；利用多传感器多角度空中目标识别技术和动态贝叶斯网络控制目标威胁评估算法，进行反空中目标的毁伤效能评估。

（四）能量运用系统测试技术

1. 能量利用测试技术

（1）杀爆型弹药战斗部能量输出与结构耦合测评技术

1）破片数量及质量分布试验测试技术

预制破片以其良好的能量利用率成为当前杀爆型弹药战斗部的主要形式，但其制造成本高的缺点，也给了传统的自然破片型杀爆型弹药战斗部的生存之机。因此，针对壳体破碎的自然破片数量及质量分布试验测试方法依然具有其存在价值和意义。自然破片主要采用"沙箱法"或"水池法"试验，按照弹药战斗部爆炸形成破片质量大小进行破片数量和总质量统计的方法，进行杀爆型弹药战斗部壳体破碎性试验测试获得。随着探测和控制技术的快速发展，现代杀爆型弹药战斗部多采用预制破片和定向爆破的作用模式，壳体破碎性试验测试的用途在逐渐减少。

2）破片空间分布试验测试技术

破片空间分布主要通过"飞散角"和"平均飞散方向角"表征。一般情况下，采用"球形靶"试验方法进行破片空间分布试验测试。与以往不同的，中靶穿靶破片的位置、数量采用基于人工智能的图像识别技术，在大大提高识别准确度，给出每个破片的精确位置、破片大小等参数的同时，大大减少了试验检靶工作量，缩短试验检靶时间。

针对动爆破片空间分布，近年来多采用地面铺设钢板、模板，甚至帆布获取破片地面分布的试验方式。

3）破片初速测试技术

破片初速体现了破片的初始动能，据此可以推断出破片飞散到一定距离的瞬时速度，由此计算获得的破片动能即为破片在该位置对目标的杀伤能力。破片初速一般采用扇形靶试验，结合梳状靶，获取不同位置的破片速度，以及中靶、穿靶破片数量，通过进一步推算获得破片的初速，同时，获得一定范围内中靶、穿靶破片数量。

4）冲击波时空分布试验测试技术

冲击波主要通过超压峰值、正压作用时间、冲量进行、到达时间等参量进行表征，并且这些参量随着离爆源距离不断变化，在没有其他外界干扰的情况，距离越远，峰值、冲量越小，到达时间和正压作用时间越长。目前，用于对于中远冲击波测试已相对成熟，主要有机械薄膜测压法、光测和电测三种，机械薄膜测压法主要是通过薄膜变形来反映超压峰值的大小，测试范围在 0.1～3MPa，该测试方法简单易实施，成本低。光测法则是通过激光高速测得冲击波波阵面演化过程，然后通过提取波阵面传播速度进行超压峰值换算，该方法能看到波阵面演化过程，但是对光源要求高，且测试视场有限，还需进一步改进提升。电测法是目前应用最广的方法，可能获得完整的冲击波超压-时程曲线，但是目前电测传感器及数据采集系统主要依靠进口，且传感器在复杂环境下容易损坏。

采用嵌入式微型冲击波测试系统、AES 加密算法模块化冲击波测试系统、低频特性补偿冲击波测试系统、FPGA+DSP 冲击波测试系统、超压智能存储测试系统以及 PVDF 嵌入式水下爆炸冲击波测试等技术，获得不同测点上的冲击波超压特征参数，如超压峰值、正压作用时间、冲量等。

5）破片对目标毁伤能力试验测试技术

一般采用实弹试验或弹道枪试验、simulink 仿真技术，结合高速摄影技术，捕捉和记录破片撞击目标的瞬时图像，并依据图像智能识别或检靶结果，确定毁伤特征参数，如击中破片数、击穿破片数、目标穿孔直径、目标变形情况等。

6）冲击波对目标毁伤能力试验测试技术

冲击波对目标的毁伤能力随目标特性不同而不同，尚没有统一的方法。一般采取吸收冲量准则、能量谱法、效应靶评估方法和等效靶法、图像智能识别技术，结合压力传感器数据和超声波探伤、确定毁伤特征参数，如爆坑容积、裂纹扩展情况、位移变形程度、功能丧失程度等。目前，冲击波对目标的毁伤能力主要通过对典型等效靶的毁伤来反映，主要有三类：一是针对具体目标设计等效靶，主要采集靶标响应参量（如靶标上的压力载荷、应力、应变等）及靶标破坏、变形参量来表征对目标的毁伤能力；二是阈值靶，这类靶标主要是根据特定目标的毁伤阈值设计，可以根据靶标毁伤程度定性判断是否对目标造成某一等级毁伤；三是效应靶，根据目标对冲击波的响应特性而设计，可在一定范围内反映冲击波对目标的毁伤情况。总体来说，冲击波对目标的破坏的测试还不成熟，仍需开展进一步的深入研究。

（2）侵爆战斗部能量输出与结构耦合测评技术

侵彻战斗部能量输出涉及目标结构遮挡与耦合，其过程及形式相当复杂，目前还存在较多盲区。

1）着靶参数测试技术

整体上讲，侵彻战斗部着靶参数与侵彻效应测试尚不成熟，部分参数存在测不准、测不到的问题。侵彻战斗部着靶参数主要包括：着靶速度、着靶角度、攻角等，目前较多的是光测法，通过光学观测和终点弹道参数计算获得，模拟试验条件可以较好获取相关参量，但在近实战环境下远程测试，目前误差相对较大，还有进一步提升空间。

2）侵彻效应测试技术

侵彻效应通过侵彻深度、侵彻弹道、剩余速度等多维度进行表征。侵彻深度一般采用弹载压阻式侵彻测试法、加速度测试法、基于模糊模型的弹丸侵彻深度实时测试法，并结合半无限靶法或有限厚靶法和高速摄影技术，获取着靶速度、极限穿透速度、剩余速度等。

3）内爆炸压力测试技术

从爆炸介质看，内爆炸分为密实介质爆炸和空腔中爆炸。密实介质内爆炸压力，采用土介质压力传感器进行测量；空腔中则需要测试压力和准静压力，冲击波主要采用压力传感器进行测试，虽然与开放空间所用传感器相同，但是内爆炸环境更加恶劣，需要根据测试环境进行抗热、抗冲击防护等措施。准静态压力持续时间长，对软目标具有较大的杀伤效果。要准确测量密闭环境下缓慢变化的准静态压力，需要对现有压力传感器加装滤波装置，以适应对高频、低频响应能力的需要。

4）冲击加速度试验测试技术

冲击加速度主要采用电测法进行测试，根据需要可进行一维或多维测试。获取极短时间内弹体侵彻或目标结构做出响应的冲击加速度信号。目前，用于对爆炸冲击波加速度测试方法已相对成熟，主要分光测和电测两种。光测法频率响应快，但信号解调较为复杂，仪器使用较为娇气，价格较高，还需要进一步改进提升；电测法是目前应用最广的一种方法，可获得完整的冲击加速度 – 时程曲线。

（3）聚能战斗部能量输出与结构耦合测评技术

聚能战斗部起爆后将爆炸能转化为 EFP/ 射流等毁伤元的动能，EFP/ 射流侵彻装甲目标时将动能转化为靶后碎片的动能及车体振动和车体内噪声等。

1）射流速度分布测试技术

射流速度分布常用截割法、拉断法，采用高速摄像机、电子示波器、脉冲 X 光摄影机来测试，还可以应用放射性示踪技术来获取射流速度沿罩中原始位置的分布。

2）EFP 初速测试技术

EFP 初速体现了 EFP 的初始动能，一般采用光电测试、高速摄影等技术，获取不同位置的 EFP 速度和飞行轨迹。

3）射流对目标毁伤能力试验测试技术

一般采用模拟侵彻半无限靶板来计算射流的最大破甲深度，侵彻不同厚度的有限靶板来计算射流的剩余侵彻能力，结合毁伤目标入口、出口侵彻结果图像分析处理，综合判定其对目标的毁伤能力。

4）EFP 对目标毁伤能力试验测试技术

一般采用靶后破片散布试验，结合破片回收、放置验证板、X 光成像摄影的辅助手段来获取靶后破片的数量信息、质量信息、破片云形貌特征，综合判定其对目标的毁伤能力。

（4）温压战斗部能量输出与结构耦合测评技术

温压战斗部能量输出效应目前可进行测量包括冲击波、破片、热、准静态压力、窒息效应、风动压，其中冲击波测试和破片测试可参考杀爆型弹药。

1）热效应测试技术

热威力参量测试方法主要有光测和电测。光测仪器主要有高速摄影、红外测温仪、比色测温仪等，主要用于爆炸火球表面温度测试，光测的难点在于光测辐射系数的校准，是行业尚未解决的难题；电测仪器主要为瞬态高温传感器、热电偶及热流密度传感器，测得的是爆炸后火球内介质瞬态温度以及被测对象表面热流密度，目前电测法还需在响应时间、测试精度等方面进一步提升。

2）准静态压力测试技术

在密闭环境下，温压炸药爆轰、后燃烧过程后产生准静态压力，此压力持续时间长，冲量大，对软目标具有强大的杀伤效果。要准确测量密闭环境下缓慢变化的准静态压力，需要一种对高频、低频都能很好响应的压力传感器，才能满足准静态压力测量精度要求。目前市场没有这种性能的压力传感器，因此需要对现有压力传感器加装滤波装置进行测量。

3）窒息效应测试

目前，窒息效应主要通过检测气体里氧含量进行分析，使用最多的是专用气体传感器。其中，检测无机气体最为普遍、技术相对成熟、综合指标最好的方法是定电位电解式方法，也就是电化学传感器法。电化学传感器可以检测各类有毒无机气体，具有体积小、耗电小、线性和重复性好、使用寿命长等优点，能够满足便携、响应时间短、数据连续等要求。

4）风动压测试

风动压是指冲击波高速运动的气流在其运动方向上产生的冲击压强，用单位体积内空气具有的动能来表示。风动压的测量方法有总压静压法、无缘测试法和拖拽力法。目前主要采用皮托管原理和冲量块测试两种方法。整体上讲这些方法还不成熟，测试精度和校准方法还需进一步研究。

（5）云爆战斗部能量输出与结构耦合测评技术

云爆战斗部在能量输出效应上主要包括冲击波、热、风动压、窒息效应等，其中远场冲击波与一般杀爆战斗部测试无异，风动压和窒息效应可以参考温压战斗部，云爆战斗部测试难点在于云雾区内部相关冲击波、热的测试。由于一般云爆战斗部都存在云雾特性非均匀性及多点起爆的情况,其云雾内部爆轰具有压力为多向叠加、温度高等特点,目前相关单位进行了万向测压传感器和双电偶补偿测试传感器,分别用于云雾内部压力和温度测量。

1）动态云雾浓度测试技术

一般采用声-电云雾浓度检测法、双频超声云雾浓度检测法以及超声波脉冲瞬态云雾浓度检测法,利用光学、电场、超声波在不同云雾浓度的衰减特性,确定云雾区内云雾浓度的三维分布、云雾半径扩展速率以及云雾空间分布等。

2）冲击波时空分布试验测试技术

同杀爆型弹药战斗部冲击波时空分布试验测试技术。

3）温度时空分布试验测试技术

温度时空分布试验通常采用非接触测温和接触法测温两种方法。在爆炸火球内部,采用接触式测试方法对爆炸场热流密度进行直接测量,采用多模法来测量火球的热源温度、热阻抗;在爆炸火球外部,采用单波长测温法、双波长比色法、宽波段热像仪法、拉曼光谱法和多波长测温法等非接触测试技术,测试火球大小和温度场分布以及其随时间和空间的演变过程。

4）冲击波对目标毁伤能力试验测试技术

同杀爆型弹药战斗部冲击波毁伤能力试验测试技术。

5）温度对目标毁伤能力试验测试技术

一般采用效应靶评估方法和等效靶法和图像智能识别技术,结合热成像仪、温度传感器数据,确定毁伤特征参数,如火球温度、火球持续时间、目标靶板变形程度等。

2. 能量运用效能测试技术

（1）弹目交会参数精确测试技术

弹目交会参数主要包括爆点位置（距目标中心点水平距离、垂直距离）、落速、落角以及方向角（弹药战斗部中心和目标中心连线与目标中心北向水平面夹角）。弹目交会参数既是武器发射弹药及弹药飞行控制能力和水平的体现,也直接决定着该发弹药战斗部对目标的毁伤效果,是武器弹药能量利用效能的核心参数。

弹目交会参数测试分靶场科研试验（包括靶场定型试验）测试和作战试验、实战化演训测试。其中,科研试验弹目交会参数主要采用雷达、经纬仪,结合高速摄影系统进行,具有较高的测试精度和可靠性。作战试验、实战化演训测试则主要依靠近年来发展的"移动式实战化演训毁伤效果测试系统"进行。该系统集全弹道跟踪、末端弹道及弹目交会参数测试在内的集成测试系统。全弹道主要采用雷达+红外探测跟踪系统,进行弹药飞行轨迹搜索与跟踪,并一直跟踪到末端弹道；在末端弹道及弹目交会阶段,则叠加多台高速摄像系统,从不同方向进行弹药战斗部末端弹道、爆点位置、弹药战斗部姿态及爆炸过程高精度图像获取；最后通过图像解算,获取弹目交会及弹药战斗部对目标作用全过程参数。

（2）目标毁伤效果测试技术

目标毁伤效果测试是指对每次打击后目标系统毁伤程度的测试，主要通过被打击后目标系统结构破坏程度的测试体现。目标毁伤效果测试同样分为靶场科研试验（包括靶场定型试验）测试和作战试验、实战化演训测试。科研试验因其具有充分的时间和较强的可操作性，可以采用各种测量手段现场测量获得精确的目标毁伤结果参数；作战试验、实战化演训目标毁伤效果测试一般结合作战试验、实战化演训进行，为体现实战化特点和效果，留给目标毁伤效果测试的时间窗口非常有限，加之，为体现实战真实情况，试验现场地形复杂，有的甚至很难快速到达现场。为此，近年来，各军兵种结合"移动式实战化演训毁伤效果测试系统"，相继开发了车载、无人机在图像、高清照片获取系统，用于不用人员到场的情况下，快速获取弹药战斗部爆炸位置附近场景及目标外观毁伤效果高清照片及高清图像，通过后续的图像处理确定目标毁伤程度评估效果。

三、国外发展现状及国内外对比分析

（一）国外发展现状

国外能量利用效能评估研究工作较好的国家主要有美国、俄罗斯、德国、英国、荷兰、日本等国家，其中，美国于20世纪40年代最早启动研究工作，拥有世界上任意目标的毁伤模型及内容丰富的数据库，建立了为构建毁伤模型需要进行试验的试验设计准则、提取数据的方法流程以及根据模型使用效果对其进行修正的闭环程序，已融入美军的武器弹药发展和作战使用工作中。目前，仍在针对新型弹药战斗部结构和毁伤模式以及新的作战环境和作战方式开展能量利用效能评估研究工作，完善能量利用效能评估体系。

1. 目标易损特性评估

从易损性的角度研究目标，通常将其分为人员类目标、装备/设备类目标和建筑物类目标三大类别。易损性评估的研究内容主要包括目标的结构特性、性能特性和功能特性研究以及目标等效准则与等效靶设计、各类复杂系统易损性评估技术、部件与目标易损特性数据库建设等，在考虑杀伤力的前提下，研究目标的易损性。从历史来看，易损性分析原则的研究和应用，较之军事装备的设计与开发似乎落后了10~20年。20世纪50年代初在朝鲜战场上武装直升机被布置和使用，到了50年代末和60年代初才进行其易损性分析，70年代至今降低易损性成为新型直升机设计的影响因素。目前，目标易损特性建模与仿真研究最好的机构是美国生存力/易损性信息分析中心，然而，该中心当前库存的模型不能为所有的生存力和杀伤力领域提供全面的仿真。除持续更新当前模式的版本之外，该中心还建立了纳入新模式的程序。新的模型在纳入生存力/易损性信息分析中心中前需要获得政府的审核和批准。飞机生存力联合项目生存力评估小分组和弹药有效性联合技术协调小组易损性委员会是模型登记的主要机构。机构已建立了各种标准，用来确定一个模型是否可以纳入生存力/易损性信息分析中心的资源中。当完成一个模型的评估时，需填写完整的一份评估表格并将其提交给生存力/易损性信息分析中心技术协调小组。

以德国为代表的欧洲国家也非常重视能量利用效能评估的研究工作，研究成果多样，其中以德国 IABG 公司的 UniVeMo 通用易损性模型最为先进，有如下特点：①获得的连贯性基础数据能用于任务和武器规划。②能对武器和目标进行比较分析。③数据、算法及方法均经过检验和验证，确保能够获得符合实际的结果。④由 BAAINBw 德国采办局控制的数据管理系统提供高质量信息。UniVemo 模型的结构、方法、功能等都可以与其他北约成员国开发的易损性/杀伤力模型进行比较，其功能框图如图 2 所示。目前，研究人员正在对 UniVeMo 模型进行升级改造。

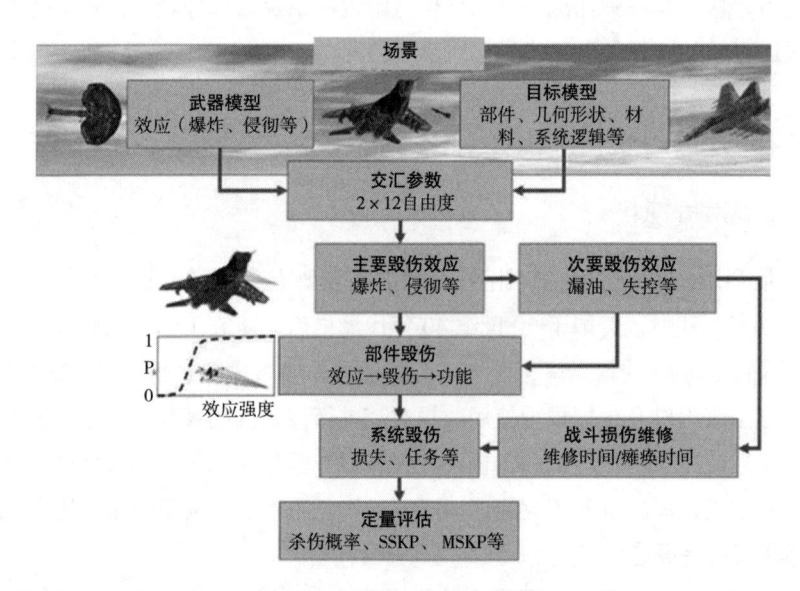

图 2 UniVeMo 的工作流程图

2. 弹药战斗部威力评估

美国、俄罗斯等军事强国已研究了现役多种弹药对不同目标的杀伤力，并建立了相应数据库。同时，也在进行新研弹药杀伤力的评估工作，以动态完善相关数据库建设。例如，美国科学应用国际公司对无破片精确制导武器聚焦杀伤弹药杀伤力的确定方法是：①收集静态爆炸项目和现场飞行项目的聚焦杀伤弹药杀伤力、附带毁伤和精准度数据，原始数据资源包括布置在真实作业场景中的人体替代模型。②研究单个人员毁伤效应机制，包括爆炸压力脉冲（用被推动距离衡量）、爆炸超压效应（数据可测量）、热力效应（用烧伤等级衡量）以及辅助碎片穿透。③拍摄现场照片，以便与测试前设置相比较。④验证标准和评估程序的有效性，首先，用逻辑回归模型初步确认杀伤评估标准的合理性；其次,为确认有效性,对标准的应用进行独立验证。

3. 弹药战斗部对目标毁伤效应评估

需考虑弹药杀伤力与目标部件或系统易损性两方面的因素,以评估弹药对目标的打击程度。对用于打击地面目标的常规弹药,其效应评估通常是通过测量杀伤区域的形状和尺寸来完成的。在给定的交汇条件下,根据特定杀伤准则(杀伤模式)可以确定针对特定目标时系统层面的单次打击杀伤概率。效应评估结果同时也取决于战斗部的具体配置、毁伤机理,以及为其选择的输出模式。国外在此方面的研究很多,并建立了多种模型,常见的北约成员国杀伤力/易损性评估模型中各功能模块、子功能模块及其流程图如图3所示。功能模块有交汇模块、易损区域代码、单次打击模型等,子功能模块有目标模型、弹道发生器等。这些功能模块和子模块往往也是可独立运用的软件工具。

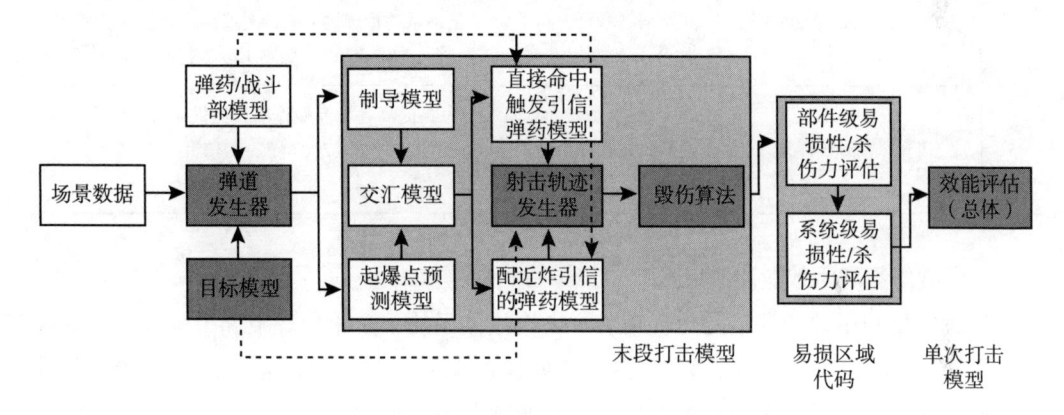

图3 杀伤力/易损性模型及其各功能模块和子模块

4. 能量利用效能评估

武器弹药对目标的毁伤效能评估可表征弹药的实战能力和对不同任务场景的适用程度,是弹药研发过程中的重要环节之一。通过毁伤效能评估研究,既可以计算出各类武器弹药对同一目标的毁伤效能,提出合理用弹种类和数量,也可计算出同一武器弹药打击不同目标的毁伤效果,给出各类武器弹药最佳使用方向。美国从1919年开始了能量利用效能评估的相关技术研究(见表1)。自1991年海湾战争以来,美国国防部越来越关注时间敏感目标或机动目标(TCMT)所带来的威胁,针对这类目标,美国采用蒙特卡洛仿真模型、GENEric灵巧间射火力武器系统作战效能仿真(GENESIS),在单一通用仿真环境下对多套系统、概念和技术进行评估。首先,假定一种时间敏感目标战场环境;然后进行系统描述;再进行系统效能模拟;最后得出结论。美国从2008年开始重视从目标捕获到能量利用效能评估的各个方面的建模与分析工具研究,2013年4月美国陆军研究实验室完成灵巧武器端对端性能模型开发工作,5月移交给美国陆军武器研发与工程中心系统工程处开始应用。

表 1 美国能量利用效能评估发展历程

序号	阶段	时间	特点	标志性事件
1	萌芽期	1919—1943 年	开始能量利用效能评估相关技术研究	建立国家弹道实验室，成立专家委员会，设立弹道终点效应学学科
2	孕育期	1944—1962 年	开始系统性收集毁伤效应数据	在"二战"后的 20 年间系统收集了包含核武器和常规武器在内的各军兵种毁伤效应数据
3	发展期	1963—1990 年	开始编制各型弹药手册	构建以编制弹药手册为目的的方法和理论体系，先后研编出供空地、地地、地空、空空、特战使用的各型弹药手册
4	转型升级期	1991—2005 年	开始编制联合弹药手册	在第一次海湾战争前后开始对能量利用效能评估体系的管理构架进行调整，并整合三军弹药手册（2002 年 V1.1 版本）以遂行联合火力打击
5	成熟期	2005 年至今	完善提高联合弹药手册	完善提高各种模型算法，提供火力运筹系统调用的各版本（2007 年、2012 年、2016 年）联合弹药手册

5. 作战能量利用效能评估技术

作战能量利用效能评估是现代精确打击作战体系的一个重要环节和关键步骤，融合了雷达、卫星、武器视频等图像信号的分析处理和地面人员情报搜集的综合处理等多项技术。根据该评估结果，作战指挥人员可以判断已实施的火力打击是否达到预期的毁伤效果，是否需要再次打击，并为制定火力毁伤计划提供科学依据。通常包括：①物理毁伤评估，主要是根据视觉的或报告的一些目标毁伤信息，做出的对目标物理毁伤的评估，这些评估多是定性的，它主要由各作战部队完成，作战司令部、联合司令部、国家军事联合情报中心（NMJIC）等机构为各作战部队提供情报信息支持，其评估结果呈报有关各级机构。②功能毁伤评估，在物理毁伤效果评估几个小时或几天之后，根据更为详细的目标毁伤信息对目标的功能进行评估，功能毁伤效果评估主要由各作战司令部的作战能量利用效能评估小组负责。③目标系统毁伤评估，在一定的作战阶段，各作战司令部的作战能量利用效能评估小组根据战斗冲突的实际、战斗的节奏和必要的情报信息，对相关的目标系统进行大范围的评估，其他各机构为其提供信息及情报支持。目前，作战能量利用效能评估方法主要有基于航空/航天侦察图像变化检测和基于武器/目标信息的战斗部威力/目标易损特性分析两种方法。其中，基于图像变化检测的评估一般分为 4 个步骤：图像预处理、目标识别与定位、变化特征检测与描述和分级毁伤评估。利用目标毁伤指标对作战毁伤效果评估的模型主要有：层次分析法、模糊综合评判法、概率模型、贝叶斯网络决策法、蒙特卡罗法、毁伤树法和 RBF 神经网络分析法等。

（二）国内外发展对比

近年来，我国能量利用效能评估技术水平和能力正在快速发展，开展从目标易损特性分析与评估、弹药战斗部威力及毁伤效应评估，到能量利用效能评估完整的技术体系研究工作，积累了大量试验数据，构建了能够基本满足各种类型目标易损特性分析与评估、弹药战斗部威力及毁伤效应评估和武器弹药能量利用率评估的模型、规范和数据。但与美、俄等军事强国相比，仍存在很多问题与不足。

1. 目标易损特性分析与评估技术

（1）国内水平

在基于毁伤的目标体系构建基础上，开展了各类型目标结构、功能及其映射关系研究，基于对作战效能贡献度，制定了各类型目标毁伤标准；开展了各类型目标典型目标易损特性分析研究，按照弹目匹配原则，开展了典型目标易损特性分析，制定了包括毁伤元类型和毁伤阈值（毁伤判据）在内的典型目标毁伤准则。

（2）世界先进水平

美、俄等国在长期的武器弹药研发、实战数据采集积累和研究工作基础上，于20世纪七八十年代就已构建起了体系完整的目标毁伤标准，主要作战目标的毁伤准则广泛应用于武器装备发展、作战试验，以及实战火力筹划、弹药消耗量计算。尤其是美军，拥有世界上任意目标的易损性通用模型，并建有相应数据库，已融入武器弹药毁伤效应和能量利用效能评估中。"从实战中来，到实战中去"是美军目标易损特性分析与评估技术研究最典型的特点。

（3）对比结论

发展方位：差距10~15年。

发展态势：追赶型。

2. 弹药战斗部威力及毁伤效应评估技术

（1）国内水平

构建了体系完备、技术先进的常规弹药战斗部威力评估技术体系和方法体系，有效支撑新型弹药战斗部技术研究和型号研制；随着型号研制工作的开展，积累了大量试验数据，进一步促进了弹药战斗部威力评估技术的进步和能力提高；特别是近年来，毁伤效应评估技术得到重视和大力开展，基本构建毁伤效应分析与评估技术体系，毁伤效应试验数据规范正在加速形成，试验数据大量不断积累。

（2）世界先进水平

以美国为代表的军事发达国家，常规战斗部威力及毁伤效应研究系统深入，各种类型弹药战斗部威力场计算模型配套齐全，模型多样，资源集中，数据成体系、信息共享；不仅建立了各型号弹药战斗部威力及毁伤效应数据库、效应手册，更可支撑各种类型弹药战斗部快速设计、精准研发工作。

（3）对比结论

发展方位：差距 5~10 年。

发展态势：追赶型。

3. 能量利用效能评估

（1）国内水平

近年来，国内以军种为单位，武器弹药能量利用效能评估技术研究工作大量开展，基本形成了包括基础理论研究、应用技术研究、工程应用的全方位课题研究工作，构建了适应不同武器弹药作战使用的武器弹药能量利用效能试验、测试与评估方法，具备全面开展武器弹药能量利用效能评估的技术条件；开展了重点武器弹药能量利用效能评估，编制了相应的《武器弹药能量利用效能手册》，目前正结合部队实战化演训开展试验数据收集、模型完善和目标体系完善工作。

（2）世界先进水平

通过实战获得目标的毁伤效果，在战场收集数据掌握靶体毁伤与目标真实毁伤的量效关系，有大量基础数据支撑弹药毁伤效能评估，弹药手册齐全，可完全支撑作战指挥，战场目标毁伤效果评估技术开始应用实战，攻击方案制定的智能化水平较高，可以直接用于弹上。战场生存力评估较为成熟，成体系，毁伤态势感知未见详细报告。

（3）对比结论

发展方位：差距 15 年左右。

发展态势：追赶型。

4. 能量利用效能试验测试

（1）国内水平

靶标设计方面，国内毁伤等效关系基础研究薄弱，尤其材料级的等效缺乏研究，能量利用效能试验所需靶标主要采用退役废旧装备，难以体现真实外军目标的毁伤特性。

测试技术方面：国内具备典型毁伤元静态威力测量方法，但针对实战工况的毁伤测试器材及测试方法还不够完善，在毁伤参量测量范围、精度、新毁伤参量等方面存在较大不足。

虚拟试验方面：国内正在开展相关技术研究，预计 2025 年前可形成初具规模的毁伤效应虚拟试验系统。

（2）世界先进水平

靶标方面：国外具备较为成熟的靶标设计能力，形成了系列化、组合式靶标设计体系，并通过战场收集的详细毁伤数据进行验证。美国依据确定的作战目标，建立了大量实战化的场景。

测试技术方面：国外拥有大量精确、高效的测量仪器设备，全面构建了分布式测试系统，掌握了各类毁伤数据的测试方法和手段，实现了全流程全要素的信息获取能力。

虚拟实验方面：以美国为代表的西方国家，实现了战斗部能量利用效能评估"从模型到系统"的提升和跨越，具备能量利用效能试验的全数字化仿真能力。

（3）对比结论

发展方位：总体差距15年左右，虚拟试验差距10年左右。

发展态势：追赶型。

四、我国发展趋势与对策

（一）我国发展趋势

虽然在武器装备能量利用效能评估方面，我国总体技术水平与国际先进水平具有较大差距，但随着相关技术的快速发展，近年来我国结合国防和武器装备发展需求，已经布局了相关技术研究工作开展，并呈现高速发展态势，预计赶上世界先进水平的时间，将远远小于目前平均15年左右的时间。

（二）发展对策

以各军兵种武器弹药装备发展对能量利用效能评估技术需求为牵引，发挥全国范围内小团队、大协助的合力，进一步促进我国能量利用效能评估技术能力的提升。

弹药战斗部与能量利用效能评估遵循同样的机理原理，是各种毁伤机理原理的应用。由于各方面原因，在我国，能量利用效能评估技术没有体现与武器弹药发展同等的水平和能力，从而造成至今没有形成统一规范的目标易损特性、弹药战斗部威力和武器弹药毁伤效能数据、试验、测试规范与评估方法和标准，弹药战斗部指标论证、性能试验验证、作战试验、作战训练能量利用效能评估缺乏依据，也造成武器弹药装备部队作战能力转化效率不高等问题的出现。采取必要策略、政策措施解决此问题，已经成为当前武器装备发展的"重中之重"。

1. 加强能量利用效能评估顶层设计，规范研究团队，制定中长期发展规划

在已有能量利用效能评估能力基础上，设立国家级弹药战斗部威力及毁伤效应评估中心、虚拟试验建模与仿真中心、实弹试验评估基地，组建统一协调一致的研究团队，统筹布局，集中力量培养和积累优秀专业人才；进一步加强顶层设计，强化能量利用效能评估技术基础和技术体系研究，制定中长期发展规划，针对短缺问题进行重点技术突破，形成国家级的统一规范和标准。

2. 加强需求牵引，注重靶场建设和相关关键技术攻克研究

以各军兵种武器弹药装备发展对能量利用效能评估技术需求为牵引，发挥全国范围内小团队大协助的合力，加强关键技术攻关，进一步促进我国能量利用效能评估技术能力的提升。

（1）开展虚拟试验靶场建设和相关关键技术攻克研究

以战斗部威力、毁伤机理及毁伤效应的系统研究为牵引，提升构建先进战斗部威力及毁伤效应测试诊断能力，获取战斗部威力及毁伤效应的多种类数据，开发集成虚拟评估系统，集中突破关键技术，实现对我军武器装备毁伤威力在复杂环境下的动态化模拟评估。

（2）开展实体试验靶场建设和相关关键技术攻克研究

以战斗部威力、毁伤机理及毁伤效应的系统研究为牵引，提升构建先进战斗部威力及毁伤效应测试诊断能力，获取战斗部威力及毁伤效应的多种类数据，开发实体试验评估系统，集中突破关键技术，实现对我军武器装备毁伤威力在复杂环境下的动态化实体试验评估。

3. 重视建立数据、试验、测试规范和评估方法等标准规范

（1）重视和加强能量利用效能试验、测试与评估方法标准规范研究

能量利用效能评估是一项试验性很强的活动，研究和应用所需数据几乎全部来自试验。目前，试验测试方法、规范和标准不健全，是造成我国能量利用效能评估研究和应用工作整体效益低下、低水平重复现象严重的一个重要原因。能量利用效能评估涉及的武器弹药和目标非常多，因此，要实现同类型弹药战斗部、目标易损特性评估结果的可比性，就必须按照统一的方法、规范和标准进行。只有健全和规范弹药战斗部的威力、毁伤效应、毁伤效应评估方法、规范和标准，才能实现研究成果的共享。

（2）建立能量利用效能试验数据采集、收集、处理与共享机制

能量利用效能评估是以数据为基础的，未来随着测试手段的发展，能够获取更丰富和更有价值的数据。在能量利用效能评估数据的获取方法和手段方面，除通过试验测试、数学模型等获取数据外，尤其注重从军事演习、训练中获取数据，统一规范编写标准化的数据获取需求表单，并签订合同进行约束，建设能量利用效能评估数据库，并形成数据采集、收集、处理与共享机制，为能量利用效能评估良好开展打好基础。

参考文献

［1］卢芳云，蒋邦海，李翔宇，等. 武器战斗部投射与毁伤［M］. 北京：科学出版社，2012.
［2］马晓飞. 装甲车辆主动防护系统防护拦截弹药毁伤效应研究［D］. 北京：北京理工大学，2009.
［3］王树山. 终点效应学（第二版）［M］. 北京：科学出版社，2019.
［4］徐豫新，殴渊，赵鹏铎. 毁伤效能精准评估技术［M］. 北京：北京理工大学出版社，2021.
［5］徐豫新. 破片毁伤效应若干问题研究［D］. 北京：北京理工大学，2012.
［6］张国伟. 终点效应及靶场试验［M］. 北京：北京理工大学出版社，2009.
［7］Baker E L, Pouliquen V, Voisin M, et al. Gap Test and Critical Diameter Calculations and Correlations［C］. 16th

International Detonation Symposium, Cambridge, Maryland, 2018.

[8] Bdzil J B, Short M, Chiquete C. The Loss of Detonation Confinement: The Evolution from a 1D to a 2D Detonation Reaction Zone [C]. 16th International Detonation Symposium, Cambridge, Maryland, 2018.

[9] Bowden M, Maisey M. A Volumetric Approach to Shock Initiation of PBX-9404 [C]. 16th International Detonation Symposium, Cambridge, Maryland, 2018.

[10] Handley C A, Brain D L, Whitworth N J. Detonation Corner Turning, Dead Zones and Desnsitization [C]. 16th International Detonation Symposium, Cambridge, Maryland, 2018.

[11] Hobbs M L, Schmit R G, Moffat H K, et al. JCZS3-An Improved Database for EOS Calculations [C]. 16th International Detonation Symposium, Cambridge, Maryland, 2018.

[12] Kooker D E. Can the Large-Scale-Gap Test Mislead Us [C]. 16th International Detonation Symposium, Cambridge, Maryland, 2018.

[13] Kooker D E. Modeling Shock Sensitivity of the Explosive PBXN-109 16th International Detonation Symposium [C]. Cambridge, Maryland, 2018.

[14] Kosiba G D, Olles J D, Yarrington C D, et al. Arrhenius reactive burn model calibration for Hexanitrostilbene (HNS) [C]. 16th International Detonation Symposium, Cambridge, Maryland, 2018.

[15] Mi X C, Higgins A J, Loannou E, et al. Shock-Induced Collapse of Multiple Cavities in Liquid Nitromethane [C]. 16th International Detonation Symposium, Cambridge, Maryland, 2018.

[16] Morris R Driels. 武器效能工程：常规武器系统效能（上册）：基本工具与方法 [M]. 蒋邦海，郑监，林玉亮，等译. 长沙：国防科技大学出版社，2019.

[17] Morris R Driels. 武器效能工程：常规武器系统效能（下册）：高级分析方法 [M]. 卢芳云，李志斌，梁民族，译. 长沙：国防科技大学出版社，2019.

[18] Morris R Driels. 武器效能工程：常规武器系统效能（中册）：对地武器系统 [M]. 李翔宇，张克钒，吴碧，译. 长沙：国防科技大学出版社，2019.

[19] Sollier A, Lefrancois A, Jacquet L, et al. Double-Shock Initiation of a TATB Based Explosive: Influence of Preshock Pressure and Duration on the Desensitizations Effects [C]. 16th International Detonation Symposium, Cambridge, Maryland, 2018.

撰稿人： 范开军　黄风雷　王晓鸣　赵金庆　孙　勇　卢广照　李瑞英　侯云辉
　　　　 张　磊　张东江　苏健军　蒋海燕　陈尧禹　姚文进　郑　宇　朱　炜
　　　　 余传奇　白　帆　徐豫新

现代先进毁伤技术及效应评估未来发展方向

一、引言

掌握超越竞争对手的先进毁伤科技始终是大国博弈的重要选项，为抢占发展先机，亟须围绕"能量与目标耦合机制"重大科学问题，探索毁伤能量来源，创新毁伤机制，提升毁伤能量利用效率，实现毁伤能量密度质的提升、毁伤模式质的变化，实现从"概略毁伤"向"精准毁伤"的跨越。未来战场空间不断向陆、海、空、天、电等多维领域拓展，需要毁伤的目标更加多样化，遍布地下、地面、水中、空中和空间。目标特性也十分复杂，从静止到高速运动，从单一的点目标到庞大的面目标、复杂多变的体系性目标，甚至还处于极其复杂环境中，可从低海拔环境跨越到高原、崇山峻岭、极寒区域等，针对机械化、信息化、智能化武器发展趋势，先进毁伤技术及效应评估发展方向大致可归纳如下。

（一）陆战领域

陆战领域始终是未来战场的核心，需要打击的目标类型十分繁杂，且战场环境更加复杂多变。典型目标有：坦克装甲、大型军事基地、指挥所、机场、战略物资集散地、油料库、桥梁、电站、地下深层工事等。要提高对上述目标的毁伤能力，既要大幅度提高战斗部的威力性能，又要发展新概念、新机理战斗部。

（二）海战领域

未来海战需要打击的目标主要有航母、核潜艇、驱护舰等海上目标，也还面临着抢滩登陆、封控夺岛、切断运输线、阻击海上战斗编队等制海权对抗，先进毁伤技术在军事对抗中作用异常突出。当前，现代舰艇防护技术发展迅速，多层水密隔舱壁、箱形纵向强化梁、多层装甲防护结构等新技术广泛应用，使海上目标的损伤特性发生了较大变化，给反舰武器毁伤技术带来巨大挑战。近期，以水下 UUV 为代表的无人潜航器、鱼雷、自导水雷等智能武器的快速发展，成为海战领域防御的新目标。另外，水下作战深度已从原来的 100m 向 400m 水深甚至 1000m 发展，给水下毁伤技术带来新的难题。

（三）空战领域

隐身战机、临近空间飞行器、弹道导弹、高超声速飞行器等空中目标发展迅速，具有很强的机动性、隐身性和防护力，弹目交会速度极高，给防空反导武器毁伤技术带来巨大挑战。近年来无人机蜂群、无人飞行器等发展迅猛，在实战中大放异彩，但其"低、慢、小"的特征，给现役防空武器带来新的问题。针对此类目标，除继续提高现有防空反导破片杀伤战斗部的毁伤威力外，还需要研究发展毁伤效果更高的定向、聚焦、定向聚焦、可控离散杆、新概念等新型毁伤技术，如为了拦截临近空间飞行器，迫切需要发展超高速杀伤战斗部，将破片速度从原来的 2000m/s 提高到 4000m/s。当然，融合现代材料技术发展，尽快实现破片的含能化、活性化，研制出满足破片二次毁伤效应战斗部。

（四）天基武器

目前，战争已经逐步扩展向太空，空间目标向更快更高更远方向发展，临界空间飞行器、卫星、空间站等太空目标已经成为大国之间博弈的重大军事打击目标。由于速度、射程、环境等方面的约束，天基武器弹药战斗部对耐温、力学和适应飞行器异形结构等方面均有着特殊和更高的要求，因此急需发展异形、耐高温、新原理等战斗部。

（五）网电信息领域

未来战争是机械化、信息化和智能化战争，网络、信息、电力及智能认知控制及争取必然成为战争的重点，如何有效打击相控阵雷达、电网、通信、网络、指挥控制中心等高价值目标，已经成为当前毁伤领域需要解决的重点目标之一。因此，急需发展电磁脉冲、信息植入、巨型面毁伤、新概念毁伤等能够对网、电等目标实施先进毁伤的武器弹药战斗部。

（六）安全弹药领域

未来武器携带毁伤能量大幅提升，战场空间不断拓展，战场电磁环境复杂多变，对高密度能量的稳定富集、可控释放与安全利用提出了更严苛的要求，必须在分子层面克服高密度能量与高稳定性的天然矛盾，掌握热、力、电磁、化学等外界复合刺激条件下火炸药的安定特性和反应机理，准确评估能量的安全状态和反应程度，辅以能量缓释和防护结构设计，达到提高本质安全的目的。

二、我国发展现状

（一）我国先进毁伤技术总体发展

毁伤技术决定着武器威力，先进毁伤技术发展主要针对目标薄弱环节，深化"能量与目标耦合机制"重大科学问题研究，掌握能量富集与创制、能量释放与控制、能量高效利用、能量运用效能评价等基础研究方法，大幅度提升毁伤能量密度和毁伤能量利用水平。通过解决"毁伤能量来源、毁伤能量高效利用、毁伤效能精确表征"等问题，实现毁伤能量来源从碳氢氧氮系含能材料向新质含能材料的转变、毁伤机制从热力作用向热力声光电磁作用耦合叠加的转变、毁伤模式从主要利用战斗部自身能量向综合利用目标和环境能量的转变，大幅度提升常规武器的毁伤能力。

1. 能量富集与创制技术

重点解决毁伤能量来源问题，将其他状态或形式的能量向毁伤能量转化，基于凝聚态物理、量子化学、化学化工和新材料学的新型含能材料技术，研究能量储存和稳定途径，掌握能量激发和转化机制，拓展含能材料的能谱空间。

目前，二、三、新一代含能材料研究十分活跃，新进展不断突破。一方面，二、三代含能材料成体系化发展，相关技术研究不断深化，主要体现在产品微纳米化、表征方法升级、表面修饰改进、钝感技术革新、制造工艺改进、工程应用创新等方面。另一方面，以CL-20、DNTF和多氮化合物、全氮材料为代表的三代、新一代含能材料发展异军突起，大有代替二代含能材料之势，并更加注重高能化、钝感化和能量利用率最优化方向发展。含能材料技术迭代向前发展，即将孕育先进毁伤技术的新革命。

2. 能量释放与控制技术

重点解决高密度能量利用问题，将不同状态或形式的能量在时空中进行调制，掌握多种能量叠加毁伤机理和相互影响规律。一是要在继续提高热-力联合作用的同时，加强高密度能量爆炸燃烧作用的声光电磁多效应研究工作，从中寻找毁伤新机制，催生新质武器诞生；二是要实现多域能量的耦合叠加，跳出现有相对孤立、单一的火炸药能量来源，通过研究将目标蕴含的能量、武器现存的其他能量、环境能量等耦合、叠加到毁伤技术中，有效提高武器毁伤的能量密度；三是要实现能量释放和转化的可控性，掌握火炸药爆炸燃烧作用的全域精准控制技术，实现武器威力可调、动力随控。

基于凝聚相爆轰理论，通过ZND模型和C-J理论，基本掌握了碳氢氧氮系含能化合物热起爆机理和爆轰波在炸药装药中稳定传播的规律，揭示了氧化剂、还原剂在爆轰波作用下的敏化、活化和爆炸增能机制，形成了多种爆炸能量耦合叠加的理想炸药、非理想炸药配方设计方法；基于非凝聚相爆轰理论，通过气相爆轰C-J理论研究，基本掌握了液体燃料、固体燃料气相云雾形成、点火、燃烧转爆轰的机理，发现了碳氢氧氮系含能化合物凝聚相爆轰与燃料气相爆炸作用的叠加效果，形成了能量密度更高的温压炸药和固体云爆药剂配方设计方法。这些重大突破，使我国高能炸药技术得到跨越式进步：一是由此夯实了高能炸药型谱发展的基础，打破了长期制约我国高能炸药发展的配方设计单一、能量输出结构不成体系的枷锁；二是高能炸药能量密度得到大幅度提高，二代炸药能量密度达到数倍 TNT 当量；三是温压炸药和固体云爆药剂技术得到快速发展，有力支持我国先进温压战斗部和云爆战斗部技术的创新应用。

3. 能量高效利用技术

重点解决高密度能量利用效率的问题，突破基于热力学、动力学的多机制耦合毁伤关键技术，掌握能量与目标的耦合作用下材料、结构响应和功能失效特性，拓宽毁伤模式的实现路径，探索毁伤能量利用效率的理论边界，提高武器毁伤效果。一是要深化作战目标的损伤特性研究，以目标结构破坏和功能损伤为出发点，深入研究损伤机理、能量耦合及作用规律等基础研究，指导武器工程选择能量和运用能量；二是要深化能量与信息融合发展，不断提高武器"能量承载信息，信息驾驭能量"的技术水平，实现常规毁伤智能化发展，让毁伤能量随目标特性、目标薄弱环节自主智能优化调整和转变，大幅度提高毁伤能量利用效率；三是要实现常规武器的能量管理，让武器能量在飞行弹道和终点弹道实现供需管理及控制，有效提高武器的整体能量利用水平。

未来战场目标的多样化，促使战斗部技术朝着高动能、多功能及低附带毁伤方向发展，毁伤技术体系不断完善，战斗部毁伤威力持续提升。一是我国战斗部种类已从原来的杀伤、爆破、聚能、侵彻、燃烧向反深层硬目标高速侵彻、反城区目标威力可调整/效应可选择等方面发展；二是攻克了高速钻地、超音速反舰、大当量爆破、活性破片、定向杀伤、聚能破甲、高能温压、先进云爆等先进毁伤元及战斗部的关键技术；三是安全弹药技术取得较大突破，在不敏感炸药、弹药安全设计技术、安全性试验与评价技术等方面取得了系列成果。

4. 能量运用效能评价技术

重点解决高密度能量运用效能评价问题，突破基于概率论的毁伤效能预示和验证关键技术，研究目标物理毁伤和功能失效的逻辑映射关系，掌握基于多源信息融合和数据分析挖掘的模型迭代递归方法，健全毁伤效果预示和判断的理论方法体系。一是要深化目标损伤机理研究，掌握目标的材料、结构、功能与声、光、电、磁、热、力等基本能量形式的作用规律，找到最佳毁伤方式和机理；二是重视弹目交会研究，不断提高引战配合效率，实现弹目交会姿态、落速、角度、动态威力场形态的实时测试与精准评价；三是制定系统、科学的测试规范和评价标准，构建毁伤数据库，应用人工智能和仿真技术不断提高毁伤效能评价精度，利用虚拟仿真测试系统取代部分动态靶场测试和实物试验。

我国的能量运用效能评价技术研究已从静态威力分布规律和单毁伤效应研究转向实战条件下的动态威力分布规律研究和多毁伤效应评估。一是构建了火箭撬、大口径平衡炮等大型动态威力试验系统，掌握了动态穿靶、激光高速摄像、超高速炸点可控动爆等试验技术；二是突破了冲击波与破片联合毁伤效应评估技术、约束环境下威力场表征及评估技术、目标易损特性、战斗部威力和毁伤效应评估的一体化数字分析技术；三是自主研发了能量运用效能快速评估算法，开发的评估软件系统已在试验、演习中得到应用。

（二）基于系统工程的先进毁伤总体技术

基于模型的系统工程，纵向贯通含能材料、火炸药、装药工艺、弹药战斗部、毁伤效能评估全技术链条，横向贯穿需求生成、设计、工艺放大、试验验证等全寿命周期的技术攻关，形成了基于能量高效利用的先进毁伤技术体系，支撑常规毁伤技术的自主创新发展。先进毁伤总体技术主要涵盖了毁伤技术总体设计、毁伤能量高效利用理论与方法、毁伤与评估一体化设计等多个方面。近年来，毁伤总体技术在体系构建、多学科协同设计、一体化设计、性能综合评价、效能评估等技术领域取得重大突破。

1. 总体设计方法

着眼战场典型目标和重大威胁，深化"能量与目标耦合机制"的科学研究，在毁伤能量来源、毁伤能量提升、毁伤能量利用、毁伤机理创新等方面取得重大理论、方法突破，为含能材料、火炸药、引信与火工品、战斗部、毁伤评估等领域关键攻关提供基础保障，为搭建先进毁伤技术体系提供技术支撑。

近年来，随着仿真技术、人工智能、计算机辅助设计等工具的深度应用，给常规毁伤技术的分子结构设计、性能分析、模拟试验和试验验证带来了诸多新的变化，研发模式由经验摸索向理论预测转变，由试验试错型向数字化设计转变，逐步建立了各类数据库、知识库、技术规范、测试标准、使用准则、工艺规范，自主形成了较为科学的先进毁伤设计与验证技术体系。

2. 总体集成应用

在理论和技术层面，打通包括能量聚集与释放、能量耦合与作用、目标响应与失效的全链条，健全先进毁伤科技体系；在工具和手段层面，打造先进毁伤能量设计、仿真和效能预示三大分析计算平台，实现对相关理论、方法和数据资源的高效集成；在应用层面，形成体系化毁伤技术手段和精确毁伤评估能力，建立覆盖复杂战场环境的全域毁伤试验条件，健全高能量密度加载条件和极限状态下试验测试技术、目标毁伤环境模拟和实战化毁伤效应数据采集等基础条件和试验设施。

三、国内外发展对比分析

（一）增材制造技术

增材制造技术已经发展成为提升战斗部综合性能、实现可控毁伤的创新途径。美、欧等已将战斗部增材制造技术列为重点发展的颠覆性技术,并提升到战略高度,加大了研发力度,取得较大进展。同期,我国相关专业研究所、高校已经开展战斗部及部件、炸药装药等增材制造深入研究,在采用增材制造技术制备复杂形状战斗部壳体、较大尺寸与能量递变炸药装药、战斗部与装药一体化制备等方面展开了探索。

1. 装药打印方面

美国采用增材制造技术制备炸药装药,实现炸药能量释放可控。如 2016 年,美国海军水面作战中心利用挤注印技术依次打印多种炸药,制备出能量密度梯变的塑料黏结炸药,根据任务需要,配合精确起爆控制技术引爆相应的炸药,控制能量输出结构,产生不同毁伤效果。美国海军还提出了一种径向复合装药结构,通过改变内部空穴形状实现威力调控如图 1 所示。2017 年,美国劳伦斯利弗莫尔国家安全实验室公开了一份国际专利,提出了一种采用增材制造空心装药的方法,实现了两种组分装药的原位结合,突破了现有冲击波控制受加工制造方法(加工、压制、挤压等)和材料的限制,从而实现对高能材料爆轰波输出的精确控制。

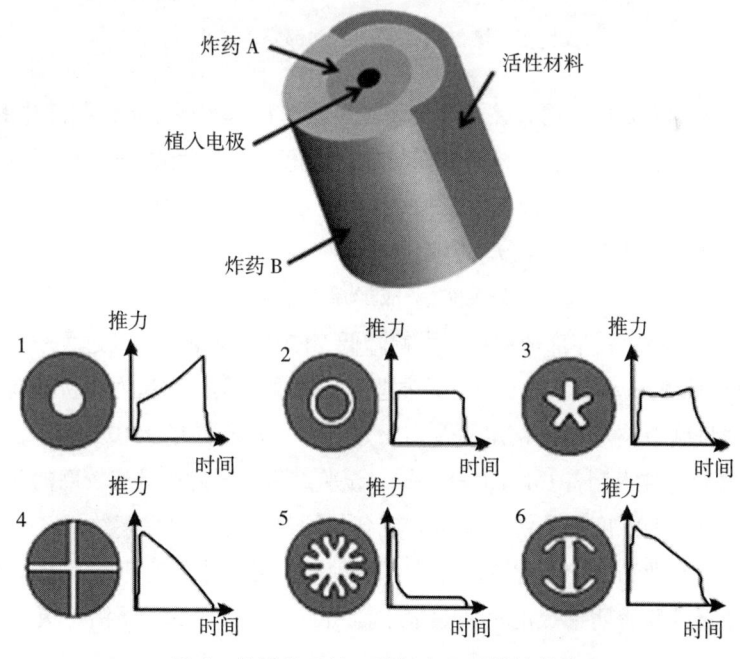

图 1 美国公开的一种复杂异质结构炸药

我国开发出多种可打印炸药配方体系,针对热固性、热塑性完成了炸药装药样件的打印成型,通过增材制造制备出能量密度梯变的炸药装药,技术水平国际先进。南京理工大学设计并制备出适用于增材制造的纳米 HMX/TNT 基熔铸炸药配方,并成功制备出多种结构熔铸炸药药柱,装药密度及均一性明显提高,内部缺陷少,抗压强度提高了 273.0% 左右，爆速提高了约 2.1%，综合性能明显增强，增材制造技术在高质量熔铸炸药制造方面展现明显的优势。中北大学设计了 CL-20 基、DNTF 基炸药打印材料油墨配方，单层厚度装药可控制在 5μm 以下，精度 ±0.01mm，实现了亚毫米区域的精确、高质量装药打印，完成了打印微装药传爆性能测试，爆速可达 8500m/s 以上。

2. 壳体打印方面

2017 年，美国空军研究实验室弹药处利用增材制造技术制造传统计算机辅助制造无法生产的复杂结构件，在保证侵彻能力的同时，优化侵彻战斗部结构，减轻战斗部重量（图 2）。如 MBDA 公司与 IMPETUS Afea 公司合作，利用增材制造技术来制造栅格结构来提升侵彻战斗部的性能，侵彻速度达到 450～720m/s，碰撞角达到 15°，拥有较好的应用前景。

图 2 增材制造侵彻战斗部壳体结构

洛克希德·马丁公司采用直接金属沉积增材制造技术实现了半预制破片的快速成形。首先，根据预先设定的样式进行材料堆积形成"凹槽"，通过该方式预成形的破片能够控制凹槽的位置和深度，以实现预期的破片效果；其次，在沉积过程中改变金属类型、沉积温度、速度和时间，改变材料密度和密度分布来控制破片样式；此外，可在直接金属沉积过程中加入锆、铝、镁、钨等金属颗粒来成形单个破片区域。2016 年，美国利用增材制造工艺制备周向 MEFP 战斗部药型罩，大幅降低 MEFP 药型罩在生产过程中的废品率，并大大提高生产和装配效率，缩短设计生产周期，是一种极具应用潜力的新型制造工艺。

国内在增材制造技术制备壳体和毁伤元方面也开展了研究，2021 年，北京理工大学采用 SLM 增材制造技术制备 CuSn10 药型罩，试验结果表明射流具有较高的成型稳定性和侵彻性能，射流侵彻深度比传统车削工艺制备的同材质药型罩提高约 27%。南京理工大学基于超压爆轰原理和智能优化算法提出了一种微口径战斗部，药型罩由聚乳酸（PLA）材料打印成型，试验表明形成的轻质聚能射流可靠穿透了 12mm 硬铝靶板，并具有较高后效。

3. 增材制造战斗部性能验证

2018 年，轨道 ATK 公司（OrbitalATK）成功试爆一型由增材制造技术生产的高超声速战斗部。该型战斗部采用了异形结构，结构构型复杂，与传统外形存在较大差异。研发团队充分利用了增材制造的优势，仅用了不到 60 天就完成了战斗部设计—制备—试验的全流程，比传统研发节省了至少一个半月时间，实现了具有代表性的高效研发。试验中，战斗部成功起爆,在起爆点周围形成了金属破片散布区,为毁伤效果评估等工作提供了原始数据支撑,这是目前公开披露的首个以增材制造为主要制造手段的高超声速飞行器分系统产品,其成功制备与试验是高超声速技术的一项重要突破,也是弹药制造技术发展过程中的一个里程碑。

(二)数字化设计及仿真技术

近年来,随着计算机技术的飞速发展,仿真技术在先进毁伤技术研究中得到广泛的应用,对于数字化设计、毁伤机理研究、毁伤威力优化、毁伤效能评价等方面研究起到了很重要的指导作用,因此开展多学科协同仿真技术研究,开发弹药计算机优化设计系统,发展虚拟仿真测试技术成为衡量毁伤技术先进性的标杆。掌握先进的数字化设计和仿真技术,不仅能够节省设计、研发和测试的大量经费,同时也能大幅缩短研发周期,推动毁伤技术创新发展。

美国及欧洲的军事强国将模拟仿真技术作为推动先进毁伤技术发展的重要基石,列为政府重点扶持基础项目长期投入支持,主要举措包括:①设立长期研究项目,同时根据技术发展需要进行研究项目进行调整。②重点依靠政府科研机构、高校开展模拟仿真技术研究,同时积极督促私有企业加大相关研发力度。③加强已有模拟仿真技术的联合使用与数据共享。④加强性能模拟结果与试验结果的对比,多次迭代,提升模拟仿真准确度。⑤加强综合型人员配备与仿真设施建设。

当前,我国毁伤与效应评估仿真技术高度依赖进口软件,绝大多数仿真建模软件、后处理软件、高精度求解器等都采用国外商业软件。尽管国内高校和研究院自主开发了不少仿真软件,但商业化程度、鲁棒性、大规模计算能力与国外产品存在显著差距。

1. 能量性能数值模拟技术应用情况

国外已开发出多种成熟的装药能量性能数值模拟技术,获得广泛应用,有效指导了火炸药配方设计。CHEETAH 是美国劳伦斯·利弗莫尔国家实验室开发的一种热化学编码,在 TIGER 热化学编码的基础上升级而来,能预测混合炸药、单质炸药的爆速、爆温、爆压、爆容等爆轰性能,以及爆炸释放的总能量。CHEETAH 程序内存有 200 多种初始反应物、6000 多种可能生成物的数据,通过改变起始分子材料和条件,可以优化混合炸药、单质炸药的能量,是世界范围内预测精度最高的含能材料爆轰性能仿真软件,但对所有国家都禁运,包括美国的盟友。ICT 编码由德国 ICT 研究院开发,是评价火箭固体推进剂和火炮用发射药燃烧性能和计算化学平衡的有力工具,可利用质量作用和质量平衡公式计算火药装药的化学平衡,能计算热化学和热力学参数(发动机燃烧、燃烧化学、分解、高温分解、凝聚)、爆热、比冲、气体爆轰参数、燃烧恒压等;并能基于温度、压力、产品性能优化燃烧过程。

我国在含能材料分子设计与性能仿真方面过度依赖商业软件,虽已实现了含能材料高通量设计软件从无到有的突破，但存在软件功能可扩展性差、物化性能计算方法精度低、代价高，数据样本少、分布不均衡，化学稳定性计算手段缺乏等问题。在火炸药配方设计与性能仿真方面，国外先进软件Cheetah、REAL、BLAKE等对我禁运，通用的Fluent、Poloflow等仿真软件也面临禁售风险；国内自主开发了一些配方设计和性能仿真软件、数据库和专家系统，但这些程序大多针对的是特定类型火炸药或部分性能，没有统一标准的接口和界面，通用性差；而且由于研究分散，数据库规模有限，处理的精度和准确性已无法适应需要，只限于实验室的定性或定量的参照分析，不能进行新型装药设计和数值仿真。

2. 能量释放与高效利用的数值模拟技术应用情况

毁伤效应领域的数值模拟软件应用范围最广，如大家熟知的ANSYS AUTODYN程序和LS-DYNA程序，是美国开发的较成熟的商用显式有限元分析程序，广泛应用于战斗部设计、防护结构设计、毁伤效应分析、毁伤机理研究等领域，在国际军工行业占据80%以上的市场。

但美国国防部和能源部另外开发了ALE3D编码，该程序是利用随机拉格朗日-欧拉技术在非结构性栅格上模拟流体力学、弹塑性响应的三维有限元编码，可与Cheetah程序耦合计算，实现了炸药配方设计与炸药装药爆轰做功的动力学过程一体化仿真，是目前唯一将火炸药能量释放与高效利用耦合计算的仿真技术，ALE3D编码被列为重点持续发展的模拟软件，持续研发更新了近30年，目前对所有国家禁运。

CTH是美国能源部支持利弗莫尔国家实验室开发的显式欧拉有限体积法求解器，是一种适用于多物质、大变形、强冲击和固体力学的程序，它有许多独特优势，如自适应网格细化，采用二阶精度数值方法减少散布和耗散，以提高计算效率和精度；拥有多种材料模型，可描述多相、弹性、黏弹性、多孔和炸药等材料的动力学行为，可使用三维矩形网格、二维矩形和圆柱形网格、一维直线、圆柱和球形网格，主要用于高密度能量释放及利用过程中的相关问题的求解和模拟仿真，如材料相变、含能材料的燃烧和爆炸行为、火炸药在外界刺激下的响应、高应变率下材料的力学和化学响应等。CTH列入美国出口管制清单，仅限于美国本土的机构使用，且必须在美国政府的监管之下。

我国的核心算法基本达到国际先进水平，但基础材料数据积累、大规模并行计算能力、计算稳定性、多种间断共存的高精度和高分辨率计算、多介质流固耦合大变形计算、大规模复杂流场计算等方面与国外差距较大。

3. 能量运用效果评价数值模拟技术应用

国外开发了多种毁伤效果评价的仿真软件，如Split-X、Blast、AVAL等，集成了战斗部设计、威力场重构、目标易损特性分析和毁伤效果评价等功能。这些模拟软件均采用物理定律为基础的分析模型、工程计算公式和基于经验的评估法则，已在战斗部设计与评估领域得到广泛应用。如德国Numerics Gmbh公司研发的Split-X战斗部破片模拟软件，可模拟战斗部的自然或可控破碎，能在较短时间内实现破片战斗部的几何模型设计与分析计算。瑞典开发的 AVAL 战斗部毁伤威力和目标易损特性分析评估软件，已用于评估多种弹药（包括破片战斗部、动能弹、穿甲弹、高性能装药战斗部等）对多种目标的毁伤作用效果，可降低弹药研发成本、缩短研发周期。

4. 安全性数值模拟技术应用情况

高密度能量的稳定是毁伤技术的基本前提，美欧国家广泛采用成熟数值模拟技术，评估各种意外事故、服役环境、老化等引起的弹药装药性能变化，提高弹药装药安全性与结构完整性。如主要应用 ANSYS LS-DYNA、ANSYS AUTODYN、CTH/SIERRA 等非线性动力学软件模拟装药在机械刺激下的响应行为，采用 FLUENT、COMSOL 等软件模拟热刺激下的装药安全性能。其中值得关注的软件有以下几种。

美国桑迪亚国家实验室开发的 SIERRA 软件是破片撞击模拟软件。桑迪亚国家实验室还开发了 SIERRA 编码，能模拟各种物理现象，包括弹药及装药的热量传递、多孔流动、整体结构响应等。将 CTH 与 SIERRA 融合后可用于模拟弹药装药的破片撞击性能、热性能、力学性能和化学性能，包括预测撞击场景、反应剧烈程度，在美国陆军研发工程中心、陆军研究实验室、海军空战中心、桑迪亚国家实验室得到应用。

TEMPER 是由法国武器装备总署研发的一种根据经验模型和分析模型计算弹药安全性的开源专用软件，能模拟弹药在破片撞击、聚能装药、殉爆、烤燃等意外刺激下的反应，易于集成到常规模型中，或用于增强现有模型的模拟功能。该软件有简便易行的图形界面，可以按照北约标准，对不同外界刺激和装药结构下弹药的不敏感性能进行预测评估。

ALE3D 编码中新增了化学、机械与热模块，能模拟弹药装药的烤燃性能。2006 年，美国劳伦斯·利弗摩尔国家实验室利用 ALE3D 对 LX-10 压装炸药装药在慢速烤燃、快速烤燃试验中的放热和反应剧烈程度，进行了一维、二维轴对称模拟，输入参数直接来自实测值，采用四阶 Tarver-McGuire 模型模拟化学动力学，一维模型模拟通过跨越封闭间隙的热传导和热辐射所产生的热膨胀和热传递。

（三）安全弹药技术

欧美弹药领域经历了从普通弹药到低易损弹药再到安全弹药的发展过程，通过政策推动、标准制定、技术研究等措施，欧美弹药安全性研究已经取得了明显的成效，构建了成熟完备的弹药安全性政策、标准和技术体系，促进了弹药安全等级大幅提升。截至 2020 年，美国共有 33 种弹药完全达到安全弹药标准，另有 111 种完成了安全改进任务，全面推进常规弹药主装药的安全化换装。

1. 国外确保弹药安全的政策与举措

（1）从战略层面制定安全弹药相关政策法规

美国海军率先公布"安全弹药政策"，并于 2001 年把发展安全弹药正式作为法律条文列入美国法典条款中，明确规定陆、海、空三军所有新型弹药都必须具有安全特性。英国、法国也随之出台了相应的安全弹药政策，规定新研发、改进型和新生产的常规弹药都要采用安全弹药技术，其中，2000 年，英国国防部成立安全弹药战略联合小组，在 2006 年出台的国防工业战略中设定如下目标：到 2010 年及以后，英国所有新生产通用弹药均为安全弹药。北约标准化局则颁布了《使用和评价安全弹药的政策》协定性文件，提出成员国负责对其现役弹药进行安全特性评估及"在部队使用安全弹药"这项限制性规定，现已获得 15 个国家响应。

（2）从国家层面统筹弹药安全管理和技术发展

针对弹药安全事故频发高发局面，美国成立了国防部爆炸物安全委员会，作为美国军用爆炸物安全监管的最高机构，加强国防部对弹药安全的集中管理。美国陆、海、空三军在执行国防部爆炸安全局相关安全法规的同时，各军种内部也专门成立弹药安全管理部门。

英国国防部为适应更加严厉的弹药安全和环境需求，建成了一套军械、弹药和爆炸物安全管理体系，由第二常任副大臣直接负责，进行弹药或爆炸物安全保障。该管理体系下设三级安全管理部门，依次是国防环境与安全部、国防弹药环境与安全部、国防弹药安全工作组。

（3）从标准层面规范安全弹药测试与技术的发展

国外制定较为完善的安全弹药评价标准体系，从标准层面约束安全弹药技术的发展。国外公布的安全弹药评价标准主要有 3 个：一是北约标准化局于 1998 年颁布的安全弹药通用标准化协议（STANAG 4439 及其应用文件 AOP-39）——《北约安全弹药评估和研发指南》，经 2006 年和 2010 年两次修订后已更新到第三版；二是美国国防部于 1991 年颁布的安全弹药军标 MIL-STD-2105A——《美国非核弹药危险性评估试验方法标准》，经 1994 年、2003 年、2011 年和 2022 年四次修订后，当前最新版本为 MIL-STD-2105E；三是法国国防部武器装备总署于 1993 年颁布的第 260212 号指令——《法国安全弹药（MURAT）评价标准》，2011 年更新为《法国安全弹药标准（第 211893 号指令）》。

2. 国外弹药安全技术

国外安全弹药技术主要包括：安全弹药设计技术和安全火炸药及装药技术。

（1）安全弹药设计技术

提升弹药安全性，需要集成多项安全技术，包括不敏感火炸药装药、复合材料壳体、泄压系统、隔热涂层、安全引信等。例如，美国陆军制导火箭弹集成应用复合材料发动机壳体、含铝端羟基聚丁二烯推进剂、不敏感塑性黏结装药、泄压措施等安全技术；美国"海尔法"与"标枪"导弹集成应用 PAX-2 不敏感炸药、低成本复合材料发动机壳体、撞击低敏感推进剂、烤燃排气装置、可溶面板包装；联合空地防区外导弹集成应用不敏感炸药、应力集中槽缓解结构、可排气传爆管等安全性技术，该导弹通过了所有不敏感弹药标准测试，取得了国防部不敏感弹药资格认证，成为美国空军的重要武器弹药；法国

CBEMS 500 磅炸弹集成应用 B2214 不敏感炸药、泄压系统和防火涂层，能通过六项不敏感弹药标准中的五项。

（2）安全火炸药及装药技术

国外安全火炸药配方设计的重点是选用高能安全新型含能组分，实现火炸药产品的本质安全。

高能安全炸药主要包括 DNAN 基 IMX 安全熔铸炸药、MCX 安全熔铸炸药、新型 HMX 基高能安全 PBX 炸药、FOX-7 基安全 PBX 炸药，以及 NTO 基安全熔铸炸药等。

近年出现的高能安全发射药主要包括硝基胍基安全发射药、新型硝胺基 LOVA 发射药、SSE-52 安全绿色发射药、挤压 – 浸渍系列发射药，以及挤出 – 复合发射药等。

近年出现的高能安全固体推进剂主要包括 ADN/GAP 安全固体推进剂、安全 NEPE 推进剂，以及含多孔高氯酸铵的安全固体推进剂等。2016 年，美国海军水面作战中心开发的含多孔高氯酸铵（PAP）的端羟基聚丁二烯推进剂热安定性显著改善。多孔高氯酸铵颗粒具有较高的比表面积，含多孔高氯酸铵基推进剂的燃速甚至是含高氯酸铵的类似配方推进剂的 2 倍，且热安定性、撞击感度、摩擦感度均显著改善。

3. 安全火炸药应用情况

国外的高能安全炸药主要包括法国 XF 系列安全熔铸炸药、美国二硝基茴香醚基熔铸炸药、美英法德高能安全 PBX 炸药等；低易损发射药主要包括 XM39、M43 发射药、EX-99 发射药、NL-0XX 发射药等；安全固体推进剂主要包括以硝化棉 / 硝化甘油 / 高氯酸铵 / 铝粉为主要组分的改性双基推进剂、以硝化棉 / 硝化甘油 / 高氯酸铵 / 铝粉 /RDX 或 HMX 为主要组分的复合改性双基（CMDB）推进剂、含少量交联剂与硝胺的交联改性双基（XLDB）推进剂等。

（四）先进毁伤新兴技术

先进毁伤技术在基本原理、毁伤机理、毁伤效应等方面不断突破能量的利用方式和利用效率，实现大幅度提高作战效能和效费比的目的，产生出奇制胜的作战效果。

1. 含能毁伤元技术

（1）含能药型罩

含能药型罩是以各种多功能含能结构材料为原料，在常规药型罩设计和制作的基础上应用粉末冶金技术加工而成。这种药型罩的化学能由罩材料氧化反应提供，在射流侵彻过程中含能材料不断发生氧化反应释放化学能，在目标内部产生爆炸毁伤效应，以此扩大毁伤效果。

（2）含能破片

含能破片除具有动能外，自身还含有内能。当破片被炸药驱动抛射时或者撞击目标时，所携带的内能释放，增加破片对目标（尤其是易燃易爆的目标部件）的毁伤能力。装填或者爆炸形成含能破片的战斗部称为含能破片战斗部。

含能破片有两种实现方法：一种是含能材料包覆金属壳体，破片外部的金属壳体提供强度和侵彻能力，内部装填的含能材料为破片提供内能；另一种是用活性材料制作战斗部壳体，爆炸后壳体破碎形成含能破片。前者是一种特殊的预制破片，装填在战斗部壳体和炸药之间；后者除爆炸形成含能破片外，壳体还承担战斗部的结构强度。战斗部爆炸后驱动内置的破片或者壳体破碎形成破片，获得一定的速度向外飞散，破片被驱动或者破片撞击目标时，含能材料被激活，发生反应，释放出高的热能或产生气体，引燃或引爆目标内的易燃易爆物质，进而有效毁伤目标。

（3）全含能侵彻战斗部

传统侵彻战斗部由金属壳体、炸药及引信等部件组成，在战斗部设计过程中，需要保证壳体具有一定的结构强度、炸药具有一定的安定性，同时需要保证引信具有可靠的引战配合功能。全含能侵彻战斗部由高强高韧含能壳体及堵盖、低密度高释能含能内芯材料组合而成。在侵彻多层钢介质过程中，战斗部能够逐层发生破碎及释能效应，实现侵彻扩孔、高温高压效应及纵火引燃等功能，对目标形成多层级立体式打击，从而脱离平台速度提升带来的弹体强度、装药安定及引信可靠性等一系列限制，为舰船类目标的有效打击带来新的思路。

2. 横向效应增强侵彻体技术

横向效应增强侵彻体这一概念，属于近年来新兴的一种新机理毁伤技术。PELE作为一种新概念毁伤元，无须在弹丸内部装填炸药，也无须配用引信，作用于目标时，同时具有穿甲弹和榴弹的效用，实现有效毁伤。该弹结构特殊、材料独特，整个战斗部由两部分构成，壳体由高密度、高硬度的钢或钨等合金材料构成，而弹芯部分则通常是低密度的惰性材料。常规PELE弹丸侵彻靶板的过程可分为3个阶段，第一阶段为弹靶撞击阶段，此阶段弹体外壳和内芯材料受到弹靶撞击产生轴向压缩；第二阶段为弹体侵彻靶板阶段，此阶段弹体外壳与内芯在材料泊松效应的影响下，材料中的轴向压缩力部分转化为弹体的径向膨胀力，由于受到周边靶板材料约束的影响，使得弹体径向膨胀力转化为径向膨胀势能；第三阶段为弹体穿靶后弹体破裂阶段，弹体穿透靶板后径向失去约束力，在径向膨胀势能的作用下，弹体外壳发生破裂形成具有一定径向飞散速度的破片，这些破片可有效增大对靶后目标的毁伤概率。

3. 多模战斗部技术

多模式战斗部也叫可选择战斗部，是指根据目标类型而自适应选择不同作用模式的战斗部。它包括多模式爆炸成形侵彻体战斗部和多模式聚能装药战斗部。这类战斗部可将弹载传感器探测、识别并分类目标的信息（确定目标是坦克、装甲人员输送车、直升机、人员还是掩体）与攻击信息（如炸高、攻击角、速度等）相结合，通过弹载选择算法确定最有效的战斗部输出信号，使战斗部以最佳模式起爆，从而有效对付所选定的目标。

4. 低附带战斗部技术

低附带毁伤弹药的毁伤作用机理与传统的杀爆弹不同，它对目标的毁伤作用主要依靠炸药的冲击波超压与高密度金属颗粒的动能与热能。在近场范围内两种毁伤元组成的高温高压混合场，持续时间较长，能够对 5m 近场范围内的人员和其他软目标形成强力杀伤。由于低附带毁伤弹药爆炸后，炸药部分能量首先消耗在非金属复合材料弹壳的变形和破坏以及赋予惰性金属颗粒的初始动能与热能上，余留部分才消耗在爆轰产物的膨胀和冲击波的形成上。虽然弹丸爆炸形成的空气冲击波比冲量要比无壳同等装药量爆炸形成的冲击波比冲量弱，但是由于大量具有一定抛撒初速的惰性金属颗粒也具有一定的比冲量，弹丸爆炸后冲击波与金属颗粒云的总比冲量比无壳同等装药量爆炸形成的冲击波比冲量大。此外，高速运动的颗粒云逐渐膨胀扩散，并持续撞击目标，作用时间大大增加。因此，该弹丸爆炸形成混合场的比冲量要比传统杀爆弹爆炸形成的冲击波比冲量强，更能有效杀伤近场内目标。但是当金属颗粒和冲击波传播到远场时，由于金属粉状颗粒质量小，复合材料壳体破片密度低且烧蚀殆尽，在空气阻力作用下飞行速度迅速衰减，飞撒距离较近，降低了对周围的无辜人员损伤。

5. 定向杀伤战斗部技术

传统的破片杀伤战斗部杀伤元素的静态分布沿径向基本是均匀分布的（通常称为径向均强型战斗部），当导弹与目标遭遇时，不管目标位于导弹的哪个方位，在战斗部爆炸瞬间，目标在战斗部杀伤区域内只占很小一部分。也就是说，战斗部杀伤元素的大部分不能得到利用。因此，人们想到能否增加目标方向的杀伤元素（或能量），甚至把杀伤元素全部集中到目标方向上去。这种能把能量在某一方位相对集中的战斗部就是定向杀伤战斗部。定向杀伤战斗部是近年来发展起来的一类新型结构战斗部，它的应用将大大提高对目标的杀伤能力，或者在保持一定杀伤能力的条件下减少战斗部的质量。在使用定向战斗部时，导弹应通过引信或弹上其他设备提供目标脱靶方位的信息并选择最佳起爆位置。

6. 串联战斗部技术

串联战斗部是一项应用多种武器组合而成的新技术，其主要目的是对抗装备越来越强大的爆炸反应装甲，提高现代作战的突防能力和打击精度。通过多种毁伤效应的联合作用，串联战斗部能够在短时间内对目标物造成有效打击，快速摧毁或严重损伤目标。这种技术需要通过科学的工程设计和数值模拟来优化和改进，以满足现代作战日益复杂的要求。

目前按作用原理可以分为两大类：一类为穿－破式2级串联装药战斗部，弹碰目标时，第一级用弹本身高速或特殊弹头结构穿爆反应装甲，通过一定的延时，使第二级射流主装药形成射流击穿主装甲。如果爆炸反应装甲不爆，则避免了爆炸反应装甲对射流的干扰。另一类为破－破式2级串联装药战斗部，当导弹碰击目标时，由于一级装药射流侵彻倾斜的爆炸反应装甲，引爆其装药，炸药爆轰使爆炸反应装甲的金属板沿法线方向向外运动和破碎，经延期待爆炸反应装甲破片飞离弹轴后，第二级射流在无干扰情况下，顺利地击穿主装甲。总之，不论取何种结构形式，一定要解决第一级装药的爆炸不应对第二级装药造成破坏和变形。

7. 等离子体战斗部技术

武器装备信息化已成为世界军事潮流。面对这种新形势，对武器毁伤能力的要求从传统的人员和机械设备的毁伤进一步扩大到对信息化装备的毁伤，要求在对目标硬毁伤的同时还能对以微电子技术为基础的信息化装备进行有效毁伤。等离子体战斗部不但具有硬杀伤功能，而且兼备对信息化装备的先进毁伤能力。等离子体战斗部采用空心装药、爆炸产生气溶胶等离子体场的非理想炸药（该炸药是一种富金属燃料的复合炸药），爆炸产生形成导致电子信息装备失灵的导电气溶胶等离子体场：这些电子系统主要包括移动电话、计算机、微波通信系统、GPS干扰机、武器弹药及车辆的电子点火系统等。

8. 软杀伤、智能及特种弹药技术

软杀伤武器近年来在几次高技术局部战争中得到应用，如碳纤维战斗部、电磁脉冲弹、导电云雾战斗部技术、强光致盲弹等。在特定的条件下，软杀伤战斗部对敌方人员心理和精神上的威慑力量是其他类型战斗部无法比拟的，而且软杀伤战斗部将是未来战争中所使用的重要武器。

（五）国外最新研究进展

1. 美空军研究实验室为高超声速武器演示新型战斗部技术

2020年11月在新墨西哥州霍洛曼空军基地成功展示了用于高速武器的新型战斗部技术。霍洛曼的第846测试中队在其高速火箭橇上进行了测试。火箭橇测试取得了成功，战斗部达到了高速并在预定时刻起爆。这种新型战斗部重量不到传统设计的一半，同时保持了相同的效力，且这些战斗部占用的空间要小得多，高速武器可以携带更多的燃料，从而大幅增加射程。

2. 美国空军弹药技术研发子项目——战斗部技术

2023年，美国战斗部技术项目的研究目标是研发新型战斗部毁伤机理，使武器弹药在所有交战情况下均能实现毁伤效能最大化。具体计划包括：继续完善小型毁伤效应可调战斗部技术，实现有效毁伤表面软目标、有限毁伤坚硬目标；继续开发性能测试技术，增强对高速、高压载荷条件下机械响应的量化研究，改进高保真模拟与仿真工具，开展适用于增材制造工艺的材料研究；继续开发增材制造技术，制备优化缩比试样进行性能测试；继续演示高速侵彻弹相关技术，提高其摧毁硬目标的高效性和高生存力；继续开发新型战斗部概念，提升高效打击势均力敌对手空中目标能力；继续研发利用分布式爆炸、冲击波和活性颗粒相互作用的累积毁伤机理；继续推动战斗部研究，相关研究成果与先进/综合弹药子系统研究计划相结合；继续发展增材制造拓扑优化研究；继续开展复合材料侵彻战

斗部研究。

3. 美海军规划要素"战斧"导弹任务规划中战斗部

美国海军规划要素"战斧"导弹任务规划控制（编号0204229N）下的联合多效应战斗部系统项目（编号4035），研究目标是使"战斧"战术导弹能够利用多种杀伤效应摧毁坚固与深埋目标，同时提高"战斧"武器系统对付综合防空系统和大规模毁灭性武器的能力。"联合多效应战斗部系统"子项目2022年计划：继续推进工程与制造研发阶段工作，完成关键设计评审。工程与制造研发工作的内容是继续进行软/硬件开发、靶标建造、不敏感弹药和危险分级测试、靶场测试、引信和战斗部集成、系统工程化审查和安全审查委员会评审。"联合多效应战斗部系统"子项目2023年基础计划：继续推进工程与制造研发阶段工作及关键设计评审后的测试，包括地面功能性测试，启动飞行测试。

4. 美海军小企业创新研究计划支持杀伤力增强战斗部研究

2022年，美国海军小企业创新研究计划中"杀伤力增强战斗部"项目研究目标为：开发和演示新型战斗部设计，利用新型和现有的含能材料和活性材料，以及新的设计和制造工具，大幅增强战斗部对目标的杀伤力，实现以下目标：在保持现役弹药（如"鱼叉"、远程反舰导弹）杀伤力不变的情况下，减少战斗部尺寸和重量；在战斗部外形尺寸不变的情况下，提高战斗部杀伤力，使其能够消灭此前该量级战斗部难以摧毁的目标。

5. 美军研发新型电磁脉冲战斗部

美国海军和空军正在研发一种称为"高性能联合电磁非动能打击武器"的高功率微波战斗部，能产生电磁脉冲破坏对手的电子系统。截至2022年10月初，美国海军和空军已经完成该战斗部的外场测试，并准备将其集成在较大型常规导弹上。"高性能联合电磁非动能打击武器"采用的爆炸磁通压缩发电机，是一种可产生电磁脉冲的爆炸装置，用于破坏对付军用车辆、通信和指挥设备等电子设备，使电力基础设施和一般通信网络在爆炸中心的特定半径内出现暂时或永久性失能。该武器单次打击可使一定区域内的雷达失效、通信中断、探测失灵，相关武器的使用受到严重影响。然而，该武器会对军事目标和民用目标进行无差别毁伤，特别是对缺乏电磁脉冲保护的电力、通信、工业设施以及医疗机构等非军事场所构成重大威胁。考虑到"反电子高功率微波先进导弹"是为常规空射巡航导弹而设计，推测"高性能联合电磁非动能打击武器"可能搭载在增程型联合防区外空地导弹上，从而兼容于多种载机，包括空军F-16、F-35战斗机以及B-2或B-52轰炸机以及海军F/A-18E/F舰载机。

6. 美国为APKWS制导火箭弹测试新型通用战斗部

美国通用动力军械与战术系统公司研发出一种新型反坦克/反人员/反器材通用战斗部，该战斗部将集成到BAE系统公司APKWS激光制导火箭弹上，实现多目标打击能力。2022年5月，首次装备反坦克/反器材/反人员通用战斗部的APKWS制导火箭弹在得克萨斯州布兰卡山脉里高城测试中心进行测试。火箭弹从双轨发射器上的LG-R3"三叉戟"

发射筒发射，直接命中并摧毁一辆具有较好装甲防护能力的"森林狼"防雷伏击车靶标。此轮测试不仅证明了 APKWS 制导火箭弹对轻装甲目标的毁伤能力，也证明了该火箭弹的多平台发射兼容能力。APKWS 制导火箭弹已经配用于 AH-64"阿帕奇"直升机、A-10、F-16 战斗机等海、陆、空各军种的直升机和固定翼飞机，当从直升机发射时，射程为 5km，从固定翼飞机发射时，射程可达 12km。

7. 萨伯公司"米兰"导弹战斗部

萨伯公司的产品根据目标类型可分为反坦克、防空、反碉堡和多用途，中等价格的先进战斗部主要用于非制导肩射武器系统，采用最新技术的高端战斗部主要用于反坦克和防空领域。对于反坦克系统的聚能装药战斗部，装甲侵彻深度是关键参数。最初，10 倍似乎是极限，但萨伯公司为 MBDA 公司增程型"米兰"导弹提供的战斗部达到 12 倍。未来趋势是达到 15 倍，如能实现，将在保持甚至减轻重量的同时增加侵彻深度，最终增加破片，产生可对付不同目标的多用途导弹，减少训练，降低后勤负担和成本。新材料和新炸药无疑是增大临界直径的主要因素，现有导弹战斗部都按照不敏感弹药标准生产，关键元素是钝感炸药，但大多数迫击炮弹等常规弹药还是装填 TNT 或 B 炸药。钝感炸药包含部分非爆炸性材料，能量密度较低，所以具备不敏感性。PBXW-11 是最常用的钝感炸药之一，成分为 96% HMX 和 4% 非含能材料，可通过优化战斗部设计弥补能量损失，用于萨伯公司大多数战斗部中，包括 MBDA 公司中程导弹。对不敏感性能要求更高的国家和军种，尤其对海军来说，含能材料占比 86%～87%，通过优化设计可弥补 10% 的损失，所以性能只降低 5%～7%。形成破片、增加反坦克能力是将专用弹药转为多用途弹药的技术途径之一。

四、我国发展趋势与对策

（一）系统仿真技术

近年来，随着计算机技术的飞速发展，仿真技术在武器研制、试验评估、训练演习中得到广泛的应用，对于战斗部设计及对目标的毁伤效能方面研究起到了很重要的指导作用，如战斗部的起爆、外弹道、发射等，而最终毁伤效能总体评判为各方面性能的综合效应，因此全面衡量弹药的毁伤性能，必须开展多学科协同仿真技术的研究，实现先进毁伤弹药计算机优化设计系统的开发；利用虚拟仿真测试系统取代部分动态靶场测试和产品验收的真实试验。通过对比国内外已有进展和发展方向，对我国在该领域的技术应用提出以下几点启示。

1. 建立统一的数值仿真标准和数据规范

建立统一的软件和模型开发规范，便于全流程仿真系统的集成和多学科联合仿真；建立仿真标准，对通用工况的仿真流程和建模方法进行规范化，既固化了专家的经验知识，又降低了仿真技术门槛，通过试验验证，不断提高仿真的可靠性和精确度；建立统一的数据测试和采集标准，统一各种材料性能测试、威力测试、效应测试和效果评估的规范标准，为国家级常规毁伤数据库构建提供支撑。

2. 加强顶层规划，整合全国已有技术成果

近十年国内在常规毁伤技术领域取得了显著的进步，形成大量的数据、模型和软件。但由于缺乏顶层规划，各科研院所独立发展，存在同质化、重复化建设的现象，不仅造成了资源浪费，也不能暴露技术发展中遇到的壁垒和瓶颈，因此必须加强顶层设计，整合国内已有的技术成果，在此基础上识别真正的"卡脖子"问题，并积聚优势团队力量集中攻关。

3. 长期支持软件开发，不断迭代优化

先进毁伤仿真软件应用面窄、使用范围小，很难通过商业化提高成熟度，必须依赖国家的长期支持，建立稳定的开发团队，给予稳定的经费支持，对系统不断地使用、评估、维护、升级。开发过程中，充分利用民用仿真软件开发的技术、资源和经验，避免走弯路、走错路的风险，实现快速突破。

4. 重视知识产权保护，促进成果共享

健全知识产权机制，保护科研院所已有的数据、模型、算法等成果，通过购买、有偿使用等方法，将各单位的技术成果汇集构成国家级数据库、模型库、算法库，形成有机的互惠共享机制，促进成果共享，提高成果的使用效益，实现仿真技术的自主可持续发展。

（二）先进制造技术

增材制造技术作为新兴智能制造技术，打通了正向设计的瓶颈，使颠覆性创新成为可能。与数字化设计、系统仿真技术相结合后，将充分释放增材制造的优势，形成全新的设计思想和方法，采用模拟仿真、拓扑优化等手段创新设计，摆脱传统工艺、标准规范和经验的束缚，在先进制造技术的支持下，实现快速迭代。目前，增材制造在先进毁伤技术领域的应用研究刚刚起步。

1. 增材制造技术应用于火炸药装药

目前火炸药加工以"熔铸、浇注、压装"等工艺为主，形状简单、尺寸受限，威力只能预制，无法精准调控；结构单一，力学强度不足，能量和安全之间矛盾难以协调。而增材制造技术可以制备各种异形、异质、异构的复合装药结构，同时具备产品质量一致性好、精度高、成本低、本质安全性高等优势，能精准调控能量释放方向和大小，实现火炸药装药的精确、快速、安全及柔性化制造。但目前火炸药装药领域的增材制造技术距离工程应用还有一定差距，我国现有的打印材料难以满足火炸药配方高固含量、高黏度的物料特性要求以及快速打印成型的要求，亟须开发适用于光固化增材制造技术的新型黏合剂材料。

2. 增材制造技术应用于爆炸性壳体

作为自然或预控或预制类杀伤元，一方面其相较于传统制造技术的毁伤性能提升效果仍不清楚，没有广泛的研究出现；另一方面作为这些战斗部毁伤元形成机理的研究，尤其是增材制造材料的力学性能与其爆炸毁伤性能之间的联系是模糊的，因为增材制造技术得到的材料具有显著的各向异性，这些均有待研究。

3. 增材制造用于动能侵彻战斗部

轻量化、高毁伤能力的侵爆（钻地）战斗部，美国空军技术研究院已进行了大量的尝试，从材料、结构等方面出发探索其毁伤潜能，而国内还未曾看到相关研究。将增材制造技术用于新型侵彻战斗部轻量化结构的制造，能够充分发挥结构优势，未来可从先进增材材料制造、轻量化结构设计等方面着手，开展相应的研究工作。

（三）人工智能的应用

云计算、大数据和人工智能是推动第四次产业革命的代表性技术，将为先进毁伤技术及效应评估带来革命性进步。能量从富集到利用是复杂的物理化学过程，涉及众多学科领域，采用传统的理论、实验和计算的研究范式，基本不可能实现多目标、多学科优化，而以机器学习为代表的人工智能技术可以直接建立微观组织、介观结构和宏观性能的联系，并已在材料分子结构设计、构效模型开发、制备路径预测、性能预测中成功应用，预测精度极高。ChatGPT的出现，更是证明了利用相关性分析建立物理世界大模型的可行性，在积累的大量试验数据和海量仿真数据的基础上，持续进行大数据机器学习，迭代算法和模型，近似模型不断进化，预测结果逼近真实物理世界，最终实现能量富集与创制、释放与控制、利用与评价的全流程一体化设计与优化。

参考文献

[1] 陈达，宁建国，李健. 周期性非均匀介质中气相爆轰波演变模式研究［J］. 力学学报，2021，53（10）：2865-2879.

[2] 丁彤，裴红波，郭文灿，等. RDX基含铝炸药爆轰波结构实验研究［J］. 爆炸与冲击，2022，42（6）：1-8.

[3] 段继. 含铝炸药爆轰驱动的非线性特征线模型［J］. 爆炸与冲击，2021，41（9）：13-23.

[4] 冯晓军，薛乐星，曹芳杰，等. CL-20基含铝炸药组分微结构对其爆炸释能特性的影响［J］. 火炸药学报，2019，42（6）：608-613.

[5] 冯晓军，薛乐星，冯博，等."外嵌内包"微结构的奥克托今/铝复合粒子制备及其应用性能［J］. 兵工学报，2021，42（8）：1631-1637.

[6] 郭伟，曹雷，谭凯元，等. RDX基金属化炸药的爆轰反应区参数测量［J］. 含能材料，2021，29（5）：389-393.

[7] 贺倩倩,毛耀峰,王军,等.制备梯度结构来提高HMX/Al复合材料的燃烧和压力输出性能[J].含能材料,2022,30(9):886-896.

[8] 胡宏伟,严家佳,陈朗,等.铝粉含量和粒度对CL-20含铝炸药水中爆炸反应特性的影响[J].爆炸与冲击,2017,37(1):157-161.

[9] 金朋刚,郭炜,王健灵,等.不同粒度铝粉在HMX基炸药中的能量释放特性[J].含能材料,2015,23(10):989-993.

[10] 阚润哲,聂建新,郭学永,等.不同铝氧比CL-20基含铝炸药深水爆炸能量输出特性[J].兵工学报,2022,43(5):1023-1031.

[11] 李科斌.炸药爆轰及驱动性能的连续电阻测试方法研究[D].大连:大连理工大学,2019.

[12] 李凌峰,王辉,韩秀凤,等.Al/PTFE与炸药组合装药的爆炸释能特性[J].火炸药学报,2023,46(1):69-75.

[13] 李瑞,李伟兵,靳洪忠,等.基于Jones-Wilkins-Lee状态方程的爆轰波相互作用参数理论分析[J].兵工学报,2019,40(3):516-521.

[14] 李淑睿,段卓平,郑保辉,等.2,4-二硝基苯甲醚基熔铸含铝炸药圆筒试验及爆轰产物状态方程[J].兵工学报,2021,42(7):1424-1430.

[15] 李兴隆,王德海,刘清杰,等.HMX基含硼铝炸药的释能特性和作功能力[J].含能材料,2021,29(10):948-956.

[16] 李重阳,黄勇力,孙长庆,等.共晶炸药晶体稳定性和爆轰能量提升策略的理论研究[J].含能材料,2020,28(9):854-860.

[17] 林谋金,马宏昊,沈兆武,等.RDX基铝薄膜炸药与铝粉炸药水下爆炸性能比较[J].化工学报,2014,65(2):752-758.

[18] 刘丹阳,陈朗,王晨,等.CL-20混合炸药的爆轰波结构[J].爆炸与冲击,2016,36(4):568-572.

[19] 刘鹏.炸药爆电耦合效应研究[D].南京:南京理工大学,2021.

[20] 陆明.对全氮阴离子N_5^-非金属盐能量水平的认识[J].含能材料,2017,25(7):530-532.

[21] 吕中杰,高晨宇,赵开元,等.铝质量分数对CL-20基炸药驱动筒壁能量输出结构影响[J].北京理工大学学报,2023,43(1):27-35.

[22] 朴忠杰,张爱娥,罗宇,等.铝粉粒度对奥克托今基空爆温压炸药能量释放的影响[J].兵工学报,2019,40(6):1190-1197.

[23] 荣吉利,赵自通,冯志伟,等.黑索今基含铝炸药水下爆炸性能的实验研究[J].兵工学报,2019,40(11):2177-2183.

[24] 孙晓乐,万力伦,杨琢钧,等.铝氧比对CL-20基含铝炸药水下爆炸能量输出结构的影响[J].兵工自动化,2020,39(7):76-78.

[25] 覃锦程,裴红波,黄文斌,等.基于PDV的JOB-9003炸药爆轰反应区测量[J].爆炸与冲击,2019,39(4):1-7.

[26] 唐仕英,陈绍武,殷文骏,等.含铝炸药爆轰反应特性的光谱诊断技术研究[C]//2018第十二届全国爆炸力学学术会议论文集,2018:121.

[27] 田俊宏,孙远翔,张之凡.铝氧比对含铝炸药水下爆炸载荷及能量输出结构的影响[J].高压物理学报,2019,33(6):146-154.

[28] 田少康.温压炸药铝粉释能规律研究[D].南京:南京理工大学,2017.

[29] 吴雄.VLW爆轰产物状态方程的发展及应用[J].火炸药学报,2021,44(1):1-7.

[30] 徐敏潇,刘大斌,许森.硼含量对燃料空气炸药爆炸性能影响的试验研究[J].兵工学报,2017,38(5):886-891.

[31] 薛冰.RDX基金属氢化物混合炸药爆炸及安全性能研究[D].合肥:中国科学技术大学,2017.

［32］杨晨琛，李晓杰，闫洪浩，等.爆轰产物状态方程的水下爆炸反演理论研究［J］.爆炸与冲击，2019，39（9）：1-11.

［33］杨胜晖，郑波.含铝温压炸药的爆炸能量结构研究［J］.爆破器材，2019，48（2）：20-24.

［34］杨雄，王晓峰，冯晓军，等.一类新型含铝炸药——联合效应炸药的研究进展［J］.火炸药学报，2018，41（1）：1-6.

［35］杨洋，段卓平，张连生，等.两种DNAN基含铝炸药的爆轰性能［J］.含能材料，2019，27（8）：679-684.

［36］于明，孙宇涛，张文宏.金属约束下定常非理想爆轰的理论研究［J］.爆炸与冲击，2012，32（6）：635-640.

［37］张伟，闫石，郭学永，等.端羟基聚叠氮缩水甘油醚与六硝基六氮杂异伍兹烷基四元混合炸药能量释放研究［J］.兵工学报，2018，39（7）：1299-1307.

［38］周俊祥，徐更光，王廷增.含铝炸药能量释放的简化模型［J］.爆炸与冲击，2005，25（4）：309-312.

［39］周正青，杜泽晨，蒋慧灵，等.铝含量对TNT/Al炸药爆轰反应区结构的影响［J］.南京理工大学学报（自然科学版），2022，46（5）：523-528，543.

［40］Baker E L, Balas W, Capellos C, et al. Combined effects alumized explosives［C］// Proceeding of the International Ballistics Symposium, New Orleans: LA, 2008.

［41］Baker E L, Pouliquen V, Voisin M, et al. Gap Test and Critical Diameter Calculations and Correlations［R］. 16th International Detonation Symposium, Cambridge, Maryland, 2018.

［42］Baker E L, Stiel L I, Balas W, et al. Combined effects aluminized explosives modeling and development［J］. International Journal of Energetic Materials and Chemical Propulsion, 2015, 14（4）: 283-293.

［43］Balas W, Nicolich S N, Capellos C, et al. New aluminized explosives for high energy, high blast warhead application［C］// Proceedings 2006 Insensitive Munitions & Energetic Materials Technology Symposium Bristol: AMC, 2006: 24-28.

［44］Barnes B C, Elton D C, Boukouvalas Z, et al. Machine Learning og Energetic Material Properties［R］. 16th International Detonation Symposium, Cambridge, Maryland, 2018.

［45］Bdzil J B, Short M, Chiquete C. The Loss of Detonation Confinement: The Evolution from a 1D to a 2D Detonation Reaction Zone［R］. 16th International Detonation Symposium, Cambridge, Maryland, 2018.

［46］Bergh M, Helte A, Andersson O, et al. Effect of Pressure Pulse Duration and Lateral Distribution on Fragment Impact Initiation of High Explosives［R］. 16th International Detonation Symposium, Cambridge, Maryland, 2018.

［47］Bowden M, Maisey M. A Volumetric Approach to Shock Initiation of PBX9404［R］. 16th International Detonation Symposium, Cambridge, Maryland, 2018.

［48］Handley C A, Brain D L, Whitworth N J. Detonation Corner Turning, Dead Zones and Desnsitization［R］. 16th International Detonation Symposium, Cambridge, Maryland, 2018.

［49］Hobbs M L, Schmit R G, Moffat H K, et al. JCZS3-An Improved Database for EOS Calculations［R］. 16th International Detonation Symposium, Cambridge, Maryland, 2018.

［50］Hodgson A N. Conversion of Size-Effect Curves to Detonation Velocity Versus Curvature Relationships Using Particle Swarm Optimisation［R］. 16th International Detonation Symposium, Cambridge, Maryland, 2018.

［51］Jackosn T L, Zhang J, Short M. Mesoscale Simulations of Shock-to-Detonation Initiation in HMX and PETN based Explosives［R］. 16th International Detonation Symposium, Cambridge, Maryland, 2018.

［52］Kooker D E. Can the Large-Scale-Gap Test Mislead Us［R］. 16th International Detonation Symposium, Cambridge, Maryland, 2018.

［53］Kooker D E. Modeling Shock Sensitivity of the Explosive PBXN-109［R］. 16th International Detonation

Symposium, Cambridge, Maryland, 2018.

[54] Kosiba G D, Olles J D, Yarrington C D, et al. Arrhenius reactive burn model calibration for Hexanitrostilbene (HNS) [R]. 16th International Detonation Symposium, Cambridge, Maryland, 2018.

[55] Mi X C, Higgins A J, Loannou E, et al. Shock-Induced Collapse of Multiple Cavities in Liquid Nitromethane [R]. 16th International Detonation Symposium, Cambridge, Maryland, 2018.

[56] Reaugh J E, Vandersall K S, Jones A G, et al. Computer Simulations to Study the Post-ignition Violence of HMX Explosives in the Steven Test [R]. 16th International Detonation Symposium, Cambridge, Maryland, 2018.

[57] Rougier B, Lefrancois A, Aubert H, et al. Simultaneous Shock and Particle Velocities Measurement using a Single Microwave Interferometer on Pressed TATB Composition T2 Submitter to Plate Impact [R]. 16th International Detonation Symposium, Cambridge, Maryland, 2018.

[58] Sen O, Rai N K, Nassar A, et al. Multiscal Modeling of Shock-to-Detonation Transition of Pressed Energetic Materials [R]. 16th International Detonation Symposium, Cambridge, Maryland, 2018.

[59] Sollier A, Lefrancois A, Jacquet L, et al. Double-Shock Initiation of a TATB Based Explosive: Influence of Preshock Pressure and Duration on the Desensitizations Effects [R]. 16th International Detonation Symposium, Cambridge, Maryland, 2018.

[60] Wrobel E T, Cornerll R E, Samuels P J, et al. Ignition and Growth Response via Cutback Testing [R]. 16th International Detonation Symposium, Cambridge, Maryland, 2018.

撰稿人：周　强　曹文丽　王虹富　张玉龙　李　莹
　　　　范夕萍　刘　伟　王百川　曹意林　王　康

ABSTRACTS

Comprehensive Report

Development Report on the Modern Advanced Damage Technologies and Effects Evaluation

Mastering the destruction science and technology beyond competitors has always been an important option in the game of great powers, in order to seize the first opportunity for development, there is an urgent need to focus on the "energy-target coupling mechanism" major scientific issues, exploring the source of destruction energy, innovating the mechanism of destruction, enhancing the efficiency of destruction energy utilization, increasing the density of destruction energy, and changing the mode of destruction, so as to realize the leap from the "generalized destruction" to the "precise destruction".

The future battle field space is constantly expanding to land, sea, air, sky, electricity and other multidimensional fields, and the targets to be destroyed are more diversified, spreading over the underground, ground, water, air and space. Target characteristics are also very complex, from stationary to high-speed movement, from a single point target to a huge surface target, complex and variable systematic targets, and even in extremely complex environments, from low altitude environment across to the plateau, mountains, extreme cold regions.

The essence of destruction is the delivery and transfer of energy to the target, pursuing the controlled release of high-density energy, following the energy-time-space (ETV) model. Weapon system through the energy interactions of mechanics, chemistry, physics, acoustics, optics, electromagnetism (this report does not include nuclear, biological and chemical weapons), etc., so that the target's structure/tissue destruction, loss of function or reduction of the role. Among these, non-lethal damage may restore all or part of the target's function after a certain period of time.

Modern advanced damage technology is a high-energy substance that creates a cross-generational leap in energy in response to the emergence of new target types. By continuously improving the efficiency and safety of energy release, and by designing and controlling the way and direction of energy release, the destructive performance of weapons and equipment can be greatly improved, so as to realize the optimal destructive effect of various types of weapons on a variety of targets. Driven by the emerging frontier science and technology, the modern advanced damage technology is developing rapidly, and is constantly broadening the energy spectrum space of damage energy, exploring the theoretical boundary of energy utilization, and widening the realization path of conventional damage. The innovation and development of damage technology is of great significance in accelerating the transformation of science and technology into combat power and enhancing the damage capability of weapons and equipment.

Modern advanced damage technology is based on the current continuous emergence of new target damage characteristics, the use of high-energy material energy release and control of energy generated by the acoustic, optical, electrical, magnetic, thermal, force and other energy forms, the release of energy to the target, transfer of energy to the target structure and function of the changes in the target, the physical and chemical changes and its complexity, is the most characteristic of weapons science and technology, one of the disciplines.

Modern advanced damage technology involves energy, power, combustion, explosion, structure, control, materials, information and other disciplines, to lead the condensed matter physics, micro and nano materials, molecular dynamics, quantum chemistry, ultrafast dynamics and other major frontier scientific and technological progress, to promote the construction of ultra-high pressure, ultra-low temperature, ultra-high speed, ultra-large-scale engineering calculations, and other scientific devices, the exploration of the origin of the universe, the study of the material's physical state and extreme properties, industrial production and national defense construction and other fields to catch up with the development of an important role. In view of the characteristics of modern advanced damage technology and its decisive role in upgrading the performance of weapons and equipment, the United States, Russia and other major military powers have attached great importance to the development of destruction technology, and have invested a large amount of manpower, material and financial resources to support it as a priority over the long term, and have made breakthroughs in various technical fields, such as the creation of high-energy substances, energy release and control, efficient utilization of energy and evaluation of energy application effects, in order to ensure their military superiority. The current development tendency mainly revolves around the following four aspects: ① High-density energy enrichment and materialization. At present, the research in this field focuses on the research and development of higher energy substances, showing three major development trends: Firstly, from the traditional single nitro energy storage unit is mainly to a variety of energy storage unit combined direction. The energy density of all-nitrogen compounds (dominated by nitrogen-nitrogen single/double bonds) is more than 3 times the equivalent of TNT, once synthesized, it will trigger a major change in high-energy power substances and bombardment physics. 1998, the United States took the lead in the synthesis of nitrogen five cationic salts, opening the prelude to the development of high-energy substances across the. Secondly, from the chemical bond energy storage is mainly shifted to a combination of high-tension bond and chemical bond energy storage. The United States synthesized the world's first carbon monoxide polymer sample at 150000 atmospheres and induced it to explode with a laser, with a theoretical burst speed of more than 10000 m/s, and a burst pressure that is five times that of TNT. In October 2016, Harvard University in the United States, the use of advanced large-scale scientific devices closes to the extremely high pressure, extremely low temperature, with 4.95 million atmospheric pressure under ultra-high pressure and 5.5K ultra-low temperature (close to absolute zero) produced a small number of metal hydrogen samples, at this time the theoretical energy of metal hydrogen can reach 100 times the TNT explosives. Thirdly, the shift from traditional chemical energy to a combination of chemical, physical and other types of energy. The phase transition pressure of metallic hydrogen is close to 5 million atmospheres (i.e., ultrahigh pressure), which almost all materials cannot withstand; The phase transition temperature of metallic hydrogen is close to the ultra-low temperature of absolute zero, which is the limit of human scientific and technological capabilities; High-tensile bonding energy materials and metallic hydrogen, polymerized nitrogen, etc. cannot exist stably at room temperature and pressure. Only by maintaining the environment in which energetic materials exist can they be successfully applied to equipment. ② High-density energy release and conversion. Currently, research in this field is focused on solving the problem of controlled release and efficient conversion of destructive energy. Firstly, $10^1 \sim 10^3$ J/g of energy release density is mainly converted to combustion mode, in milliseconds ~ seconds time scale; secondly, $10^3 \sim 10^5$ J/g of energy release density is mainly converted to explosion mode, in microseconds ~ subseconds time scale; thirdly, 10^5 J/g or more energy release density is mainly converted to other modes, in nanoseconds or even faster release within the time scale. ③ High-density energy control and utilization. At present, the research in this field focuses on the combination of new targets and damage characteristics, the development of hard, soft and controllable energy adjustable effects and other means of destruction, to solve the problem of the coupling mechanism of energy and target, the precise role of energy on the target. One is based on high-density energy damage, from the chemical energy of the thermal damage mechanism to a variety of forms of energy coupling damage mechanism; the second is is the multi-domain destruction of energy and information fusion, based on the destruction modes of heat, acoustic, optical, magnetic and information (including blocking/suppressing/interfering), and the leap from single-domain generalized destruction to multi-domain precise destruction. ④ Energy effects and evaluation. Firstly, hard damage evaluation, analyzing the coupling mechanism of different forms of energy and targets, mastering the response laws of materials and structures in different scales and time domains under loading conditions, and the functional failure characteristics of targets. Secondly, soft damage evaluation, target inherent and application characteristics, find the target weak links, matching the best damage elements and damage path, so that the target loses all or part of the key functions. Thirdly, it is the evaluation of the combination of reality and reality based on the simulation system, which supports the capability of the whole chain of digital design and performance simulation, such as the rapid design and performance prediction of high-energy substances, the simulation of energy utilization and control effect, and the assessment of the effect of destructive energy utilization, through the professional serialized software and generalized evaluation method.

1. Basic properties of the energy of the explosives

(1) Connotation and characteristics of energy

Engels profoundly pointed out that the mechanical motion of an object can be converted into heat, into electricity, into magnetism; both heat and electricity can be converted into chemical decomposition, and chemical synthesis can in turn produce heat and electricity ... A certain amount of motion in one form is always equaled by a definite and unshifting amount of motion in another form, and it does not matter from which form of motion the unit of measure used to measure this amount of motion is borrowed.

All moving objects in the universe have the existence and transformation of energy, and all human activities are closely related to energy and its use. Energy is the ability to produce a certain effect or change, i.e., the production of a certain effect or change is inevitably accompanied by the consumption and conversion of energy. Matter and energy are the basis of the objective world.

ABSTRACTS

Human use of energy exists in a variety of different forms, is the description of all macro-micro-material movement, corresponding to different forms of movement, energy can be divided into mechanical energy, electrical energy, chemical energy, radiation energy, thermal energy, nuclear energy and so on.

Generally speaking, energy has six characteristics: Firstly, statefulness, i.e., related to the state in which the substance is located, different states have different energy; Secondly, additivity, that is, a system has the total energy for the input system of a variety of energy sum; Thirdly, the transferability, that is, from one thing to another, a place to another place; Fourthly, conversion, that is, energy can be converted to each other; Fifthly, workability, that is, energy can be transformed from one form to another; Sixthly, depreciation, that is, irreversible processes can cause the quality and grade of energy reduction.

To realize the basic requirements of energy utilization is: the use of efficiency should be as high as possible, the use of speed as fast as possible, with good use of regulatory performance, to meet the economic and environmental protection and other reasonable requirements.

The basic principle of energy utilization is mainly the first/second law of thermodynamics. The first law of thermodynamics reveals the energy in the "amount" of the problem, in the closed system can use energy to do work; The second law of thermodynamics specifies the direction of the use of energy, the conditions and limits of the problem, the use of energy in different ways are efficient limitations.

(2) Connotation and energy properties of explosives

The explosives are chemical substance composed of one or more elements with different types of chemical bonds; it is capable of strong exothermic combustion and explosion reactions in a closed system without the participation of external substances, and the energy released can realize external work with the reaction products as the medium.

Explosive through chemical reactions for elemental recombination and chemical bond rearrangement, the first internal energy into thermal energy, with the product as the medium of external work; and then the thermal energy into kinetic energy, or momentum transfer, thereby destroying the target. In accordance with the principles of thermodynamics, thermodynamic system of external work, on the one hand, depends on the amount of energy, on the other hand, depends on the process of work, that is, energy release. Combustion and detonation are the main ways of energy release of the explosives. Based on classical physics, it is known that the energy release in the time dimension and space dimension: the main factors related to time is the rate of combustion or explosion and instantaneous combustion and detonation of the reaction area; the main factors related to space is the charge structure of the explosives, is the energy in the transfer, the role of the vector properties.

2. Energy characterization of damage

(1) Connotation and characteristics of damage

The stage of modern war has evolved from the traditional battlefield to a multi-dimensional integrated battlefield of land, sea, air, sky, cyber, cognition and psychology, which is an extremely complex systematic confrontation of the whole domain. Therefore, all types of equipment in the war must have the ability to destroy with the combat system.

The essence of damage is to deliver and transfer energy to the target, pursuing the controlled release of high-density energy, following the energy-time-space (ETV) model. Weapon system through the mechanics, chemistry, physics, acoustics, optics, electromagnetism (this study does not include nuclear, biological and chemical weapons) and other energy interactions, so that the target's structural / organizational damage, loss of function or reduction of the role of the target, of which non-lethal destruction after a certain period of time the target function can be fully or partially restored.

In terms of physical process, damage mainly includes the release, transformation and propagation of the energy of the weapon system, coupling with the target, interaction and destruction, and other key links. The main technical ways to improve the destructive power of conventional weapons are: to improve the total energy of weapons and develop higher-order energy sources, to improve the energy utilization rate and transfer more energy to the target, to utilize the new effects and develop new conceptual weapons, so as to realize more sophisticated destruction of the target.

(2) Key issues in destruction science and technology

The major scientific issues: precise utilization of high-power density energy safety: Reveal the coupling relationship between high power density energy and target, construct the boundary theory of safe energy application, obtain the response law of target in different environments and media, grasp the new effect of energy action, and put forward new principles and methods of damage effect and evaluation.

The major technical issues: new destruction mechanism: Through conventional high power density energy storage, power conversion, efficiency release of new effects, or through a new mechanism to make the target structure and function of the significant failure, significantly increase the target damage effect of the new destruction technology. Firstly, through the joint action of multiple effects, to realize the traditional munitions combat parts can not produce a wide range of damage field and coupled damage; Secondly, adopt target structure and function weakening mode, and achieve the new quality destruction effect which cannot be realized by traditional munitions combat parts through the coupling destruction effect of sound/light/electricity/magnetism/heat/force; Thirdly, using super-aluminum thermite, super-strong oxidizer, new physical materials, etc., to form a brand-new destructive technology that exceeds the traditional destructive effect through a new energy effect and efficient transformation mechanism; Fourthly, exploring brand-new physical damage mechanisms and technical ways to realize subversive damage effects.

3. Release characteristics of high-density energy

(1) The basic characteristics of high-density energy

Fire explosives are generally substances containing high potential chemical energy per unit mass, releasing chemical energy through the transfer of electrons outside the nucleus of atoms, usually in the form of combustion or explosion, with a power density of energy release exceeding 1 MW/cm^3. The main feature of high-energy substances is that they react exothermically and produce a large amount of gas at the same time. Exothermic reaction prompted by the composition of the molecular structure of the high-energy material changes, chemical combinations again, at the same time produce high-temperature gas, the surrounding effect. Sharp reaction occurs when the explosion (energy release rate greater than 10^{-6} s order of magnitude), accompanied by a shock wave of high-pressure damage; in the case of combustion (energy release rate of $10^{-3} \sim 10^{-6}$ s order of magnitude), a large amount of gas is produced to obtain the thrust.

With the deepening of research in the discipline of combustion and explosion, the types of materials involved are becoming more and more extensive, far beyond the scope of understanding of propellants, launching charges, monomers/mixed explosives and other classical fire explosive materials. Therefore, based on the recent years of combustion, explosion and other violent reactions involved in the study of high-energy materials, through the analysis of the energy release characteristics of high power density, the energy characteristics of high-energy materials to summarize, put forward the effective use of high-power density energy technology pathway.

Explosives, as an important type of high-energy substances, are energy-containing materials or reaction systems capable of undergoing violent chemical reactions or even explosions under certain external stimuli, and are mainly characterized by the ability to undergo rapid chemical reactions under a certain amount of energy to generate a large number of thermal and gaseous products. Due to the explosive reaction of high temperature(thousands of K), high pressure(tens of GPa), high speed (microseconds) and other process characteristics, how to effectively release and use the chemical energy of explosives, for a long time both chemistry, materials science, physics, mechanics and other disciplines of the cross-fertilization of hot spots, but also the difficulties of engineering practice, the main technical path is to seek to synthesize a higher energy energy-containing material, improve the filling of high-energy material quality, etc. From the birth of TNT to the present, the development of modern high-energy substances has experienced 150 years of history, forming four generations of monomaterial high-energy explosives and three generations of mixed system explosives with different energy characteristics. TNT (trinitrotoluene)is a typical representative of the first generation explosives; RDX (cyclotrimethylene trinitramine) and HMX (cyclotetramethylenetetranitramine) are typical representatives of the second generation explosives; CL-20 (hexanitrohexaazaisowurtzitane) and DNTF are typical representatives of the third generation explosives; and the new generation is characterized by the nitrogen clusters of polyazoids, allazoids, and other substances.

High-energy substances have the potential chemical energy, need to be released under certain conditions, these conditions are essentially on the high-energy substances set scalable to ensure that the required energy release state. It can be said that the form of energy release to determine the energy state of the system, the main difference between the different forms of energy release in the energy transfer along the direction of propagation, special conditions can be obtained under the huge energy release power. From the time and space dimensions of the explosive action, it can be analyzed based on the perspective of the effective release of energy.

（2）High power density energy output characteristics of explosives

When high-energy explosives trigger a violent reaction, its own chemical energy into the bombardment products of the internal energy changes, kinetic energy and potential energy changes in the external work, and so on. Energy output parameters include shock waves, thermal expansion, mechanical work, sound/light/electricity/magnetism.

By the physical definition of flux can be seen, the flux output of any physical quantity are related to the characteristics of time and space, the energy output characteristics of explosives class of high-energy substances are also similar to this. When the density of explosives is a certain, you can determine the burst speed, burst heat, burst capacity, burst pressure, burst temperature and total explosive energy of the explosive charge and other basic parameters. Through the distribution of energy in time and space output characteristics, the use of characteristic size, action time and other factors can effectively improve the effect of explosive energy output, especially power and flux output.

It can be seen that the optimization of the filling structure of high-energy substances and the design of energy excitation sequences is an effective technical way to control the release and efficient conversion of the potential chemical energy of high-energy substances. The difference in explosive power output between explosives of the same quality can reach 1 to 4 orders of magnitude, the difference in energy density can reach 1 to 2 orders of magnitude, and the difference in energy flow density is 1 to 6 orders of magnitude.

This report introduces the development status of the key specialized fields of destruction technology and effects from the perspectives of the latest research progress at home and abroad, comparative analysis at home and abroad, and development trends and countermeasures. Firstly, it reviews and summarizes and scientifically evaluates the new technologies, new equipment and new achievements in the discipline of destruction technology and effect in China in the past five years; Secondly, on the basis of studying the latest hot-spots, cutting-edge technologies and development trends of the discipline of damage technology and effects in foreign countries, it focuses on comparing and analyzing the development gaps between our country and the advanced level of foreign countries; Finally, it puts forward key research directions and development countermeasures for the strategic needs of the future development of the discipline of damage technology and effects in China.

Reports on Special Topics

Energy Enrichment and Creation Technology

Energy enrichment and creation play an important role in national defense construction. Countries around the world have conducted long-term and sustained research on material energy enrichment and creation. In the 1970s, an energy enrichment knowledge system characterized by the ability to independently conduct chemical reactions and output energy was gradually developed and formed, which has been accepted and recognized by the world's military field. This report provides a detailed summary and analysis of high energy density enrichment, metastable compounds, and high-density energy compounds, and highlights future development trends.

Enrichment of high energy density mainly refers to materials that store energy through molecules themselves, including intramolecular redox energy storage, energy storage through high-energy Chemical bond and other non-covalent high energy density materials. This type of material has good stability, and several of its representatives have been extensively industrialized and military applied, such as HMX and CL-20.

The research of eutectic technology in the field of energetic materials is still in the exploratory stage, and it is still at the level of experimental exploration and simulation exploration. The research is very scattered and random. Currently, there are still many outstanding problems that need to be solved in the design, preparation, and application research of eutectic energetic materials. The main problems are as follows: the design of eutectic energetic materials lacks a scientific theoretical design method system; The preparation method of eutectic energetic materials is single, the yield is low, and the process is difficult to scale up the preparation; The structural characterization method of eutectic energetic materials is single, and the performance evaluation is limited, making practical applications difficult. Given the challenges faced by the development of eutectic energetic materials, it is recommended to conduct extensive fundamental and systematic research in the following areas: ①Combining theoretical design of eutectic energetic materials with artificial intelligence. ②Combining the preparation of eutectic energetic materials with technologies such as high-throughput and continuous crystallization. ③Combining the characterization evaluation of eutectic energetic materials with advanced micro characterization techniques.

Nonmolecular extended solids, particularly made of low Z elements such as hydrogen, carbon and nitrogen constitute a new class of high energy density solids, which can store a large sum of energy in their three dimensional network structure (~ several eV/bond). Polymeric carbon monoxide (p-CO) is a random polymer made of lactonic entities and conjugated C=C with an energy content almost 3 times exceeding that of HMX. Polymeric nitrogen is polymer that all N atoms are single-bonded and local N—N—N angles are nearly tetrahedral. The preparation at mild conditions and stabilization at ambient conditions as well as the synthesis in large volume are important challenge. Thus, it is necessary to build the new high-pressure technology to overcome these questions. Metal hydrides have attracted much attention theoretically and experimentally because of their promising possibility for the realization of room-temperature superconductivity and high-energy-density materials. Production of metallic hydrogen in the laboratory is one of the great challenges of high-pressure physics. All nitrogen compounds have always been noted for their unique molecular composition and structure, and the successful synthesis of pentazole anion (cyclo-N_5^-) has promoted the development of all-nitrogen energetic compounds. This report briefly describes the research progress and main problems of all-nitrogen energetic compounds.

Energy enriched materials, as the source of power and power for various military weapons and equipment such as land, sea, air, and rockets, have a very important strategic foundational position in the field of national defense. Therefore, the development of energy enrichment and creation technology plays a crucial role in the development of China's modern military industry. The need to develop green and pollution-free synthesis routes, reduce reaction steps, and reduce reaction costs is the future development trend of energy enriched materials.

Energy Release and Control Technology

Energy release and control technology is mainly to solve the problem of high-density energy utilization. Traditional carbon-hydrogen-oxygen-nitrogen-based (CHON) energetic materials has been close to the energy limit of nitro groups, moreover, through thermodynamic regulation of component-product energy state to enhance the energy level is very limited, so more scholars pay attention to the explosive detonation reaction zone, aimed at enhancing the level of energy through the dynamic regulation. Firstly, the energy release and control technology has made breakthrough progress. Reaction zone measurement methods based on different physical mechanisms have been proposed, including the free surface velocity method, the electromagnetic particle velocimeter method, the conductivity method, and the laser interferometry method. Among the above methods, the physical mechanism of laser interferometry method is the most clear, which temporal resolution is also highest, through the measurement of particle velocity at the interface, the width of the detonation reaction zone of hexanitrohexaazaisowurtzitane (CL-20) and the C-J detonation pressure are obtained, and this method is very effective in the study of the detonation properties of explosives. Secondly, energy release and control technology has undergone disruptive changes. With the thermodynamic and dynamic law of high-density energy storage, release and high-efficiency conversion of multiphase reactions, the physical energy, chemical energy or physical and chemical effects contained in high-energy substances can be coupled to the target's structure and function, thus greatly enhancing the destructive effect on the target.

Energy Efficient Utilization Technology

Energy efficient utilization technology is the essence of conventional damage technology and an important technical basis for the optimal performance of weapons and equipment. This report summarizes the research progress in related fields both domestically and internationally. Firstly, mainly based on the following technical ways to realize the efficient use of energy, such as the efficient use of explosive energy, the regulation of the new damage unit, and the optimization of explosive charging form, etc. Secondly, based on the enhancement of the chemical energy coupling and multi-domain energy coupling and other technical ways to realize the multi-domain energy coupling. Thirdly, based on the fusion and balance entropy increase principle to provide the fusion of energy and information. Future development trends and strategies are proposed in terms of energy fusion technology for the development of new quality capability, major basic theories related to high-density energy release processes, and multiple forms of energy coupling attempts to strongly support the development of China's modern high-efficiency damage and effects evaluation technology.

Energy Utilization Efficiency Evaluation Technology

Based on the research on the mechanism of thermal, acoustic, optical, magnetic and information mechanisms and target response mechanisms, the energy utilization efficiency assessment technology aims to explore ways to improve the efficiency of energy utilization, so as to grasp the coupling law between energy and target, and the target's functional failure characteristics in the different striking modes. Thus, it can enhance the level of damage energy control technology, improve energy utilization efficiency, and provide technical support for the development of advanced damage means that can destroy complex system targets and future new types. At the same time, the technology can also lay the foundation for the operational application of advanced means of destruction. Improving the theory, methodology and tool system for energy utilization parameter testing and information acquisition technology, and for testing, predicting and verifying target damage effects, which is the basis and key to energy utilization efficiency evaluation and the core technology to support the efficient use of advanced means of damage and the precise assessment of strike effects.

This report takes the target vulnerability and characterization of warhead power as the support, and progresses to the evaluation of damage effect. On the basis of outlining the relevant concepts, connotation, role significance and development history, the report systematically combs the current status of foreign research according to the type of combatant, from three dimensions of energy utilization characterization, energy utilization efficiency evaluation, and energy utilization system testing, and clarifies the current level reached, capability status and gaps. At the point of the three dimensions, such as strengthening top-level design, key technology research, and establishment of standards and norms, it puts forward suggestions for the development of energy utilization efficiency assessment technology, with a view to providing reference for the development of the industry.

The Future Development of Modern Advanced Damage Technologies and Effects Evaluation

Mastery of modern advanced damage science and technology beyond competitors has always been an important option in the game of great powers, in order to seize the first opportunity for development, there is an urgent need to focus on the "energy and target coupling mechanism" major scientific issues, exploring the source of destruction energy, innovative destruction mechanism, enhance the efficiency of destruction energy utilization, to achieve the qualitative enhancement of the energy density of the destruction, the qualitative change in the destruction mode In order to realize the leap from "generalized damage" to "precise damage", the future battlefield space is constantly expanding to land, sea and air. The future battlefield space is constantly expanding to land, sea, air, sky, electricity and other multi-dimensional fields, and the targets to be destroyed are more diversified, spreading over underground, ground, water, air and space. Target characteristics are also very complex, from stationary to high-speed movement, from a single point target to a huge surface target, complex and variable systematic targets, and even in extremely complex environments, from low altitude environment across the plateau, mountains, extreme cold regions, etc., for mechanization, information technology, intelligent weapons development trend, the development of modern advanced damage technology and effects evaluation can be broadly summarized as follows:

1. In the field of land warfare

Land warfare field is always the core of the future battlefield, need to combat the target type is very complicated, and the battlefield environment is more complex and variable. Typical targets are: tanks and armor, large military bases, command posts, airports, strategic materials distribution areas, oil depots, bridges, power stations, deep underground fortifications. In order to improve the damage capability of the above targets, it is necessary not only to greatly improve the power performance of the combat unit, but also to develop new concepts and new mechanisms of the combat unit.

2. In the field of naval warfare

Future naval warfare needs to combat targets mainly aircraft carriers, nuclear submarines, frigates and other marine targets, but also facing the beach landing, sealing and control to seize the island, cut off the transportation line, blocking the sea combat formation and other sea power confrontation, modern advanced damage technology in the military confrontation in the role of exceptionally prominent. At present, the rapid development of modern naval protection technology, multi-layer watertight bulkheads, box-shaped longitudinal reinforcement beams, multi-layer armor protection structure and other new technologies are widely used, so that the damage characteristics of the sea target has undergone a major change to the anti-ship weapons damage technology has brought great challenges. Recently, the rapid development of intelligent weapons such as unmanned underwater vehicles (UUVs), torpedoes and self-guided mines, represented by underwater UUVs, has become a new target for defense in the field of naval warfare. In addition, the depth of underwater combat has developed from the original 100 meters to 400 meters water depth, or even 1000 meters, which has brought new challenges to underwater damage technology.

3. In the field of air warfare

Stealth fighters, near-space vehicles, ballistic missiles, hypersonic vehicles and other air targets are developing rapidly, with strong maneuverability, stealth and protection, and extremely high speed of bullet-eye rendezvous, which brings great challenges to the destruction technology of air defense and anti-missile weapons. In recent years, the rapid development of drone swarms and unmanned aerial vehicles has made a big splash in actual combat, but their "low, slow and small" characteristics have brought new problems to existing air defense weapons. For such targets, in addition to continue to improve the existing anti-aircraft and anti-missile fragmentation killing combatants to destroy the power, but also need to study and develop a higher destructive effect of the directional, focusing, directional focusing, controllable discrete rods, new concepts and other new destructive technologies, for example, in order to intercept the proximity of the space vehicle, there is an urgent need to develop a super-high-speed killing combatants, fragmentation speed from the original 2000 m/s to 4000 m/s. Of course, by integrating the development of modern material technology, the energy-containing and activation of fragmentation will be realized as soon as possible, and a combat unit with secondary destruction effect of fragmentation will be developed to meet the requirements of efficient destruction.

4. In the field of space-based weapons

At present, the war has gradually expanded into space, with space targets developing in the direction of faster, higher and farther away, and space targets such as critical space vehicles, satellites, space stations and so on have become the major military strike targets in the game between major countries. Due to the constraints of speed, range and environment, space-based weapons and ammunition have special and higher requirements in terms of temperature resistance, mechanics and adaptation to the alien structure of the vehicle, therefore, there is an urgent need to develop alien, high-temperature resistant and new principles of highly efficient destruction of combat parts.

5. In the field of integrated electricity & network & information

The future war is mechanization, informationization and intelligent war, network, information, electricity and intelligent cognitive control and fight for the inevitable focus of the war, how to effectively combat phased array radar, power grids, communications, networks, command and control centers and other high-value targets, has become one of the key objectives to be addressed in the field of current destruction. Therefore, there is an urgent need to develop electromagnetic pulse, information implantation, giant surface damage, new concepts of damage and other weapons and ammunition capable of network, electricity and other targets to carry out highly effective damage to the combat unit.

6. In the field of safety ammunitions

Future weapons carry a significant increase in destructive energy, the battlefield space continues to expand, the battlefield electromagnetic environment is complex and volatile, the stabilization of high-density energy enrichment, controllable release and safe use of the more stringent requirements must be at the molecular level to overcome the natural contradiction between high-density energy and high stability. It is necessary to overcome the natural contradiction between high-density energy and high stability at the molecular level. It is necessary to master the stabilizing characteristics and reaction mechanism of fire explosives under the conditions of heat, force, electromagnetism, chemistry and other external composite stimuli, accurately assess the safety state of the energy and the degree of reaction, and supplement it with the design of energy mitigation and protective structure, so as to achieve the purpose of improving intrinsic safety.